AQUI NA TERRA

TIM FLANNERY

AQUI NA TERRA
- UMA HISTÓRIA NATURAL DO PLANETA -
RAZÕES PARA TER ESPERANÇA

Tradução
José Maurício Gradel

Revisão técnica
Rosana Mazzoni Buchas

1ª EDIÇÃO

2025

CIP-BRASIL. CATALOGAÇÃO NA PUBLICAÇÃO
SINDICATO NACIONAL DOS EDITORES DE LIVROS, RJ

F612a
    Flannery, Tim F. (Tim Fridtjof), 1956-
        Aqui na Terra : uma história natural do planeta : razões para ter esperança / Tim Flannery ; tradução José Maurício Gradel ; revisão técnica Rosana Mazzoni Buchas. - 1. ed. - Rio de Janeiro : Record, 2025.

        Tradução de: Here on Earth : a natural history of the planet
        ISBN 978-85-01-09257-1

        1. Geologia histórica. 2. Evolução (Biologia). 3. Vida - Origem.
    I. Gradel, José Maurício. II. Buchas, Rosana Mazzoni. III. Título.

24-94739
        CDD: 551.7
        CDU: 551.7

Meri Gleice Rodrigues de Souza - Bibliotecária - CRB-7/6439

Copyright © Tim Flannery, 2010

Título original em inglês: Here on Earth

Capa: Estúdio Insólito
Imagem: Martin Barraud/Getty Images

Todos os direitos reservados. Proibida a reprodução, armazenamento ou transmissão de partes deste livro, através de quaisquer meios, sem prévia autorização por escrito.

Texto revisado segundo o Acordo Ortográfico da Língua Portuguesa de 1990.

Direitos exclusivos de publicação em língua portuguesa para o Brasil adquiridos pela
EDITORA RECORD LTDA.
Rua Argentina, 171 – 20921-380 – Rio de Janeiro, RJ – Tel.: (21) 2585-2000, que se reserva a propriedade literária desta tradução.

Impresso no Brasil

ISBN 978-85-01-09257-1

Seja um leitor preferencial Record.
Cadastre-se em www.record.com.br
e receba informações sobre nossos
lançamentos e nossas promoções.

Atendimento e venda direta ao leitor:
sac@record.com.br

Para VJF, OMS e MH

SUMÁRIO

PREFÁCIO 15

PARTE 1
MÃE NATUREZA OU MONSTRO TERRA?

1. A FORÇA MOTRIZ DA EVOLUÇÃO 21

Seixos no caminho de areia das perpétuas preocupações. Darwin perde a fé e descobre o monstro que nos criou. Como confessar um assassinato — mas de que ou de quem? A sagacidade e a moralidade das minhocas. Nascem mais pessoas do que as que podem sobreviver. A morte de Charles Darwin Jr. na aurora da evolução. A compreensão atolada na ignorância. Quais "raças favorecidas"? Yan Fu e o desempenho dos céus.

2. SOBRE GENES, MNEMES E DESTRUIÇÃO 35

O gene egoísta de Dawkins em um mundo egoísta. Competição: o *leitmotiv* do século XX. Uma visão lamarckiana da evolução cultural. Os mnemes maravilhosos de Semon, inclusive um que mudou a atmosfera. A aterrorizante Medeia de Ward. A sobrevivência do mais apto como sobrevivência de ninguém.

3. O LEGADO DA EVOLUÇÃO   45

Alfred Russel Wallace: um evolucionista da classe trabalhadora com consciência social. Instantes de genialidade. O lugar do Homem no Universo: ponderações. Estudos sobre a poeira. Reflexões sobre o besouro que escreve. Sobre a evolução e o futebol. Um mundo wallaciano teria sido diferente?
A soma da cooperação de todas as formas de vida. Vênus e Marte, e a compreensão propulsada a jato de Lovelock. Gaia, a partir da boca do cavalo. Os mistérios de Daisyworld. Gaia e o *Senhor das moscas*. Sir Francis Bacon e o grande drama moral do bem e do mal. Um novo vazio pagão?

4. UM OLHAR MODERNO SOBRE A TERRA   59

Magníficas extravagâncias autocoreografadas de reações eletroquímicas. A crosta animada da Terra — do pó ao pó. Elementos forjados com a poeira das estrelas. Transubstanciação das hostes do carbono. A provisão de 100 terawatts que desequilibra os órgãos do planeta. A vida cria os continentes e a atmosfera. A Terra, nossa grande ostra. Por amor ao cádmio. O enganador sal da Terra. Armazenamento em pedra. O abismo — guardar ou tirar? A chegada dos escavadores.

5. A COMUNIDADE DA VIRTUDE   75

O aperto das conexões — a opinião de um médico. Um planeta vivo sem um cérebro? A importância dos geoferomônios. O teste da homeostase — Gaia pode controlar a si mesma? O débil paradoxo do sol jovem. Uma falha de Milankovitch ou uma Terra esquizoide? Uma comunidade da virtude. A vida em um país que há muito não muda. Como as mulheres estão fazendo os homens à imagem de suas mentes. Por que o mundo está cheio de gigantes solitários. A produtividade da Terra — uma espécie de bolo mágico? Que o pássaro indicador africano possa moldar nosso pensamento.

PARTE 2

UMA JUVENTUDE TURBULENTA

6. O HOMEM DISRUPTOR   93

O que nos faz diferentes? O veado que deita e a importância do mneme. Nossa face medeiana e os pecados de um vagabundo. Por que Adão e Eva nunca se encontraram. Por que os maiores, os mais ferozes e os mais estranhos desapareceram. A história dos sapos pioneiros. Como o *Homo erectus* treinou os gigantes do Velho Mundo.

7. MUNDOS NOVOS   103

Por que deveríamos chamar a Austrália de nosso lar. Não pisque ou vai perder a extinção. Os Neandertais se escondem em partes dentro de nós? A conquista da Estepe dos Mamutes. Sobre faraós e elefantes-anões. Esvaziar as Américas. O unicórnio e o viajante de Bagdá. Como o *hobbit* salvou o dragão e o rato gigante da ilha de Flores. Por que as pragas vêm aos pares. Criadores do clima do pleistoceno?

8. BIOFILIA   121

Caçadores e o desafio dos bens comuns. Como se fazem jardins com fogo. Os Telefol e os equidnas de focinho comprido. Respeito pelos mais velhos pode proteger ecossistemas. Caçada real — prócer da preservação moderna. O bisão da floresta de Bialowieza, e o veado do pântano de Pequim. Quase todas as grandes criaturas sobrevivem por nossa boa vontade. Sobrevivência do ecossistema mais apto? Por que amamos os gramados e as paisagens em que se vê água. O coração do homem e um credo humanista.

PARTE 3
DESDE QUE COMEÇOU A AGRICULTURA

9. SUPERORGANISMOS   135

Civilizações criadas sem o uso da razão. O Pioneiro e *A alma da formiga branca*. Pastoras de formigas, fazendeiras e escravas. Corpos e superorganismos. O teorema da agulha de Buffon e a democracia das formigas. Formigas sul-americanas *versus* a Inglaterra elizabetana. Uma assombrosa civilização do Novo Mundo.

10. O AGLUTINANTE DOS SUPERORGANISMOS   145

A monogamia e as origens dos superorganismos. Como a poliandria tem êxito e o mistério da inclusão. O combate de toda a espécie contra a morte nos precondiciona a nos superorganizarmos. O milagre na fábrica de alfinetes. A força coletiva dos fracos. Por que estamos nos tornando mais estúpidos, porém mais pacíficos. A perda do sentido comum? O improvável triunfo da democracia. Uma segunda influência humana sobre a atmosfera.

11. ASCENSÃO DO SUPERORGANISMO DEFINITIVO   161

Império da ideia. Cinco estradas para a civilização. O menor dos superorganismos e seu amor pelo inhame. Colheitas, cidades, metais e impérios — passos predestinados para a superorganização? A imprensa, a pólvora e a bússola: o valor das conexões imperfeitas. Podemos nos ver em Roma? O colapso que causou milênios de guerras tribais. O método científico, a revolução industrial e a reforma política — uma tríade triunfal. O superaglutinante que é a cultura norte-americana. O sucesso colonial e sua sequela.

PARTE 4
CLÍMAX TÓXICO?

12. GUERRA CONTRA A NATUREZA 179

O mundo inteiro como um inimigo. Sobre destruir um grama de matéria. O petróleo de alcatrão atômico da Richfield Oil Corporation. Bombas de hidrogênio para derreter o gelo ártico. Borisov — o candidato a pai da Corrente do Golfo Polar. Uma lembrança da loucura atômica em cada cérebro. A radiação leva o trem expresso para o abismo.

13. ASSASSINOS DE GAIA 187

Como a pesquisa nazista levou ao *Silent Spring*. Organoclorados e organofosfatos. Substâncias químicas mortais transmitidas no leite materno. Um besouro japonês invade os Estados Unidos e é bombardeado com pesticidas. Envenenam-se salmões também. A águia e o banqueiro. Os tóxicos anos 1960 continuam vivos em nós. A Dinamarca e o declínio do esperma. PCBs, intersexualidade e órgãos sexuais murchos. As toxinas enchem silenciosamente o abismo. "O Homem precisa conquistar a natureza."

14. O ÚLTIMO MOMENTO? 201

Sinais experimentais de progresso — com armas e POPs. Mas os PFSs e outras novas ameaças permanecem. O veneno do homem (...) a morte dos abutres. Diclofenac e o desconforto dos Parsees. E as abelhas? Sobre pragas de rãs e mulheres grávidas. E então aparece o veneno do mundo que não podemos ver.

15. DESFAZER O TRABALHO DE ERAS 211

Criar o caos químico. Gatos que andam para trás. O mercúrio e o horror de Minamata. Dos céus para o abismo e para nossos pratos de comida. Carvão, cremação e a solução de 2 dólares. Cádmio, cigarros e *itai itai*! Chumbo, esquizofrenia e assassinato — estão nos ossos. Anti-incrustantes e mudança de sexo. Os reatores nucleares pré-históricos do Gabão.

Plutônio-239 — um dinossauro dos elementos ameaça destruir nossa Terra. O carbono — o desequilíbrio mortal global — é pior do que os especialistas pensaram. Mais quente, mais inundado e menos habitável. Pode o mundo com efeito estufa hospedar um superorganismo global?

PARTE 5
NOSSA SITUAÇÃO ATUAL

16. AS ESTRELAS DO CÉU   231

Libertação ecológica e superpopulação. Sobre Medeia e Malthus. O que nos controlará? O milagre de 2009. A transição demográfica — o campo de batalha entre o mneme e o gene.

17. DESCONTANDO O FUTURO   239

Homens jovens com armas. Cem dólares hoje ou quanto em um ano? Serão os homens mais estúpidos e impacientes do que as mulheres? A importância da teoria dos jogos. Um enfoque evolucionista para compreender o comportamento insensato. Sobre sexo e risco. Por que a pobreza é o grande inimigo da sustentabilidade.

18. A COBIÇA E O MERCADO   245

Um cérebro egoísta e cobiçoso — mas ainda assim funciona. Negócio ou crime? Tente me parar, então. Você pode confiar em um economista neoclássico? Um interesse maléfico no interesse próprio. O fator de desconto e a disfunção coletiva. O engano quase incapacita lorde Stern. Blood & Gore na nova economia. Se os lucros trimestrais destroem, o que dizer dos trianuais? Títulos verdes para a guerra contra as práticas insustentáveis. Um fundo global para os bens comuns globais? Robert Monks e o investidor universal. Quão esperta é Harvard? Interesses próprios ou a sobrevivência da civilização?

19. SOBRE A GUERRA E A DESIGUALDADE 259

O comércio e a paz, a guerra e a cidade. A Terra, primeira vítima da próxima guerra mundial. Em um mundo globalizado, a guerra é civil ou convencional? Os piratas somalianos mostram o caminho. A erradicação da pobreza não é fantasia, mas tardará um século. Melhorias relativas conservam a paz. Sacrifício dos mais ricos. A imoralidade dos cada vez mais ricos. Se não pudermos ajudar os pobres, não poderemos salvar os ricos. A violência de um mundo tribal moribundo.

20. UM NOVO KIT DE FERRAMENTAS 267

Do *Forma Urbis Romae* ao Google Earth. Automóveis inteligentes e outras máquinas espertas. DONG e Better Place. Automóveis elétricos — entre nós antes do que pensávamos. Um sistema nervoso autônomo para uma cidade. Agricultura inteligente e a necessidade de eficiência. A Malásia está acabando com o desmatamento ilegal de maneira inteligente. A terra está ficando esperta, mas e os oceanos? As sondas Argo. Poderemos prever os desafios da Terra?

21. GOVERNANÇA 275

Os macacos brincam de política. O fim da história? Limitar o poder dos poucos poderosos. A grande conquista de Obama. De volta aos anos 1950. Estão todos os governos de alto nível sujeitos à irrelevância? São necessários? O problema dos bens comuns globais nos deixa perplexos. Teoria dos jogos e acordo em Copenhague. Uma nova maneira de avançar, ou concordar, no colapso? Um polo nacionalizado; e o outro? A soberania freada, mas nunca eliminada. Grotius e o alto-mar. O destino do atum de barbatana azul do Atlântico. Um Conselho de Segurança gaiano? Todos somos guardiães.

22. RESTAURAR A FORÇA DA VIDA   289

Dar um "toque adequado" à natureza. Expandir a biocapacidade da Terra. Fotossíntese — uma transformação milagrosa. Carbono morto e carbono vivo. Como as árvores crescem. Um mecanismo perfeito de captura de carbono em busca de armazenamento. A importância das florestas tropicais. Reverter as usinas de energia elétrica alimentadas a carvão. A promessa do carvão vegetal. Alimentos e energia para um planeta faminto. Sobre o húmus e a agricultura. O carbono na planície. A importância das raízes. Frear a desertificação. Fogo, carbono e vida selvagem. O que os Pintupi sabiam. Um indicador apropriado da saúde planetária.

PARTE 6

UMA TERRA INTELIGENTE?

23. O QUE NOS ESPERA?   303

Aonde nos levará a evolução? A uma Terra inteligente ou *The Road*? A crença como profecia que se autorrealiza. Uma transformação prolongada e agônica. Ou curta e limpa? O custo da unidade e o mais grave dos crimes. O fim da fronteira global. Se tivermos sucesso, muito terá sido perdido. Falaremos chinglês? A natureza já acabou? Uma Terra domesticada ou levada de volta ao estado selvagem? Pagar a dívida de Medeia. Adaptar um cérebro ao corpo? O compromisso da inteligência. A espécie Fausto. Pelo bem do todo gaiano. A Terra como uma criatura viva, inteira, perfeita. Estamos sós? Um universo para nutrir o espírito humano.

AGRADECIMENTOS   313

NOTAS   315

ÍNDICE   331

PREFÁCIO

Este livro é uma biografia geminada da nossa espécie e do nosso planeta. Em seu coração reside uma investigação sobre sustentabilidade — não sobre como alcançá-la, mas sobre o que na verdade ela é. Eu o escrevi numa época em que a esperança de que a humanidade pudesse agir para salvar-se de uma catástrofe climática parecia perdida. No entanto, não perdi a esperança, porque acredito que, conforme nos conhecermos e conhecermos nosso planeta, seremos levados a agir. De fato, o objetivo deste livro é provocar essa ação.

Qual é a natureza da Terra? Será a natureza da Terra semelhante à de uma célula, à de um organismo, à de um ecossistema? De quanta energia ela precisa para funcionar? Qual é a energia que se usa, e com que meios e fins? Quão flexíveis serão os sistemas da Terra? Podem eles resistir a desafios severos? Podem sua resistência e produtividade ser fortalecidas?

E quanto a nós? Somos formados pela seleção natural para sermos tão egoístas e gananciosos que estamos condenados à catástrofe? Ou existem razões para crer que podemos superar os problemas que estão diante de nós para que nossa civilização continue? E a própria civilização? O que é a nossa civilização precisamente?

Essas são algumas das perguntas a que tento responder neste livro. Para guiar-me, conto com duas importantes vertentes da teoria da evolução — a ciência reducionista, sintetizada por Charles Darwin e Richard Dawkins, e as importantes análises holísticas de estudiosos como Alfred Russel Wallace e James Lovelock. Cada qual dessas vertentes busca uma verdade que, a princípio, parece estar em oposição à da outra, mas, na enorme complexidade do planeta em que vivemos, funcionam ambas como opostos necessários e complementares. Quando examinadas conjuntamente, essas visões de mundo darwiniana e wallaciana, como as chamo, facultam uma explicação convincente da vida como um todo — e das implicações da sustentabilidade.

Cinquenta mil anos depois de nossos ancestrais terem saído da África, nossa espécie está entrando em uma nova fase. Formamos uma civilização global com um poderio sem precedentes, que está transformando a nossa Terra. Tornamo-nos mestres da tecnologia, tirando energia da matéria à vontade e, ao mesmo tempo, realizando o sonho dos alquimistas — transformando os elementos. Trilhamos a superfície da Lua, tocamos o abismo mais profundo do mar e podemos unir cérebros instantaneamente através de vastas distâncias. Apesar disso tudo, porém, não há de ser tanto nossa tecnologia que determinará nosso destino, mas aquilo em que acreditamos.

Hoje em dia muitos pensam que nossa civilização está condenada ao colapso. Como procuro mostrar, tal fatalismo está fora de lugar. Ele deriva em grande parte de uma certa má interpretação de Darwin e da má compreensão de nossos próprios seres evoluídos. Ou essas ideias sobreviverão, ou nós.

Existem outros que acreditam que o crescimento interminável é possível. Na imaginação destes, apenas os mais fortes sobrevivem, e a inteligência humana triunfará sobre tudo. Esse otimismo deriva igualmente de uma má interpretação de Darwin, mas também deve muito à ignorância existente quanto a pontos de vista de importância fundamental de Wallace e de Lovelock. Apesar de sua natureza patentemente imperfeita, tais ideias, otimistas de forma disparatada, já reinam quase incontestadas em nossa sociedade ocidental há 150 anos e já nos levaram bem longe no caminho de um destino sombrio. A não ser que sejam corrigidas, podem mesmo tornar-se um equívoco fatal.

Horizontes estreitos e análises de períodos curtos sempre induzem ao erro. Por isso é impossível determinar se, mesmo com as dramáticas mudanças que temos observado durante nossa vida, estamos testemunhando uma descida ao caos ou uma profunda revolução que levará a um futuro melhor. Faz-se necessária uma visão mais abrangente da humanidade ao longo dos milênios, e do nosso mundo através das eras, para que possamos discernir os verdadeiros rumos de nossa trajetória evolutiva. Ao escrever este livro, orientei-me por essa perspectiva mais ampla e, apesar dos desafios que enfrentamos agora, sinto-me otimista — por nós, por nossos filhos e por nosso planeta.

Se quisermos prosperar, é preciso esperança, boa vontade e uma boa compreensão das coisas.

PARTE 1

MÃE NATUREZA

OU

MONSTRO TERRA?

1
A FORÇA MOTRIZ DA EVOLUÇÃO

*Não há nada de consciente sobre
as atividades letais da vida.*
(PETER WARD, 2009)

Não importa como estivesse o dia, com frio ou calor, com chuva ou sem chuva, Charles Darwin sempre buscava deixar algum tempo livre para dar um passeio por um "caminho de areia" que havia nas proximidades de sua casa, Down House, situada no condado inglês de Kent. A tradição diz que essa trilha de areia era seu espaço para pensar — o lugar em que ele burilou sua teoria da evolução, assim como as frases as quais ele colocaria por escrito de forma tão elegante. Assim, essa trilha de areia é encarada com reverência por muitos cientistas e, quando fiz minha primeira peregrinação a Down House, em outubro de 2009, era o lugar que eu mais queria visitar. Depois de prestar minhas homenagens ao escritório e à sala de estar do grande homem, segui as indicações e fui até a trilha. É um pouco afastada da casa e dos jardins que a cercam e, quando começamos a caminhar por ali, sentimo-nos imediatamente transportados do ordenado mundo humano para o mundo mais vasto da natureza.

Trata-se de um caminho de forma oval que circunda uma floresta de aveleiras, ligustros e cornisos plantada pelo próprio Darwin. Fiquei surpreso ao me dar conta de que, apesar do nome, não há areia na famosa trilha, nem nunca houve. Ao contrário, ela é coberta de cascalho e algumas pedras maiores, as quais Francis, o filho de Darwin, lembra que seu pai chutava fora do caminho como forma de contar quantas voltas tinha completado. A floresta agora é alta e venerável, e, enquanto passeava por ali, eu me vi refletindo sobre que pensamentos poderiam ocupar a cabeça de um homem que perfazia repetidamente — quase compulsivamente — um percurso tão regular como uma pista de corridas, ao longo do que então deveriam ser árvores ainda bem novas. Apesar de não podermos saber o que pensava Darwin quando andava no caminho de areia, há pistas nas notas deixadas por seus filhos. À medida que iam crescendo, as crianças começavam a brincar na trilha e muitas vezes distraíam e deliciavam o pai com suas brincadeiras. Um homem imerso em raciocínios complexos certamente seria perturbado por tais distrações, de modo que talvez as complexas teorias ou frases elegantes não fossem as coisas que ocupavam sua cabeça afinal de contas.

Prefiro acreditar que, durante essa repetitiva atividade física, Darwin mentalmente dedilhava seu rosário de preocupações — entre as quais assomavam particularmente as implicações da teoria graças à qual ele agora é tão famoso. Conhecida hoje em dia como evolução pela seleção natural, essa teoria explica como são criadas as espécies, inclusive a nossa. Darwin compreendia — e seus estudos o levaram a isso — que a seleção natural é um processo indescritivelmente cruel e amoral. Chegou a dar-se conta de que deveria talvez dizer ao mundo que somos produto não do amor divino, mas da barbárie evolutiva. Quais seriam as implicações sociais disso? Na medida em que sua descoberta se tornasse amplamente aceita, pereceriam a fé, a esperança e a caridade? A nascente sociedade industrial da Inglaterra, já suficientemente bárbara, se transformaria em um lugar em que apenas os mais aptos haveriam de sobreviver e no qual os sobreviventes acreditassem ser essa a ordem natural? Poderia sua teoria, que parecia tão inocente, transformar as pessoas em frias máquinas de sobrevivência?

Charles Robert Darwin nasceu em 1809 em Shropshire, filho de um rico médico da alta sociedade. Batizado na Igreja Anglicana, esperava-se que seguisse a carreira do pai na medicina. Mas a crueldade da cirurgia da era pré-anestésica o horrorizava, e ele deixou os estudos de medicina para preparar-se como vigário anglicano. Em 1828, inscreveu-se para o grau de Bacharel em Artes, em Cambridge. Esse era o pré-requisito necessário para um curso de especialização em Divindade, e nos exames finais Darwin destacou-se em teologia, mal conseguindo, porém, aprovação em matemática, em física e em estudos clássicos. No entanto, os planos de Darwin para uma bucólica vida de vigário no interior foram diferidos quando, em agosto de 1831, ele soube que se procurava um naturalista para participar de uma viagem de dois anos à Terra do Fogo e às Índias Orientais no navio de pesquisas *Beagle*.

Embora o pai de Darwin inicialmente se opusesse ao empreendimento, Charles terminou por convencê-lo e foi aceito na viagem como um cavalheiro naturalista que pagava a própria passagem e cuja obrigação mais importante, do ponto de vista da marinha inglesa, era fazer companhia ao capitão Robert Fitzroy — homem de temperamento bastante melancólico. A viagem haveria de estender-se por cinco anos, levando Darwin a uma volta ao mundo e expondo-o às extraordinárias biodiversidade e geologia da América do Sul, da Austrália e de muitas ilhas. Foi nas ilhas Galápagos que Darwin recolheu o que se tornaria evidência substancial para sua teoria — espécies evoluídas de pássaros e répteis que haviam evoluído exclusivamente em ilhas específicas. Para qualquer jovem esta viagem seria formativa, mas, para Darwin, ela mudou seu mundo. Mais tarde ele diria que "a viagem do *Beagle* foi, de longe, o mais importante evento da minha vida e determinou toda minha carreira".

A experiência levou Darwin a rejeitar a religião. Mais tarde, ele descreveria como lutara para manter sua fé, mesmo quando a exposição a outras culturas e à vastidão do mundo ia tornando isso cada vez menos plausível:

> Eu não queria abandonar minha crença; tenho certeza disso, pois consigo me lembrar bem de muitas vezes ficar inventando devaneios sobre velhas cartas trocadas entre romanos de grande distinção ou sobre manuscritos

descobertos em Pompeia ou em outros lugares, que confirmassem da maneira mais surpreendente tudo que estava escrito nos Evangelhos. Mas descobri que ia ficando cada vez mais difícil, com a liberdade de ação dada à minha imaginação, inventar evidência suficiente para convencer-me. Essa descrença veio rastejando lentamente até mim, mas finalmente me dominou.[1]

Ao retornar à Inglaterra em 1836, Darwin foi imediatamente aceito no meio científico vitoriano e começou a trabalhar em suas descobertas do *Beagle*. Em 1842, com 32 anos, comprou Down House e lá deu início a uma longa carreira como cientista independente, e independentemente rico. A propriedade satisfazia a todas as necessidades de Darwin, servindo tanto de laboratório como de residência. Relativamente modesta em tamanho, Down House decerto era bem alegre com o barulho que faziam os sete filhos de Charles e Emma que sobreviveram e, às vezes, deve ter parecido bem lotada. Mesmo assim, existe uma ideia de ordem na casa e nos seus arredores que os marca como laboratórios, nos quais Darwin pesquisava toda e qualquer ramificação concebível da teoria da evolução pela seleção natural, da polinização das orquídeas até as origens das expressões faciais.

Uma vida como essa para um cientista é uma espécie de Nirvana, mas o destino de Darwin não foi inteiramente feliz. Logo depois de regressar da viagem do *Beagle* ele ficou doente e, pelo resto da vida, viu-se acometido de sintomas que envolviam palpitações do coração, espasmos musculares e náusea, e que aumentavam quando antecipava em sua cabeça situações de convívio social a que se veria forçosamente exposto. Down House transformou-se em seu refúgio, onde buscou sustento na solidão que ali encontrava ao longo de anos de trabalho incansável, de doença e de estresse psicológico até sua morte em 1882. Tenho quase certeza de que a doença de Darwin foi parcialmente psicológica, exacerbada pelo que ele acreditava serem as implicações morais de sua teoria — uma teoria que, em grande parte, conservou em segredo por vinte anos. Darwin compreendera já em

1838 que as novas espécies surgem pela seleção natural, mas não divulgou nada até 1858. "É como confessar um assassinato", confiou a um colega cientista, ao qual explicava suas ideias sobre a evolução em uma carta.

Down House foi fundamental para Darwin como para o desenvolvimento de sua teoria e, para entender esse lugar extraordinário, nada melhor do que ler o estudo de Darwin sobre as minhocas.[2] Podemos ter minhocas em nossos jardins e caixas de adubo composto, mas poucos de nós nos damos ao trabalho de observá-las. Sobre Darwin, no entanto, elas produziam um imenso fascínio. Em vários sentidos, sua monografia sobre as minhocas, que foi seu último livro, é o mais notável, ao documentar experimentos que se realizaram continuamente por quase três décadas. Algumas das minhocas viviam em vasos de flores, que frequentemente eram conservados no interior de Down House e, ao que parece, tornaram-se animais de estimação. Certamente suas personalidades individuais eram apreciadas: Darwin registrou que algumas eram tímidas e outras aguerridas, algumas asseadas e arrumadas, ao passo que outras eram desleixadas.

Afinal toda a família de Darwin viu-se envolvida nos experimentos com minhocas. Posso imaginar Charles, cercado de seus filhos, tocando fagote ou piano para as minhocas, com o fim de investigar seu sentido da audição (resultaram ser inteiramente surdas), ou testando seu sentido do olfato (também rudimentar, infelizmente) ao mascar tabaco e respirar sobre elas, ou colocando perfume em seus vasos. Quando Darwin entendeu que suas minhocas não gostavam do contato com a terra fria e úmida, forneceu-lhes folhas com as quais forrar suas tocas, descobrindo durante o processo que eram peritas em geometria (e também em origami), pois, para arrastarem e dobrarem eficientemente as folhas, Darwin observou que as minhocas precisavam averiguar o formato da folha e agarrá-la apropriadamente. Ele também deu às minhocas contas de vidro, que usavam para decorar suas tocas com padrões muito bonitos. O mais importante, porém, é que Darwin aprendeu que as minhocas se aproveitavam de sua própria experiência, e que podiam ser distraídas de suas tarefas por vários estímulos que ele lhes apresentava. E isso, acreditava Darwin, indicava uma inteligência surpreendente.

A sagacidade e a moralidade das minhocas eram temas dos quais o estudioso nunca se cansava. Ele concluiu que as vespas, e até mesmo peixes como o lúcio, estavam bem abaixo das minhocas quanto à inteligência e à capacidade de aprender. Tais conclusões, escreveu, "parecerão muito improváveis a qualquer um", mas:

> Seria bom lembrar como o sentido do tato se torna perfeito em um homem que nasceu cego e surdo, como são as minhocas. Se elas têm o poder de adquirir alguma noção, ainda que rudimentar, da forma de um objeto e das suas tocas, como parece ser o caso, merecem ser chamadas de inteligentes, pois desse modo atuam aproximadamente da mesma maneira que o faria um homem sob as mesmas circunstâncias.[3]

A monografia das minhocas também é importante em outro sentido. Com ela Darwin chegou tão perto, como jamais o faria, de uma noção de como funciona a Terra como um todo. Havia tocado nesse assunto em um de seus precoces trabalhos científicos, que tratava da poeira atmosférica que coletara quando estava no *Beagle*. Darwin pensou que tal poeira era originária do Saara e que rumava para a América do Sul, onde os variados esporos e outras coisas viventes incluídas na poeira poderiam talvez encontrar um novo lar. Ele nunca expandiu esse estudo para uma teoria de como a poeira atmosférica poderia afetar toda a Terra, diferentemente de pensadores mais holísticos que logo conheceremos, os quais viam na poeira atmosférica pistas importantes de como a vida influencia nossa atmosfera e nosso clima. Darwin esperou mais da metade de uma vida antes de abordar o que hoje em dia se chama a ciência do Sistema Terra — o estudo holístico de como nosso planeta funciona — e, quando o fez, foi através da lente que as minhocas lhe proporcionaram.

Darwin descreveu como as minhocas estão presentes em grande densidade na maior parte da Inglaterra, e como emergem, em seus incontáveis milhares, nas horas mais escuras da noite, suas caudas firmemente enganchadas nas entradas de suas tocas, para buscarem folhas, animais mortos e outros detritos que arrastam para dentro delas. Ao cavar e reciclar, as minhocas enriquecem pastagens e campos cultivados e assim favorecem a produção de alimentos, estabelecendo desse modo os fundamentos da sociedade na Inglaterra. E, no processo, lentamente enterram e preservam relíquias do longo passado inglês. Darwin inspecionou vilas romanas inteiras enterradas pelas minhocas, e também antigas abadias, monumentos e ruínas; tudo isso teria sido destruído se tivesse permanecido na superfície. E estimou com precisão o ritmo em que esse processo se produz: aproximadamente meio centímetro por ano.

A monografia de Darwin sobre as minhocas revela muito de seu temperamento e de seu senso de humor muito particular. Mas também evidencia sua força como cientista — mente ordenada e imensa paciência. Mas paciência também pode ser uma fraqueza e, ao final, quase rouba de Darwin sua fama futura, pois sua atitude dilatória para anunciar a teoria da evolução quase o fez ser deixado para trás por um homem vinte anos mais jovem, um desconhecido naturalista que trabalhava na longínqua Indonésia chamado Alfred Russel Wallace.

No dia 18 de junho de 1858, Darwin recebeu uma carta de Wallace na qual este delineava uma teoria que descrevia o modo pelo qual surgem novas espécies e na qual pedia a Darwin que entregasse o manuscrito a Charles Lyell, um dos mais eminentes cientistas da Inglaterra, para que fosse publicado. Darwin ficou devastado. "Nunca vi uma coincidência mais notável. Se Wallace dispusesse do esboço do manuscrito que escrevi em 1842, ele não poderia ter feito um resumo melhor", lamentou-se Darwin a seu amigo Lyell.[4] E só um eficaz "empurrãozinho" de Lyell e de outro amigo de Darwin, o botânico Joseph Hooker, tornou possível que o "rascunho" de Darwin de 1842 e o trabalho de Wallace fossem publicados simultaneamente pela Linnean Society de Londres no dia 1º de julho de 1858.

Nem o artigo de Darwin nem o de Wallace atraíram muita atenção de imediato. Ao resenhar as pesquisas publicadas na revista da Linnean

Society daquele ano, seu presidente, Thomas Bell, mostrou-se contente com a quantidade de trabalhos sobre botânica, mas lamentou que o ano "não tivesse sido marcado, na verdade, por nenhuma daquelas notáveis descobertas que imediatamente revolucionam o campo da ciência ao qual pertencem".[5] Ficava claro que, para impressionar o público, era necessário algo mais, e Darwin o fez no ano seguinte. No dia 24 de novembro de 1859, publicou seu livro *On the Origin of Species by Means of Natural Selection, or the Preservation of Favoured Races in the Struggle for Life*. (A origem das espécies por meio da seleção natural ou A preservação das raças favorecidas na luta pela vida.) Foi um sucesso instantâneo, que assegurou para sempre a Darwin a supremacia como o grande evolucionista.

Apesar de bastante ignorado, o primeiro esforço de Darwin para apresentar sua teoria chegou ao cerne da questão. Em seu artigo de 1858, ele escreveu:

> Na luta que cada indivíduo trava para obter sua subsistência, será possível duvidar de que qualquer mínima variação na estrutura, nos hábitos ou nos instintos que adapte melhor esse indivíduo às novas condições influirá no seu vigor e na sua saúde? Na luta, ele terá melhor *chance* de sobreviver; e aqueles de sua prole que herdem a variação, mesmo que mínima, também terão melhor *chance*. A cada ano nascem indivíduos em número superior aos que podem sobreviver; o menor grão na balança deve decidir, a longo prazo, quem há de ser abatido pela morte, e quem sobreviverá. Se esse trabalho da seleção por um lado, e da morte por outro, prosseguir por mil gerações, quem pode ter a pretensão de afirmar que isso não produzirá efeito algum?[6]

A essência do modo de ver de Darwin é, assim, muito simples. Nascem mais do que os que podem sobreviver, e os que melhor se adaptam às circunstâncias em que nasceram têm mais probabilidades de sobreviver e de se reproduzir. Essa seleção de indivíduos, geração após geração, através da vastidão do tempo geológico, faz com que os descendentes venham a diferir de seus ancestrais. Não há moralidade nesse pensamento —

nenhuma superioridade geral de um indivíduo, classe ou nação sobre outro —, pois, na medida em que muda o ambiente, também mudam aqueles que são selecionados como os mais "aptos". Mas ele revela uma terrível verdade: os fracos (os que não se adaptam) devem morrer para que a evolução avance.

Naquele dia de 1858 em que sua teoria revolucionária foi revelada ao mundo, Darwin não pôde estar perto de seus colegas reunidos. Estava de luto pela morte de seu filho Charles. Criança frágil, Charles morreu de febre escarlatina com um ano e meio de idade. Podemos apenas imaginar o clima em Down House naquele dia. A mortalidade infantil era muito mais comum na época, mas nem um pouco menos devastadora no plano dos sentimentos. E o chefe da família havia recentemente elucidado com brilho o processo que transformara seu filho em nada mais que um frio pedaço de carne, pasto para os vermes. Para Darwin, que não acreditava no outro mundo, nem em um Deus que o consolasse na dor, o golpe deve ter sido quase insuportável. E agora ele era forçado a viver com o pensamento de que sua teoria poderia subtrair tais consolos a todo o mundo.

É difícil imaginar, da perspectiva de hoje, o impacto que o livro e a teoria de Darwin causaram na sociedade, mas podemos ter uma ideia a partir de um debate travado no imponente Museu Zoológico de Oxford em 1860. Defendendo Darwin estava o zoólogo Thomas Huxley, mais tarde conhecido como o buldogue de Darwin, e opondo-se a ele estava Samuel Wilberforce, o bispo de Oxford, conhecido como Soapy Sam (Sam, o chato), um dos melhores oradores de seu tempo. *Sobre a origem das espécies* tinha sido publicado apenas sete meses antes, dividindo a Igreja e a sociedade. Quase mil pessoas se apinhavam entre os esqueletos, os animais empalhados e os espécimes minerais para ouvir o bispo e o cientista se engalfinharem. Centenas mais foram barradas por falta de lugar, e Darwin, que rapidamente vinha se tornando um perpétuo enfermo, esteve ausente.

O momento crítico chegou quando Wilberforce desferiu um golpe baixo, perguntando se Huxley descendia de um macaco por parte de pai ou de mãe. Isso deu ensejo a uma extraordinária resposta, que Alfred Newton, testemunha ocular, relata com as seguintes palavras:

> Isto deu a Huxley a oportunidade de dizer que preferia pretender ser aparentado com um macaco do que com um homem como o bispo, que fazia tão mau uso de seu maravilhoso poder de oratória para abafar, numa manifestação de autoritarismo, uma discussão aberta sobre o que fosse ou não uma questão de verdade. E lembrou-lhe que, em questões de ciência física, a "autoridade" sempre fora vencida pela pesquisa, como demonstravam a astronomia e a geologia.
>
> Depois retomou as afirmativas do bispo e mostrou como eram contrárias aos fatos e como ele nada sabia do tema sobre o qual havia discursado.[7]

Com o bispo silenciado pelo embaraço, o almirante Robert Fitzroy, que havia 25 anos fora capitão do *Beagle* e companheiro de Darwin, levantou-se para denunciar o livro do amigo e, "levantando uma imensa Bíblia, primeiro com ambas as mãos e depois com uma só mão sobre a cabeça, implorou solenemente à audiência que acreditasse em Deus e não no homem".[8] E ali estava o problema: Darwin, antigo estudante de Divindade, afirmava que o nosso é um mundo sem Deus, no qual todo tipo de barbárie é tolerado pela natureza.

Até mesmo a compreensão atual da teoria de Darwin permanece enlameada pela confusão e pelo preconceito. As noções desfiguradas que assim se criavam têm um impacto maligno sobre a sociedade. Decerto Darwin escolheu um infortunado subtítulo para sua obra, pois apenas lendo o livro inteiro se descobre que as "raças favorecidas" não incluem explicitamente a classe dominante britânica. Quase imediatamente o livro *Sobre a origem das espécies* começou a ser utilizado para justificar as tremendas desigualdades sociais e econômicas da era vitoriana. O conceito de sobrevivência do mais apto foi usado para promover a noção de que a miséria dos mais pobres reflete a ordem natural. Embora Darwin deva levar parte da culpa por isso, é importante recordar que não foi ele que inventou o termo "sobrevivência do mais apto", mas sim o filósofo e pensador libertário Herbert Spencer, em 1864, que aplicou o pensamento darwiniano às suas próprias teorias sociais.[9] Em todo caso, Darwin adotou a frase na quinta edição de *Sobre a origem das espécies*, publicada em 1869.

Existem outras razões para nosso fracasso parcial em captar o significado da teoria darwiniana, inclusive heranças religiosas e linguísticas. O dogma cristão do século XIX, com sua insistência em um criacionismo literal, sobrevive até o século XXI e, muito embora a maioria das principais religiões do mundo há muito tempo já tenha aceitado a teoria da evolução (afinal de contas Darwin está enterrado na Abadia de Westminster), a oposição a ela permanece ainda forte em alguns lugares. Do mesmo modo, a língua inglesa ainda não dispõe de um termo corrente que dê conta com elegância da teoria de Darwin. A palavra "evolution" (evolução) dificilmente cumpre essa função. As origens latinas do termo referem-se ao desenrolar de um manuscrito, e, para a maior parte das pessoas, ele mais sugere a caixa preta de mágico ou uma caricatura do que uma explicação. Curiosamente, o próprio Darwin poucas vezes valeu-se dessa palavra, preferindo "descendência com modificação".

Nem todas as sociedades, contudo, enfrentam essa desvantagem. Em 1898, o estudioso Yan Fu traduziu para o chinês o livro de Thomas Huxley *Evolution and Ethics*, de 1893. As teorias darwinianas da evolução humana ali expostas encontraram pronta aceitação na China, em parte porque talvez refletissem algumas crenças populares chinesas tradicionais sobre as etapas do desenvolvimento humano, que envolvem uma progressão dos ancestrais coletores que viviam em cavernas, até os que dominavam o fogo e construíam casas e, depois, até populações de agricultores. Na sua tradução, Yan Fu interpretou a palavra *evolution* como *tian yan*. Os caracteres chineses podem ser lidos de diversas maneiras, e uma das maneiras de ler esses caracteres é "desempenho dos céus" — com céus, nesse contexto, significando toda a criação.[10]

A frase de Yan Fu agora é obscura e caiu em desuso, mas desempenho dos céus me parece uma maneira bonita e iluminada de descrever a descoberta de Darwin, pois a evolução é realmente uma espécie de performance de teatro cujo enredo é o processo eletroquímico que chamamos de vida e cujo palco é toda a Terra. Financiada pelo Sol, essa performance dos céus vem se produzindo há pelo menos 3,5 bilhões de anos e, salvo uma catástrofe cósmica, continuará por um bilhão de anos mais. É um tipo estranho de produção teatral, pois não há poltronas salvo no próprio palco, e a audiência também atua. A genialidade de Darwin está em elucidar, com elegante simplicidade, as regras segundo as quais essa produção se desenvolve.

Uma razão do grande atrativo das ideias de Darwin nos séculos XIX e XX está evidente nas primeiras linhas de seu famoso ensaio de 1858, na referência que faz ao botânico suíço Augustin Pyrame de Candolle:

> De Candolle, em um trecho eloquente, declarou que toda a natureza está em guerra, um organismo contra o outro, ou com a natureza externa. Diante da face radiante da natureza, a princípio se poderia duvidar disso; mas a reflexão inevitavelmente provará que é verdade.[11]

Decerto a guerra era uma das principais ocupações e paixões da Inglaterra vitoriana, e os britânicos nela se destacaram: o resultado foi o maior império que o mundo já vira. Se a natureza favorecia os que triunfavam militarmente, então o inglês devia ser realmente uma criatura superior. Numa era imperial, com a ajuda das obras de Spencer, a explicação de Darwin sobre a evolução viria a dar origem a uma extraordinária pletora de fenômenos sociais, muitos deles bem distantes da teoria original. Tais crenças são conhecidas como darwinismo social e, desde expressões da era colonial como "suportando a carga do homem branco" e "ajeitar o travesseiro de uma raça moribunda", até a eugenia, tais modos de pensar permearam o tecido cultural e intelectual da época.

No começo do século XX, os atrativos de tal pensamento só se fortaleceram. E, na verdade, lá pelas décadas de 1930 e 1940 o darwinismo social fundamentou programas de extermínio racial e de reprodução seletiva na Alemanha nazista, enquanto nos Estados Unidos colaboradores da revista *Eugenics* defendiam a esterilização em massa daqueles que consideravam inferiores, ao passo que publicavam ridículos *pedigrees* dos líderes do movimento, numa tentativa de propô-los como pais de uma futura raça superior norte-americana. A vitória dos aliados na Segunda Guerra Mundial destruiu em grande medida a credibilidade desses extremistas e de seus programas, mas algumas versões do darwinismo social continuam a exercer influência. Noções relativas à "sobrevivência dos mais aptos" subjazem, por exemplo, a um comentário de Margaret Thatcher feito em 1987, de que "não existe essa coisa de sociedade" (com o que ela presumivelmente quis dizer que cada um devia cuidar de si mesmo).[12] Tais noções também estão evidentes na economia neoclássica, com sua crença de que um mercado desregulado serve melhor aos interesses da humanidade.

Talvez Charles Darwin tenha antevisto, enquanto dava voltas em seu caminho de areia, a possibilidade de tudo isso; talvez não. Em todo caso, no final da vida, ele escreveu: "Não sinto remorso por haver cometido algum grande pecado, mas com frequência lamentei não ter feito mais diretamente o bem aos meus semelhantes."[13]

2

SOBRE GENES, MNEMES E DESTRUIÇÃO

*Teria sido estranho se filósofos
e naturalistas não tivessem sido atingidos
pela similaridade existente entre
a reprodução na descendência... e aquele
outro tipo de reprodução que chamamos memória.*
(RICHARD SEMON, 1921)

A teoria evolucionista progrediu enormemente desde os tempos de Darwin, e sem dúvida a contribuição mais importante veio da descoberta do mecanismo de herança — os genes, a estrutura do DNA e os genomas. A ciência que surgiu dessa fusão entre a teoria de Darwin com a genética é chamada de neodarwinismo, e seu maior expoente é Richard Dawkins. No livro *O gene egoísta*, publicado em 1976, Dawkins delineia sua tese de que o gene é a unidade básica da seleção natural, que se revelou ser um dos mais produtivos insights evolutivos, esclarecendo muitos aspectos da teoria darwiniana. Em essência, Dawkins defende que a seleção natural não atua primariamente sobre nós como organismos inteiros, mas sobre cada um dos cerca de 23 mil genes que constituem o mapa de nossos corpos. A obra de Dawkins levanta, talvez de maneira ainda mais aguda do que Darwin jamais fez, o dilema moral que jaz no coração do darwinismo, porque um dos pilares centrais de seu modo de pensar é que nós e outros animais somos meras "máquinas de sobrevivência", cujo único propósito é assegurar a perpetuação dos genes que carregamos.[1]

A qualidade definidora de um gene bem-sucedido, acredita Dawkins, é o "egoísmo bruto". Nisso ele é um descendente intelectual direto de De Candolle, exceto pelo fato de que Dawkins crê que a "guerra" está sendo levada não só à nossa volta, mas também dentro de nossos corpos. Na verdade a teoria de Dawkins prediz que os genes e os corpos que eles criam estão em competição. Explica, por exemplo, por que as aranhas machos aceitam ser devoradas pelas fêmeas depois do acasalamento (porque é bom para os genes da aranha) e por que os "genes de morte" (que podem matar organismos individuais) existem em certas espécies. Valendo-se da famosa frase de Tennyson, diz Dawkins: "Penso que 'a natureza com rubros dentes e garras' resume admiravelmente nossa moderna compreensão da seleção natural."[2]

Dawkins tem um verdadeiro dom para expor o mecanismo evolutivo que atua escondido dentro de nós e, ao fazê-lo, põe em evidência os limites da ciência reducionista ao compreender a complexidade de que somos feitos. Considerem-se suas meditações sobre o cuidado materno:

> A visão de sua criança sorrindo, ou o som de seu "gatinho" ronronando, é gratificante para a mãe, da mesma forma que comida no estômago é um prêmio para um rato em um labirinto. Mas, uma vez que se torne claro que um doce sorriso ou um ronronar alto são gratificantes, a criança está em posição de usar o sorriso ou o ronronar para manipular a mãe e ganhar mais do que sua justa participação na atenção materna.[3]

Não que isso esteja errado, só que a descrição mecanicista do amor materno feita por Dawkins é inadequada para compreender o profundo relacionamento que existe entre a mãe e seu filho. Para realizar-se, a criança deve experimentar o amor incondicional, e a mãe deve sentir que está fazendo mais do que buscar gratificação. Nada ilustra melhor por que não podemos desenvolver uma compreensão satisfatória de nós mesmos apenas através da teoria do gene egoísta. Somos demasiado complexos para sermos compreendidos através de uma redutora dissecação de nossas partes.

Tendemos a usar ideias como a da teoria do gene egoísta para justificar nossas próprias práticas egoístas e socialmente destrutivas. É significativo, penso eu, que o livro de Dawkins tenha recebido ampla aclamação nas vésperas dos anos 1980 — época em que a cobiça era bem vista e o livre mercado idolatrado. Como bem ilustra nossa experiência com o darwinismo social, temos que estar eternamente em guarda contra o canto da sereia do egoísmo, se desejamos viver em uma sociedade justa e equitativa.

Os genes e as ideias compartilham pelo menos uma similaridade: ambos se reproduzem, e o erro ocasional na reprodução provê a variação. Assim, ambos estão potencialmente sujeitos à evolução pela seleção natural. Há pelo menos um século que se reconhece que os genes (ou pelo menos os traços fisicamente herdados que eles facultam) e as ideias são similares. O biólogo alemão Richard Semon escreveu dois livros sobre o assunto: *Die Mneme* (de 1904, publicado em inglês com o título de *The Mneme* em 1921) e *Die Mnemischen Empfindungen* (de 1909, publicado em inglês com o título de *Mnemic Psychology* em 1923).[4] Semon cunhou o termo *mneme* (derivado da palavra grega para memória) para denotar uma grande e unificadora teoria da reprodução — tanto física como mental. Acreditava que a memória tinha realidade física, que devia deixar uma impressão no cérebro. Ao formular tal teoria, Semon escreveu que:

> Em vez de falar de um fator de *memória*, um fator de *hábito* ou um fator de *hereditariedade*... preferi considerá-los como manifestações de um princípio comum, que chamarei de *princípio mnêmico*.[5]

A obra de Semon cataloga um episódio fascinante, mesmo que totalmente esquecido, da biologia do século XX que buscava provar que a experiência podia ser herdada. Ele se apoiou pesadamente na obra de Paul Kammerer, um brilhante jovem biólogo vienense, cujas experiências com o que chamou de salamandra-de-fogo (*Salamandra maculosa*) foram consideradas sensacionais na época. Fêmeas grávidas eram mantidas sem água, sendo assim induzidas a dar à luz menos filhotes, mais avançados. Afirmava-se que essa característica passava para a próxima geração, apesar de esta ter livre acesso à água. Outras experiências, conduzidas por Marie von Chauvin com axolotes, resultaram no desenvolvimento de pulmões nessas criaturas, cujos descendentes, observou ela, frequentemente emergiam para tragar ar, coisa que os axolotes normais fazem "apenas em idade avançada e em águas com deficiência de ar".[6] Mas havia sempre a possibilidade de ser a genética, em vez do "princípio mnêmico" de Semon, que influenciasse o resultado.

Semon achou que a prova irrefutável tinha sido finalmente obtida pelo infatigável Herr Kammerer. Seu triunfo com o "sapo-parteiro" (*Alytes obstetricans*) consistia em persuadir as enrugadas criaturas a se absterem de fazer sexo em terra ao mantê-las "em um quarto com altas temperaturas... até que fossem induzidas... a refrescar-se na água... Ali o macho e a fêmea se encontravam". Forçados a acasalar-se na água e não em terra, os sapos se acasalavam de maneira não comumente favorecida pela espécie.[7] Semon interpretava isso como se as criaturas "lembrassem" o método ancestral de copulação, que, afirmava-se, persistia nas gerações subsequentes.

Algumas dessas experiências que supostamente demonstravam o princípio mnêmico eram verdadeiramente bizarras. O dr. Walter Finkler devotou-se a transplantar cabeças de insetos machos para as fêmeas. As vítimas mostravam sinais de vida por vários dias, mas — e é de supor-se que sem sentir maior surpresa — exibiam um comportamento sexual perturbado. O dr. Hans Spemann fez com que um sapo da espécie *bombina* desenvolvesse lentes oculares atrás da cabeça — um feito sobrepujado pelo dr. Gunnar Ekman, que induziu relas-comuns (*Hyla arborea*) a adquirirem lentes oculares em qualquer lugar "com a possível exceção da orelha e do nariz primordiais".[8] Isso deixou Semon convencido de que estava demonstrado que a pele da rã "lembrava" como fazer crescer olhos se apropriadamente estimulada.

SOBRE GENES, MNEMES E DESTRUIÇÃO

Por volta dos anos 1920, o corpo da obra que Semon construíra foi submetido a cerco. Os geneticistas, liderados por William Bateson (que criou o próprio termo *genética*), lançaram ataques ao que tudo indica vitriólicos e obsessivos. Foi sugerido que Bateson teria razões pessoais para desejar que a obra de Kammerer fosse desacreditada e quando, em 1926, foi descoberto que um dos sapos de Kammerer havia sido falsificado, isso foi usado para que toda a sua obra caísse sob suspeição. Com a reputação em farrapos, Kammerer suicidou-se com um tiro.[9]

A abrangente teoria de Semon continha na verdade uma falha fatal: carecia de um elemento lamarckiano na evolução física. Uma das regras blindadas da evolução física é que os indivíduos não podem repassar a seus descendentes quaisquer traços favoráveis adquiridos durante seu tempo de vida. Lamarck acreditava que as girafas podiam esticar seus pescoços ao continuadamente procurarem as folhas altas e que tais pescoços esticados podiam ser passados a seus descendentes. Hoje sabemos que o comprimento do pescoço entre as girafas está codificado em seus genes e que, com raras exceções (tais como extensões de DNA inseridos nos genomas por vírus), os traços físicos adquiridos durante o tempo de vida de um indivíduo não podem ser passados adiante. A evolução cultural, ao contrário, é puramente lamarckiana. É alimentada pela disseminação de ideias e tecnologias que fluem dessas ideias, e as que são adquiridas por uma geração passam para a próxima. A evolução cultural é muito mais rápida do que a evolução física: os tigres-dentes-de-sabre levaram milhões de anos para desenvolver seus grandes caninos afiados, mas os humanos levaram apenas alguns milhares de anos para desenvolver facas de metal que são armas muito mais potentes.

Apesar de suas falhas, a obra pioneira de Semon encerra uma semente de gênio sobre a qual está construído o livro de Richard Dawkins *O gene egoísta*. Dawkins propõe o termo "meme" para ideias ou crenças transmitidas. E diz que, "se os memes no cérebro são análogos aos genes, devem ser estruturas autorreplicantes do cérebro, verdadeiros padrões de rede de neurônios que se reconstituem em um cérebro depois do outro", acrescentando que "os memes devem ser considerados como estruturas vivas, não apenas metaforicamente, mas tecnicamente também".

Em resumo, os memes de Dawkins são ideias que têm uma realidade física em nossos cérebros. São tão transferíveis como os genes, e o autor sugere que podem ser similarmente egoístas. O quão análogos são os mnemes (prefiro o termo de Semon) e os genes é uma questão aberta, mas não acredito que os mnemes sejam necessariamente egoístas da maneira que os genes o são. Alguns mnemes, por exemplo, podem ver os indivíduos atuarem contra seu estrito autointeresse. Os filantropos frequentemente doam sua fortuna a causas que beneficiam a humanidade ou o meio ambiente e, às vezes, o fazem anonimamente, assegurando assim não virem a receber nenhum benefício social. Talvez doem a essas causas simplesmente porque acreditam que é a coisa certa a fazer. Seja qual for o caso, tal filantropia não é do interesse de seus genes egoístas, que se beneficiariam de forma máxima se tudo fosse doado aos filhos ou aos parentes próximos.

No entanto, alguns mnemes fazem com que as pessoas atuem de forma egoísta, mas são desacreditados em todas as sociedades. Na realidade, nossos mais fortes preceitos morais e religiosos têm como alvo destruí-los. Como temos visto, tais mnemes às vezes prosperam, principalmente quando ganham credibilidade em decorrência do darwinismo social ou da teoria neodarwinista. Visto sob essa luz, o conflito entre a religião e a teoria da evolução parece, de certa forma, diferente. O desafio à crença religiosa que o darwinismo lançou na Inglaterra vitoriana atuou como um tipo de "arma secreta" para a causa dos mnemes egoístas. Ao erodir a autoridade religiosa, diminuiu, pelo menos para alguns, a crença na necessidade de "boas obras". Acho sugestivo que nosso principal neodarwinista, Richard Dawkins, esteja agora engajado em uma cruzada contra a religião. Deixará tal cruzada em sua esteira uma sociedade na qual é mais provável que as ideias sobre genes egoístas tenham uma influência indevida?

A teoria do gene egoísta prevê que, em conflitos entre genes e os corpos que estes criam, os genes quase sempre prevalecerão. Mas, com a evolução do mneme, tudo isso mudou. Os humanos desenvolveram a ideia (ela mesma um mneme) da engenharia genética. A tecnologia nos permite tirar do nosso genoma genes de que não gostamos. Claramente, em nossa idade moderna os mnemes vencem os genes. Na verdade, os mnemes são as coisas mais poderosas do mundo. Há duzentos anos um homem chamado James Watt desenvolveu um mneme que envolvia carvão, vapor e movimento — e como resultado a própria composição da atmosfera da Terra mudou.

Frequentemente se diz que existem dois sentimentos fundamentais que decidem uma eleição — a esperança no futuro e o medo dele. Se a esperança predomina, provavelmente elegeremos governos mais generosos e estenderemos a mão para o mundo; mas, se o medo prevalecer, escolheremos governos nacionalistas, que olhem para dentro. Os fatores que determinam a disseminação bem-sucedida dos mnemes são extremamente complexos, mas, num plano mais amplo, parece que nós, coletivamente e como indivíduos, gravitamos entre essas duas tendências. Se acreditamos que vivemos em um mundo cão onde apenas o mais apto sobrevive, provavelmente havemos de propagar mnemes muito diferentes daqueles que surgem da compreensão da interconexão fundamental das coisas. Em grande parte, nosso futuro como espécie será determinado por qual desses mnemes prevaleça.

Uma visão reducionista da evolução permanece forte entre as ciências da vida — e houve um recente ressurgimento de interesse pelo poder da competição darwiniana "com rubros dentes e garras" para explicar a história da Terra. A Hipótese de Medeia, do paleontólogo Peter Ward, foi assim chamada pela aterrorizante Medeia da mitologia grega. Neta do deus sol Hélio, Medeia casou-se com Jasão (o do Tosão de Ouro), com quem teve dois filhos. Quando Jasão a abandonou por Gláucia, Medeia se vingou matando seus próprios filhos, depois de assassinar Gláucia e o pai desta. Ward considera que a vida é igualmente sanguinária e autodestrutiva, argumentando que as espécies, se deixadas sem controle, destruirão a si mesmas ao explorarem seus recursos até o colapso do ecossistema.[10]

A Hipótese de Medeia de fato sugere que um egoísmo impiedoso é, inevitavelmente, uma receita para a eliminação de uma espécie, pois afirma que, se competirmos com demasiado sucesso, haveremos de nos destruir.

Um bom exemplo de resultados compatíveis com a Hipótese de Medeia inclui a introdução de raposas na Austrália no século XIX, onde se tornaram tão bem-sucedidas que causaram a extinção de vinte e tantos mamíferos nativos que se tornaram suas presas. Se os colonos não tivessem introduzido os coelhos, que as raposas também comiam, a população de raposas teria sofrido um colapso catastrófico. A ilha de Páscoa proporciona outro exemplo. Nesse caso, os humanos destruíram tudo de que sua sobrevivência dependia, todas as árvores e pássaros, levando a um colapso da população e quase à extinção dos seres humanos na ilha.

Ward argumenta que a Hipótese de Medeia pode explicar os grandes episódios de extinção na pré-história da Terra, e ele vê a atual senda destrutiva trilhada por nossa espécie humana como uma continuação daquele processo. Um mecanismo-chave identificado por Ward para causar tais extinções é a ruptura do ciclo do carbono pelos seres vivos. Uma forma em que isso pode ocorrer é através do que ele chama de "extinções em massa pelo efeito estufa", que podem ser disparadas se os níveis de dióxido de carbono atmosférico (CO_2) excedem mil partes por milhão. Em essência Ward acredita que o aquecimento causado pelo CO_2 retarda a circulação dos oceanos, privando as águas profundas de oxigênio. Isso permite que as bactérias sulfurosas (que não necessitam de oxigênio para viver) proliferem. Finalmente, o nível de oxigênio dos oceanos poderá diminuir tanto que as bactérias sulfurosas atingirão as águas superficiais iluminadas pelo sol. Lá elas liberam dióxido de enxofre (SO_2) na atmosfera, destruindo a camada de ozônio e envenenando a vida na terra. Com a devastação dos mares e das terras, até 95% de todas as espécies se extinguem, como aconteceu há 195 milhões de anos, no fim do período permiano.

Mas há problemas com essa hipótese, pois não está claro que as principais extinções que caracterizaram a história da Terra foram de fato causadas por seres vivos. Ward reconhece que algumas delas, na verdade, não o foram, como a extinção induzida por um asteroide que levou à destruição dos dinossauros. É preciso muito mais pesquisa sobre os eventos de extinção antes que a hipótese de Ward possa ser aceita sem críticas. E é claro que é importante compreender que, em sua maioria, as espécies existem, na maior parte do tempo, sem destruírem a si mesmas ou a seus ecossistemas. Mas, mesmo que algumas dessas extinções — planetárias ou localizadas — sejam causadas pela própria vida, isso provaria que nós, como Medeia, estamos destinados a destruir a maioria das outras espécies de vida, condenando nossos descendentes a uma nova idade das trevas, ou diretamente à extinção?

Talvez o mais importante que a Hipótese de Medeia nos conta é que a noção de sobrevivência do mais apto, de Spencer, deve ser colocada de cabeça para baixo. Se Ward está correto, os mais aptos são meramente mecanismos de autodestruição, que através de seu sucesso tornam inviáveis tanto eles mesmos como a maioria das espécies com as quais coexistem. Medeia também é uma hipótese profundamente desanimadora, por implicar que a vida não tem escolha: devemos prosperar destruindo outros ou ser por eles destruídos. Nessa perspectiva, a Hipótese de Medeia representa uma síntese entre neodarwinismo e uma compreensão dos limites e da fragilidade de nosso ambiente.

Considerando as profundas contradições entre nossas ideias correntes sobre a sobrevivência do mais apto e o catastrofismo de Medeia, pode-se adotar o ponto de vista de que nossos sistemas de crenças estão condenados a balançar incoerentemente entre teorias de vida em que o vencedor leva tudo e hipóteses de Juízo Final. Nunca entenderemos nosso relacionamento com o planeta que é nosso lar, a não ser que consigamos pôr em ordem essas contradições. Mas sempre existiu outro enfoque, que descreve o processo evolutivo como uma série de resultados positivos que criaram uma Terra produtiva, estável e cooperativa, cujas origens podem ser retraçadas até o cofundador da teoria da evolução, Alfred Russel Wallace.

3

O LEGADO DA EVOLUÇÃO

*Aquele que abre os olhos para as possibilidades da
evolução em sua variedade sem fim abominará
a fraude e a violência e desdenhará a prosperidade
à custa de seus iguais, os seres vivos.*
(SVANTE ARRHENIUS, 1909)

Apesar de Charles Darwin e Alfred Russel Wallace terem de forma independente chegado à teoria da evolução pela seleção natural, nunca houve dois homens tão diferentes. Darwin era um trabalhador paciente e metódico, um cientista na melhor tradição reducionista. Wallace, por sua vez, um grande sintetizador de tudo que via e percebia, cujas ideias vinham como lampejos de gênio. A descrição que faz do processo da evolução natural foi escrita às pressas, em poucas horas, quando estava dominado por uma febre de malária na ilha de Ternate, no que hoje é a Indonésia; no entanto, é o equivalente intelectual ao penoso esforço de Darwin. Ao resumir sua teoria, Wallace disse:

> Existe uma tendência na natureza a uma contínua progressão de certas classes de variedades, para além e além do tipo original... Acredita-se que essa progressão, que se perfaz com passos mínimos e em várias direções — mas sempre questionada e equilibrada pelas condições necessárias e

unicamente sob as quais a existência pode ser preservada —, pode ter seguimento sempre em consonância com todos os fenômenos apresentados por seres organizados, sua extinção e sucessão em eras passadas e todas as extraordinárias modificações de forma, instinto e hábitos que exibem.[1]

Darwin dificilmente teria dito melhor, mas foi o que Wallace fez com a própria vida depois de 1858 que o excluiu — pois, enquanto Darwin procurou o esclarecimento estudando pedaços cada vez menores do mistério da vida, Wallace abordou o todo, tentando entender a vida em uma escala planetária e universal. Penso que, na medida em que envelhecia, Wallace teria apreciado mais e mais a tradução de Yan Fu da evolução como um desempenho dos céus.

Nascido no País de Gales em 1823, Wallace era um produto da classe trabalhadora e encarnava como ninguém a aspiração ao aperfeiçoamento individual tão característico da época. Retirado da escola porque sua família não podia pagar as mensalidades, juntou-se ao irmão mais velho como aprendiz de construtor antes que uma crise econômica o deixasse brevemente desempregado. Então, em 1848, partiu para o Brasil a fim de trabalhar como colecionador de espécimes de história natural. Foi fantasticamente bem-sucedido, mas, ao voltar para casa carregado de borboletas, pássaros e besouros suficientes para firmar-se na vida, o desastre o alcançou. Tudo começou quando o capitão do navio em que viajava apareceu no convés e disse: "Temo que o navio esteja pegando fogo. Venha ver o que acha disso."[2] Houve pouco tempo para "achar" qualquer coisa. A carga do navio era óleo de palma, altamente inflamável, e Wallace apenas pôde agarrar uma caixa que continha alguns desenhos, roupas e um diário, antes de pular em um bote salva-vidas. Todo o resto se perdeu, inclusive suas extensas anotações científicas e magníficas coleções. Depois de dez dias à deriva no meio do Atlântico, os sobreviventes foram resgatados por outro navio, cujas provisões haviam se esgotado. Os homens tiveram que caçar os ratos do navio para se alimentarem, e comeram até mesmo o conteúdo do caldeirão de sebo. Quando parecia que as coisas não podiam ficar piores, outro desastre atingiu os sobreviventes debilitados e em farrapos. Quase chegando ao canal da Mancha, o navio foi atingido por um tremendo temporal e, quando chegou a Londres, tinha mais de um metro de água do mar no porão. Tendo escapado de um segundo naufrágio por um fio de cabelo, Wallace chegou em casa sem um tostão e parecendo um proscrito. Logo viu-se forçado, pela necessidade econômica, a retornar aos trópicos. Desta vez foi para as Índias Orientais, onde ficaria até 1862, reunindo coleções e fazendo descobertas que lhe valeram renome duradouro.

Se Darwin viveu no centro da comunidade científica, Wallace esteve perpetuamente à margem dela. Autodidata e talvez não suficientemente cético em alguns assuntos, tornou-se, de forma infame, vítima simplória de certos espíritas, dando credibilidade, com seu patrocínio, a truques de prestidigitação de gente que prometia colocar as pessoas em contato com os mortos. Veementemente se opôs à vacinação, sustentando que havia riscos em transmitir-se matéria corpórea entre espécies e indivíduos. Mas falhou ao não perceber que, mesmo naquela época de higiene rudimentar, os benefícios da inoculação excediam de longe os riscos, e a comunidade médica o denunciou violentamente por atrasar a aceitação pública da vacinação. No decorrer da vida, Wallace chegou a acreditar que a razão de ser do universo era o desenvolvimento do espírito humano, um ponto de vista amplamente ridicularizado como ingênuo e antropocêntrico.

Tudo isso foi razão suficiente para que a elite vitoriana excluísse esse cientista autodidata. Mas Wallace era questionável por outra razão, que atacava a própria fonte de riquezas daquela elite. Uma de suas principais preocupações era a poluição do ar que sufocava as cidades inglesas. Ele acreditava que "as vastas cidades fabris que lançavam fumaça e gases venenosos" estavam tolhendo o desenvolvimento dos corpos das crianças da classe trabalhadora — e estavam mesmo — levando incontáveis milhares prematuramente ao túmulo.[3] Ativista em favor da justiça social desde sempre, Wallace argumentava que essa poluição persistia devido à "apatia criminosa".

Wallace viveu até os 90 anos e, na medida em que envelhecia, sua mente dedicou-se cada vez mais à questão de como a Terra funcionava. *Man's Place in the Universe* (O lugar do homem no universo) — um de seus últimos livros, publicado em 1904, quando tinha 80 anos — apresentava como objetivo principal demonstrar que a vida só existe na Terra e que outros planetas, como Vênus e Marte, estão mortos.[4] Trata-se talvez do texto fundador da astrobiologia. Wallace elucida a importância da atmosfera para a vida em capítulos como "Nuvens, sua importância e suas causas" e "Nuvens e chuva dependem da poeira atmosférica". E é nessa questão aparentemente trivial da poeira atmosférica que vemos uma diferença entre Darwin e Wallace: para Darwin a poeira atmosférica continua sendo apenas um fenômeno de interesse zoogeográfico, que ajuda a explicar a distribuição de microorganismos, ao passo que Wallace a vê como um elemento absolutamente essencial no sistema da Terra, responsável pelas bênçãos de chuva e nuvens e, como tal, profundamente influente sobre o clima do planeta inteiro. Ao descrever a atmosfera como um todo, Wallace diz:

> Realmente é uma estrutura muito complexa, uma maravilhosa peça de maquinaria, que, com seus vários gases componentes, suas ações e reações sobre a água e a terra, sua produção de descargas elétricas, e ao proporcionar os elementos que compõem e renovam perpetuamente todo o tecido da vida, pode ser verdadeiramente considerada como a fonte e fundação da própria vida.[5]

Diferentemente de Darwin, Wallace parece não ter medo de que um entendimento da evolução possa corromper a moralidade pública — na verdade ele vê o processo evolutivo e nossa compreensão dele como um potencial introdutor de um futuro maravilhoso. Penso que isso se dá porque Wallace compreendeu que, apesar de a evolução pela seleção natural ser um mecanismo temível, mesmo assim ele criou um planeta vivo e funcional, que nos acolhe, com nosso amor ao próximo, e à nossa sociedade. Quando olho pela janela de minha casa, perto de Sydney, posso ver o mundo na perspectiva de Wallace. Ele está manifesto em uma árvore *angophora* de casca rosa que lança uma abundante sombra — uma árvore composta de bilhões de células distintas. Em tempos passados, os ancestrais dos cloroplastos que dão às folhas sua cor verde foram bactérias livres. Depois, éones atrás, elas foram viver dentro de uma planta primitiva unicelular. Hoje, a união desses organismos que uma vez foram livres e apenas remotamente relacionados é tão completa que a maioria de nós pensa neles como uma unidade, nesse caso a árvore.

Existe uma árvore mais modesta ali perto, chamada de eucalipto rabiscado, uma coisa contorcida e esbranquiçada que traz um texto indecifrável, escrito por um besouro em sua casca. O besouro não pode viver sem a árvore, e esta não pode viver sem um sócio invisível, um fungo tão humilde que não pode ser visto, que cobre intimamente as mais finas raízes do eucalipto e melhora o acesso da árvore aos nutrientes. Fungo, besouro, pássaro, árvore, e o ser humano sentado à sua sombra, encantado pelo canto do pássaro e pelo pensamento de que o besouro aprendeu a escrever na casca da árvore. Somos parte de uma comunidade interdependente.

E então apareço eu. Bilhões de células que cooperam a cada instante e um cérebro feito de um pedúnculo reptiliano, uma porção média mamífera, e dois altamente evoluídos, mas relativamente mal conectados, hemisférios que de alguma forma se somam em uma coisa que chamo de eu. E, para além desse milagre de cooperação, está o meu mundo mais amplo, feito de uma rede de amores sem a qual não posso viver: mulher, filhos, parentes, amigos. Quem há de dizer que um casamento não pode ser uma união menos completa do que aquela que existe entre um cloroplasto e a célula que o hospeda? Além do meu círculo familiar, existe minha cidade com seus milhões de moradores, meu país, que coordena ações através de uma urna eleitoral e, além disso, todo o meu planeta com suas incontáveis partes dependentes. Nosso mundo é uma rede de interdependências tecida tão firmemente que às vezes se transforma em amor.

Não há dúvida de que existem pessoas que acreditam que isso não pode acontecer, que argumentam que habitam um mundo governado pela intensa competição em cada domínio da vida e que qualquer ilusão de amor pelo próximo resulta apenas da graça de Deus. É verdade que a competição existe, mas é a "face contente da natureza", sobre a qual Darwin escreveu tão ceticamente, que reina a maior parte do tempo. E, do amor que sustenta minha família até o besouro que escreve na árvore, cada pedaço tem origem na evolução pela seleção natural.

Se a competição é a força motriz da evolução, o mundo cooperativo é o seu legado. E os legados são importantes, pois podem resistir muito tempo depois que a força que os criou tenha deixado de existir.

Uma boa ilustração do processo que criou a vida como a conhecemos pode ser proporcionada por um jogo de futebol. Qualquer um que leia as páginas de esportes pensa que o futebol trata somente de competição, mas basta ver um jogo para aprender como isso é equivocado. O futebol é um milagre de cooperação, e não é apenas o time que existe como uma extraordinária totalidade naquele breve período entre o chute inicial e o apito final. A erupção da emoção diante de um gol e o silêncio abafado na iminência de uma cobrança de falta no último minuto revelam uma união de sentimentos entre os espectadores que se acha no coração mesmo do esporte. Afinal de contas, é a sensação de fazer parte desse todo maior que traz os torcedores ao jogo toda semana, e sem estes o jogo não existiria. No esporte, os vencedores só podem sobreviver se os perdedores também sobrevivem; de outra forma, não haveria jogo. Nosso planeta é bastante similar. Se uma espécie suficientemente superior e arrogante surgisse e adotasse uma filosofia de "ao vencedor, as batatas", seria o fim do jogo para todos nós. Creio que Alfred Russel Wallace foi o primeiro cientista moderno que compreendeu como a cooperação é essencial para nossa sobrevivência.

Às vezes reflito sobre como seria nosso mundo se Wallace, em vez de Darwin, houvesse se tornado o grande herói científico da época. Teria a teoria da evolução se tornado justificativa para uma sociedade injusta? A evolução estaria atrelada a uma agenda de reforma social? As ciências da ecologia e da astrobiologia teriam emergido um século antes do que de fato o fizeram? A poluição do ar e a mudança climática teriam sido derrotadas já no século XIX? Nunca saberemos as respostas a essas perguntas. Com exceção de poucos, como o químico Svante Arrhenius, vencedor do Prêmio Nobel, a corrente principal dos cientistas ofereceu resistência à maior parte das ideias de Wallace. Ironicamente, ele é mais bem recordado por sua zoogeografia — a Linha Wallace, uma fronteira que separa as espécies animais da Austrália e da Nova Guiné das espécies animais da Ásia.

Wallace foi um grande pensador, e no entanto suas ideias mais profundas não poderiam prosperar na brutal era de imperialismo em que viveu. Mas os tempos mudam, e, quando em 1970 emergiu uma teoria mais poderosamente explicativa do tipo da que Wallace havia esboçado, o mundo finalmente estava preparado para ouvir.

A pessoa que desenvolveu tal teoria foi James Lovelock, e ele o fez, até onde posso saber, sem conhecimento do trabalho de Wallace. Na verdade, é um fato notável que a maior parte dos pesquisadores que trabalharam no que poderíamos chamar de tradição wallaciana da ciência holística em escala planetária parece ter chegado ao campo mais ou menos de forma independente, sem ter ciência dos escritos de seus predecessores. Talvez isso ocorra porque os wallacianos raramente tenham feito parte da corrente principal dos intelectuais acadêmicos. Qualquer que seja o caso, Wallace e Lovelock eram ambos intrusos originários da classe trabalhadora e excepcionalmente dotados em termos intelectuais e os dois entenderam que a atmosfera era a chave para o entendimento da vida como um todo.

James Lovelock nasceu em Letchworth, nas cercanias de Londres, em julho de 1919 — e foi produto, acredita ele, das celebrações do Armistício em novembro de 1918. Apesar de ser um estudante comum, aos 12 anos decidiu tornar-se cientista e começou a frequentar bibliotecas públicas. *Astronomy and Cosmogony*, de James Jean, *The Interpretation of Radium*, de Frederick Soddy, e *Organic Chemistry*, de L.G. Wade tornaram-se suas leituras mais apreciadas. Foi nessa época que ele se afastou de sua formação agnóstica e, por algum tempo, tornou-se um *quaker* com pontos de vista fortemente pacifistas. Estudou química na Universidade de Manchester e, em 1941, conseguiu um emprego no National Institute for Medical Research, onde uma de suas responsabilidades principais era investigar a higiene do ar em abrigos contra bombas. Inventor de instrumentos científicos, produziu vários aparelhos para medir a composição atmosférica, e assim começou um romance com a atmosfera que duraria toda a vida.[6]

Lovelock nos diz que o conceito de Gaia chegou a ele subitamente numa tarde de setembro de 1965, quando estava visitando o Jet Propulsion Laboratory, na Califórnia. Um astrônomo lhe havia trazido dados sobre as atmosferas de Marte e de Vênus, reunidos por instrumentos de detecção infravermelha, que haviam revelado, pela primeira vez, que tais atmosferas eram compostas principalmente por CO_2. Lovelock compreendeu imediatamente que isso provava que tanto Vênus como Marte eram planetas mortos, e que a Terra era diferente porque seres vivos tinham reduzido seu CO_2 atmosférico, substituindo-o por oxigênio. Quando mencionou isso para o astrofísico norte-americano Carl Sagan, este lhe falou a respeito do "paradoxo do jovem Sol pálido" que afirma que, apesar de o Sol ter sido 25% mais frio há 3 bilhões de anos do que hoje, nosso planeta nunca congelou por causa disso, como parece que deveria ter feito. Então, diz Lovelock, "a imagem da Terra como um organismo vivo, capaz de regular sua temperatura e sua química em um confortável estado constante, surgiu na minha mente".[7]

A Hipótese de Gaia ganhou a reputação de ser algo "new age", ciência popular superficial. Mas é tudo menos isso. Está profundamente fundamentada e é muito importante para a nossa compreensão da evolução da vida sobre a Terra. Nas universidades, ela é com frequência estudada como a "ciência dos sistemas da Terra", talvez porque isso pareça mais respeitável. Hoje em dia, Lovelock descreve Gaia como:

Uma visão da Terra... como um sistema autorregulável constituído pela totalidade de organismos, pelas rochas da superfície, pelos oceanos e pela atmosfera firmemente acoplados como um sistema que evolui... este sistema (tem) um objetivo — a regulação das condições da superfície de modo que seja sempre tão favorável quanto possível à vida contemporânea.[8]

Quando uma exposição da Hipótese de Gaia foi publicada pela primeira vez em 1972 na revista *Atmospheric Environment*, obteve pouca credibilidade entre os cientistas.[9] A situação não melhorou depois que Lovelock publicou seu livro *Gaia* em 1979. "Os biólogos eram os piores", lembra ele. "Falavam contra Gaia com aquele tipo de certeza dogmática que eu não ouvia desde a escola dominical. Os geólogos, pelo menos, faziam críticas baseados em sua interpretação dos fatos." Algumas das críticas mais importantes vieram de Richard Dawkins, que descreveu o livro de Lovelock como parte da "literatura pop-ecológica".[10] Dawkins acreditava que a hipótese não levava em conta a evolução pela seleção natural, com suas exigências de competição entre organismos, escrevendo que:

Deveria ter havido um conjunto de Gaias rivais, presumivelmente em planetas diferentes. Biosferas que não desenvolvessem regulações homeostáticas eficientes de suas atmosferas planetárias tenderiam a ser extintas. O universo deveria estar cheio de planetas mortos cujos sistemas de regulação homeostática houvessem falhado e pontilhado por um punhado de planetas bem regulados entre os quais a Terra... Além disso, teríamos que postular algum tipo de reprodução pela qual os planetas bem-sucedidos procriassem cópias de suas formas de vida em novos planetas.[11]

Essas críticas levaram Lovelock a investigar como um processo baseado na competição poderia criar "a face contente da natureza", e, para isso, desenvolveu um modelo por computador, em 1982, conhecido como Daisyworld.

Daisyworld é uma tentativa de ver o que sucederia em um planeta imaginário com uma ecologia muito simples que seguisse a mesma órbita que a

Terra ao redor do Sol. Somente margaridas crescem ali, e elas variam de cores escuras a cores claras. Podem crescer apenas em uma temperatura que varie de -5º a 40º C, com uma temperatura ideal de 20º C. A única coisa que afeta a temperatura desse modelo de mundo é o quão refletora é sua superfície: se for brilhante, mais luz solar é refletida para o espaço antes de tornar-se energia calorífera; se for escura, então grande parte da luz solar se transforma em energia calorífera e assim Daisyworld esquenta. Desse modo, uma margarida clara esfriará seus arredores, ao passo que uma escura os aquecerá.

Para investigar o "paradoxo do jovem Sol pálido", Lovelock faz funcionar programas para simular condições que ocorreram na história da Terra. Enquanto os programas funcionam, grandes grupos de margaridas claras morrem porque seus arredores ficam demasiado frios, ao passo que grupos similares de margaridas escuras morrem porque seus arredores ficam muito quentes. Depois de numerosas gerações de margaridas criadas pelo computador, a proporção de tipos claros e escuros se torna equilibrada, para manter as condições da superfície relativamente constantes e dentro dos limites ideais de temperatura para o crescimento das margaridas. Através dos anos foram criados modelos mais complexos do Daisyworld, que imitam melhor o mundo natural. Mas os resultados são sempre os mesmos: a vida como um todo (se bem que virtual) regula as condições para satisfazer a si mesma. Isto é, até defrontar-se com uma força tão grande — tal como um asteroide ou emissão de gás de estufa — que domine seus mecanismos de controle.

Chamando Daisyworld de sua "realização científica de que mais se orgulha", Lovelock argumenta que ela responde completamente às críticas de que Gaia não poderia evoluir pelo processo de seleção natural darwiniana. Esse é um ponto de vista sustentado por Mark Staley, um dos principais defensores da modelagem do tipo Daisyworld, que diz dos modelos "que o resultado final pode parecer com um produto de uma aventura cooperativa, mas é de fato o resultado da seleção darwiniana atuando sobre organismos 'egoístas'".[12] Vários exemplos da regulação do tipo Daisyworld no mundo real têm sido descobertos hoje em dia. Entre os mais intrigantes está a maneira como os recifes de coral aumentam a nebulosidade do ar acima deles pela produção de substâncias químicas que semeiam as nuvens, protegendo-se assim da perigosa radiação ultravioleta. Outro exemplo é o das florestas tropicais como a da Amazônia, que transpiram vapor de água, gerando sua própria chuva.

Resumindo, a Hipótese de Gaia de Lovelock descreve a cooperação em seu nível mais alto — a soma da cooperação inconsciente de todas as formas de vida que deu forma à nossa Terra viva. Não é que os seres vivos escolham cooperar, mas que a evolução os modelou para que façam isso. Também mostra que as partes vivas e não vivas da Terra estão inextricavelmente interligadas. Lovelock afirma, por exemplo, que 99% da atmosfera da Terra são uma criação da vida (o excepcional 1% são os gases nobres como o árgon) e que os oceanos da Terra são conservados em seu estado atual pela própria vida. E, o que é mais importante, a Hipótese de Gaia afirma que a Terra, tomada como um todo, possui muitas das qualidades de uma coisa viva.

Foi o romancista William Golding que sugeriu o nome de Gaia para a hipótese de Lovelock. Golding vivia na época na mesma pequena cidade que o ambientalista, e decerto conhecia Gaia, a deusa grega da Terra, de suas leituras dos clássicos. Talvez não seja mera coincidência que o autor de *Lord of the Flies* (O senhor das moscas, 1954), indiscutivelmente a mais aterrorizante história de "sobrevivência do mais apto" jamais publicada, viesse a proporcionar ao mundo moderno o nome de uma teoria unificada da vida. Duas décadas depois, Golding voltou à contemplação de Gaia. Em uma crítica publicada no jornal britânico *The Guardian*, em 1976, a um livro de fotografias aéreas, ele opinou:

> Nosso crescente conhecimento da natureza da Terra, tanto microscópica quanto *macroscópica*, não é apenas uma satisfação para um punhado de cientistas. Em ambas as direções, está trazendo uma mudança na sensibilidade... Aqueles que pensam o mundo como uma massa informe sem vida devem começar a preocupar-se.[13]

A ideia da Terra como uma entidade viva não é nova. Ao explicar os antigos conceitos gregos sobre a Terra, Sir Francis Bacon escreveu em 1639 que:

> A filosofia de Pitágoras... plantou pela primeira vez uma imaginação monstruosa que depois foi regada e nutrida pela escola de Platão e outros. A ideia de que o mundo era uma criatura viva inteira e perfeita... Uma vez lançado esse fundamento, eles poderiam construir sobre ela o que quisessem; pois em uma criatura viva, apesar de nunca tão grande, como por exemplo uma grande baleia, o sentido e os efeitos de qualquer parte do corpo instantaneamente fazem um transcurso através do todo.[14]

Considerado um dos fundadores da ciência moderna, Bacon também era um homem profundamente religioso, e sua recusa do conceito grego da Terra como um ser vivo advém em parte da batalha da Igreja com a bruxaria, que estava no auge na Inglaterra do século XVII. Se a Terra fosse "uma criatura viva perfeita", Bacon pressentia que as bruxas e os feiticeiros seriam capazes de influenciar qualquer parte dela a distância, tal como a torcedura de um dedo do pé pode fazer saltar o corpo inteiro. Suas atividades satânicas eram, temia ele, aquele toque certo no corpo da Terra que poderia conjurar tempestades e destruir navios no mar, ou incitar terremotos para esmagar as cidades dos justos.

Mas o antagonismo cristão à ideia de uma Terra viva vai muito além disso. Afinal de contas, Gaia é uma deusa pagã, e a Igreja dos primeiros tempos travou uma dura batalha contra tais competidores. Mas teve enorme sucesso em impor o monoteísmo na Europa Ocidental, e, por volta do século XVIII, a crença na Terra como uma coisa viva sobrevivia apenas nas mentes dos mais simplórios e não escolarizados dos camponeses. Nas igrejas e universidades, pelo contrário, a Terra era vista como um palco sobre o qual o grande drama moral do bem e do mal era encenado, ao término do qual seríamos destinados ao céu ou ao inferno. E era um palco sobre o qual tínhamos domínio para o tratar como quiséssemos — uma visão que os magnatas da Revolução Industrial haveriam de explorar para seus próprios fins.

A hipótese de Lovelock é pelo menos tão controversa hoje em dia como a teoria da evolução de Darwin o foi há 150 anos. Parte das razões disso pode ser atribuída à história de seu conflito com o cristianismo. Ainda existem líderes da Igreja que denunciam o ambientalismo como se ele, de alguma maneira, competisse com a sua versão do dogma religioso. Líder católico australiano, o cardeal George Pell acredita que os ambientalistas sofrem de um novo "vazio pagão". Pior ainda, na perspectiva de Pell eles competem com a religião. Em janeiro de 2008, ele afirmou sobre a ciência climática:

> O público em geral parece ter abraçado até as mais selvagens reivindicações sobre a mudança climática causada pelo homem como se isso constituísse uma nova religião. Nos dias de hoje, qualquer figura pública que questione a base do que parece ser uma fé fundamentalista verde é considerada herege.[15]

E é claro que a profunda interconectividade que constitui um aspecto essencial da Hipótese de Gaia traz um intenso desafio ao nosso atual modelo econômico, pois explica, primeiro, que há limites para o crescimento, e que não há um "fora" onde jogar as coisas.

A Hipótese de Gaia sempre permaneceu marginal à tendência dominante da ciência: nem Wallace nem Lovelock jamais tiveram um cargo universitário, e não havia, até recentemente, uma tradição acadêmica wallaciana. Lentamente, porém, isto está mudando. No campo da geologia, a ciência dos sistemas da Terra está encontrando alguma respeitabilidade, e mesmo nas ciências biológicas os intelectuais acadêmicos estão voltando sua atenção para questões gaianas, inclusive sobre como o processo evolutivo pode ter permitido a cooperação. Aqueles que mostram interesse nessas questões são conhecidos como sociobiólogos. Bill Hamilton, da Universidade de Oxford, é amplamente reconhecido como o fundador da disciplina, e E.O. Wilson, de Harvard, seu maior expoente vivo. A sociobiologia é uma ciência sintética que busca explicar o comportamento social dos animais através da teoria da evolução. Alguns cientistas (entre eles Stephen Jay Gould) alinharam a sociobiologia com o darwinismo social, mas, na realidade, ela merece ser classificada ao lado das outras ciências sintéticas, como a astrobiologia e a ciência dos sistemas da Terra. Na medida em que forem desenvolvidos os temas deste livro, mais se ouvirá sobre ela, e particularmente sobre seu fundador, o grande Bill Hamilton, pois ele chegou mais perto do que ninguém de construir uma ponte entre o neodarwinismo e a Hipótese de Gaia.

4

UM OLHAR MODERNO SOBRE A TERRA

*Grande bola de ferro com algumas pedras no exterior
e um revestimento muito, muito fino de umidade,
oxigênio e criaturas perigosas.*
(UMA DESCRIÇÃO DA TERRA, WIKIPEDIA)

O que é a vida? É separável da Terra? No nível mais elementar, nós, os seres vivos, sequer somos propriamente coisas, antes processos. Uma criatura morta é, em todos os aspectos, idêntica a uma criatura viva, exceto pelo fato de que os processos eletroquímicos que lhe deram alento já cessaram. A vida é uma encenação — a encenação dos céus — que é alimentada e conservada em seu lugar, e eventualmente extinta, por leis fundamentais da química e da física. Outra maneira de pensar sobre a vida é que somos todos extravagâncias autocoreografadas de reações eletroquímicas, e é nos impactos combinados dessas reações, através de todas as formas de vida, que a própria Gaia se forja.

Pensar a vida como algo separado da Terra é errado. Um exemplo notável é dado pela origem dos diamantes. Análises mostram que muitos diamantes são feitos de seres vivos. Pequenos organismos à deriva em um antigo mar absorvem carbono da atmosfera, depois morrem e afundam no abismo. A partir daí, processos geológicos levam o carbono até o próprio manto da Terra, submetendo-o ao calor e à pressão inimagináveis, e transformando-o assim em diamantes. Finalmente, esses diamantes são lançados de novo à superfície em grandes veios de rocha derretida e hoje em dia alguns adornam nossos dedos.[1]

Nosso planeta se formou há 4,5 bilhões de anos como resultado de uma "instabilidade gravitacional em uma nuvem galáctica condensada de poeira e gás".[2] Formou-se em um tempo assombrosamente curto, talvez 10 milhões de anos, e características extremamente importantes lhe foram agregadas quando um corpo celeste do tamanho de Marte atingiu a proto-Terra, liquefazendo-a e ejetando dela uma massa destinada a tornar-se a Lua. O remanescente liquefeito começou então a diferenciar-se em um núcleo metálico correspondente a quase 30%, um manto de silicatos de quase 70%, e uma fina crosta de apenas 0,5% da massa total. Em 1 bilhão de anos, ou talvez em apenas algumas poucas centenas de milhões de anos, partes daquela crosta começaram a organizar-se para a vida.

Isso foi há tanto tempo que a Lua ficava muito mais perto do que está hoje, e repleta de vulcões ativos. Assomava enorme no céu e exercia tal empuxo gravitacional que a crosta da Terra se curvava muitos metros a cada mudança de maré. Desafia nossa imaginação pensar que porções microscópicas daquela antiga crosta lentamente se transformavam em seres vivos e, de fato, saber como a centelha da vida acendeu-se pela primeira vez permanece um dos grandes mistérios da ciência. Mas não há dúvida de que os processos eletroquímicos que formam a vida são inteiramente consistentes com uma origem na crosta terrestre — nossa própria química nos diz que somos, muito provavelmente, originários dela. Esse conceito de vida como a crosta terrestre viva desafia a dignidade de alguns. Não deveria. Há muito compreendemos, através do ensinamento bíblico e da experiência prática, que não somos nada mais que terra: das cinzas às cinzas, do pó ao pó, como é mencionado na cerimônia inglesa de enterro. De fato, "és pó e ao pó retornarás" estão entre as mais antigas palavras escritas que conhecemos.[3]

Os blocos de construção da vida, no entanto, regressam no tempo além da formação de nosso planeta. Os elementos que nos formam, o carbono, o fósforo, o cálcio e o ferro, para mencionar apenas alguns, foram criados no coração das estrelas. E não apenas em uma geração, pois é necessária a energia combinada de três gerações de estrelas para formar alguns dos elementos mais pesados, tais como o carbono, indispensável para a vida. As estrelas envelhecem muito devagar, e para completar três gerações levam quase todo o tempo desde o Big Bang até a formação da Terra. Como disse o astrofísico Carl Sagan, somos apenas poeira de estrelas, mas que coisa maravilhosa isso é.

A crosta terrestre pode parecer com um órgão passivo, um mero substrato, mas foi profundamente influenciada pela vida, e é a simples dimensão do orçamento energético da vida (a quantidade total de energia que os seres vivos capturam do Sol) que faz isso possível. As plantas capturam a energia do Sol valendo-se da fotossíntese. Dentro das folhas verdes estão diminutas estruturas chamadas cloroplastos, que usam a energia da luz solar para quebrar moléculas de CO_2 que, se não fossem assim tratadas, acabariam por compor a maior parte da atmosfera da Terra. O átomo de carbono no CO_2 é utilizado pelas plantas para criar a casca, a madeira e as folhas — de fato, todos os tecidos das plantas ao nosso redor — ao passo que os dois átomos de oxigênio, maiores, são liberados na atmosfera como a molécula O_2. Observem uma árvore, o que vocês veem é principalmente carbono congelado: uma tonelada de madeira é o resultado da destruição, pela fotossíntese, de aproximadamente duas toneladas de CO_2 atmosférico.

As plantas verdes são muito mais eficientes em seu uso de energia do que nós humanos com nossas usinas de energia elétrica alimentadas com combustível fóssil. A cada ano, as plantas verdes conseguem converter aproximadamente 100 bilhões de toneladas de carbono atmosférico em tecido vegetal vivo e, ao fazê-lo, elas removem 8% de todo o CO_2 atmosférico. Esse é um número verdadeiramente extraordinário. Imaginem se nenhum CO_2 encontrasse seu caminho para a atmosfera. Em apenas doze anos as plantas teriam absorvido e usado quase *todo* o CO_2 atmosférico.

As plantas capturam aproximadamente 4% da luz solar que cai na superfície da Terra, o que dá à vida um orçamento energético primário (excluindo-se as bactérias sulfurosas e outras formas não fotossintéticas) de aproximadamente cem terawatts (100 trilhões de watts) anuais. São o tamanho do orçamento energético primário da vida e a resistência de seus ecossistemas (determinada em parte pela biodiversidade) que definem um planeta saudável. Os cientistas apenas começaram a pensar a Terra nesses termos, de modo que as medições de produtividade e diversidade permanecem aproximadas. No entanto fica claro, a partir de grandes eventos de extinção na história dos fósseis, que, se o orçamento energético da Terra e a resistência do ecossistema caírem abaixo de certos limiares, um sistema terrestre plenamente funcional não pode ser preservado.

Paralelos úteis podem ser feitos entre a forma como a energia flui nas economias e nos ecossistemas da Terra. O tamanho das economias é medido em dólares, ao passo que o orçamento energético da Terra mede-se em terawatts. Dólares e terawatts claramente diferem, mas ambos representam recursos potenciais que podem ser utilizados para fins produtivos. Embora seja este um campo de estudo e de discussão intensos, parece que a estabilidade tanto das economias como dos ecossistemas está relacionada com sua diversidade, que, por sua vez, é parcialmente uma função do tamanho: quanto maior uma economia ou um ecossistema, mais diversificados podem ser. A presença de certos elementos nas economias e ecossistemas também pode ajudar a fomentar a produtividade. Os bancos são um bom exemplo. Nas economias bem gerenciadas e bem reguladas, os bancos ajudam o fluxo de capital, estimulando assim a produtividade. Nos ecossistemas, certas espécies atuam como banqueiros, favorecendo os fluxos de energia e de nutrientes. Entre os banqueiros ecológicos da Terra estão os grandes herbívoros, que pesam uma tonelada ou mais. Como veremos logo, em ecossistemas marginais, tais como os desertos ou a tundra, esses banqueiros ecológicos aceleram a velocidade do fluxo de recursos pelo ecossistema, possibilitando que uma substancial "economia biológica" seja construída sobre uma reduzida base de recursos. Se os seres humanos destroem a megafauna, podem induzir ao equivalente de uma interminável recessão econômica em tais ecossistemas, limitando sua produtividade e estabilidade. E isso tem impacto sobre a função da Terra como um todo, da mesma forma que uma recessão econômica nos Estados Unidos pode afetar a economia global.

Então, como é que a vida gasta seu vasto orçamento de energia? Basicamente, esse orçamento energético é empregado para modificar nosso planeta de forma a torná-lo mais habitável, e como isso é feito exatamente pode ser mais bem compreendido se compararmos a Terra com os planetas mortos, tais como Vênus e Marte. Os planetas podem ter até três "órgãos" principais, que correspondem às três fases da matéria: uma crosta sólida, um oceano líquido (ou congelado) e uma atmosfera gasosa. Um planeta vivo usa sua provisão de energia para manter a química de seus órgãos desequilibrada entre si. Não há melhor exemplo disso que o oxigênio. A atmosfera da Terra está cheia desse elemento altamente reativo, mas, se a vida alguma vez se extinguisse, o oxigênio rapidamente desapareceria, combinando-se com elementos das rochas e dos oceanos, formando moléculas tais como a do CO_2. Em comparação, a composição química dos órgãos dos planetas mortos existe em um estado de equilíbrio. Como Lovelock compreendeu nos anos 1970, um planeta cuja atmosfera consiste quase inteiramente em CO_2 é um planeta cuja força de vida, se alguma vez existiu, há muito se exauriu — um planeta em descanso eterno.

O carbono é o bloco de construção indispensável da vida. Eu e você somos feitos de até 18% de carbono por peso seco, e as plantas contam com uma porcentagem muito mais alta. Quase todo esse carbono já esteve flutuando na atmosfera, unindo-se em um *ménage à trois* com o oxigênio para formar CO_2. Há bilhões de anos, quando a vida era uma criança frágil lutando para sobreviver, havia mais CO_2 na atmosfera do que hoje, pois os seres vivos ainda não tinham descoberto uma forma de usá-lo. Naquele tempo, talvez, a vida aninhava-se como bactérias microscópicas no leito profundo dos oceanos, ou ficava escondida em sedimentos ao redor de fontes quentes. Onde quer que tenha conseguido refúgio, sua provisão de energia deve ter sido pequena, pois a maior parte da Terra ainda estava intocada pelo seu poder. Hoje em dia, no entanto, o CO_2 constitui apenas quatro partes por 10 mil da composição gasosa da atmosfera da Terra, ao passo que um subproduto da fotossíntese, o oxigênio, constitui 21%. Essa é a derradeira medida do triunfo da vida.

A crosta continental da Terra é muito mais grossa que sua crosta oceânica e é feita de rochas mais leves, ricas em sílica. Os continentes se originaram pela erosão da crosta oceânica (que é feita de basalto) e, notavelmente, talvez possam ser um produto da vida. Pode parecer uma pretensão exagerada, mas vale a pena recordar que os seres vivos fornecem 75% da energia usada para transformar as rochas da Terra, e o calor de dentro do planeta contribui com meros 25%.[4] Tendemos a pensar a transformação das rochas na crosta da Terra como resultado de vulcões, terremotos e eventos similares. É fácil deixar passar despercebido o silencioso trabalho de liquens, bactérias e plantas, que criam grãos de solo a partir de intransigentes basaltos e outras rochas, penetrando profundamente nos estratos, lixiviando e rompendo as rochas com os ácidos que exsudam. Seu trabalho, apesar de microscópico em escala, é incessante, de efeito três vezes maior que o de todos os vulcões do mundo combinados.

Não temos evidências de vida nos primeiros 500 milhões de anos de existência da Terra. Então, nosso planeta era uma esfera coberta de água com pouca ou nenhuma terra seca. Foi sugerido que, quando a vida surgiu, os mais antigos seres vivos produziam ácidos que aceleraram o processo de desgaste da crosta basáltica, separando os elementos mais leves do basalto dos mais pesados. Quando esses elementos mais leves são comprimidos e aquecidos pelos movimentos da crosta terrestre, transformam-se em granito, a pedra fundamental dos continentes e a essência da terra debaixo de nossos pés. Talvez, dado um tempo suficiente, a energia do interior da Terra pudesse ter causado a mesma transformação, mas era tão vasta a quantidade de basalto erodida para criar os primeiros continentes que pesquisas recentes indicam que isso só poderia haver ocorrido se a vida estivesse capturando energia e usando-a para produzir compostos que ajudassem a quebrar as rochas.[5]

Podemos pensar a crosta rochosa da Terra como um enorme suporte, como a concha inferior de uma ostra, que a vida criou para ali se ancorar. E, se imaginamos as rochas como apoio da vida, podemos pensar a atmosfera como um casulo do bicho-da-seda, tecido pela vida para sua própria proteção e nutrição. Consideremos o que a atmosfera faz por nós. Seus gases causadores do efeito estufa mantêm a superfície do planeta numa temperatura média de 15º C, em vez de -18º C. Todos os principais gases causadores do efeito estufa são produzidos pela vida (apesar de que alguns, como o CO_2, possam ser produzidos de outras formas também), e sem eles a Terra seria uma bola congelada. O ozônio, uma forma de oxigênio composta por três átomos interligados, é um produto da vida, pois todos os três átomos de oxigênio derivam de plantas. Apesar de compor apenas dez partes por milhão de nossa atmosfera, o ozônio captura de 97% a 99% de toda a radiação ultravioleta que vem em nossa direção. Sem essa proteção, nosso DNA e outras estruturas celulares seriam logo destruídos e a vida sobre a Terra deixaria de existir. E há a forma mais comum de oxigênio (dois átomos interligados), que alimenta nossos fogos metabólicos internos, facultando a respiração da própria vida.

Como Wallace bem sabia, nossa atmosfera é verdadeiramente assombrosa. Podemos pensar que é grande, mas é o menor órgão da Terra. Para compará-la com os oceanos, precisamos imaginar a compressão de seus gases por volta de oitocentas vezes até que se torne líquida. Se pudéssemos fazê-lo, veríamos que a atmosfera é quinhentas vezes menor que os oceanos. É um invólucro delicado, dinâmico e indispensável para o planeta, um casulo que está constantemente sendo reparado como um todo pela própria vida, um casulo que reveste intimamente cada ser vivo e que se conecta quimicamente com a grande concha rochosa que a vida forjou para nela apoiar-se. Espremido entre o suporte e o casulo está o sistema circulatório líquido do bicho vida: os oceanos e outras águas da Terra.

A Terra é verdadeiramente o planeta da água, porque é a água, em seus três estados — vaporoso, líquido, sólido —, que a define e sustenta. Água líquida cobre 71% da superfície da Terra, enquanto água sólida, a maior parte dela sob a forma de gelo glacial, cobre mais 10,4%. A água é essencial à vida porque os processos eletroquímicos que são a vida só podem ocorrer dentro dela; fluidos tão salgados como os antigos oceanos correm por nossas veias. O oceano foi quase certamente o berço da vida e continua sendo seu habitat que mais se expande. Com um volume de 1,37 bilhão de quilômetros cúbicos, é onze vezes maior em volume do que toda terra acima do oceano. Mas, diferentemente da terra, que só é habitada pela vida na superfície, o volume inteiro dos oceanos é um habitat potencial.[6]

No princípio da existência de nosso planeta, a Terra era sem vida, e seus três órgãos estavam em equilíbrio químico. Nenhuma rocha hoje sobrevive daquele tempo distante, de 3,9 a 4,65 bilhões de anos atrás. Isso porque nosso agitado planeta veio se reciclando continuadamente, de modo que todas as evidências físicas que testemunhassem a natureza da crosta original da Terra foram transformadas em poeira, derretidas e formadas novamente. Mas, ao examinar rochas datadas de um tempo um pouco posterior, quando a força da vida na Terra ainda era fraca, podemos obter profundas percepções do que significou o aparecimento da vida em nosso planeta.

Em 2009 visitei o homem que foi o pioneiro da ideia, ainda controversa, de que a vida pode ter ajudado a criar os continentes. Minik Rosing é o diretor do Museu Geológico de Copenhague e uma das maiores autoridades sobre a origem da vida. Indígena inuíte que usa jeans e rabo de cavalo, Rosing é dotado de uma imensa hospitalidade, e, enquanto tomávamos chá sentados em seu escritório, observando a neve cair lá fora, ele me falou de seu amor pelas rochas antigas. As partes sobreviventes mais veneráveis da crosta rochosa da Terra têm entre 3,3 e 3,8 bilhões de anos. São relíquias preciosas da Terra mais jovem que podemos conhecer diretamente, formadas menos de 1 bilhão de anos depois que o próprio planeta veio a surgir. E as mais velhas podem ser encontradas na Groenlândia.

Minik se levantou de sua poltrona enquanto falava e me passou uma pedra que estava em sua mesa. Disse que tinha 3,8 bilhões de anos, e fiquei atônito ao ver que não estava vincada, marcada ou danificada como se podia esperar. Era bem formada, suas camadas tão lisas como lençóis numa cama de hospital. Em uma camada havia uma mancha negra e fina, que, segundo Minik, indicava o começo do ciclo do carbono na Terra, o ciclo que define e conserva nosso planeta. Num átimo de segundo minha mente foi engolida pelo abismo de tempo que nos separa daquele momento em que a máquina viva da Terra começou a funcionar. Hoje em dia o ciclo do carbono funciona com força total, mas, naquela época, em um oceano raso de um planeta frágil como um ovo sem casca, era tão delicado e trêmulo como o primeiro pontapé de um bebê na barriga da mãe.

Os geólogos aprenderam muito sobre a infância da Terra ao estudarem tais rochas, e nenhuma lição é mais maravilhosa do que o forte domínio que a vida exerceu sobre nosso planeta ao longo dos seus 3,5 bilhões de anos de existência. Quando essas rochas se formaram, e por muito tempo depois disso, a atmosfera da Terra era tóxica, incapaz de sustentar a vida tal como a conhecemos. Os oceanos também eram uma infusão tóxica, com grandes concentrações de metais como ferro, cromo, cobre, chumbo e zinco, além de carbono e outros elementos. Tudo isso mudou quando bactérias e plantas microscópicas começaram a quebrar o CO_2, dividindo-o em oxigênio e carbono, e a usar os metais dissolvidos nas águas do mar para acelerar as reações químicas que eram essenciais para sua existência. À proporção que morriam e afundavam até o solo do oceano, transportavam sua diminuta carga de metais com elas, e assim, ao longo dos éons, os oceanos foram purgados de seus metais dissolvidos, tornando-se quimicamente similares aos oceanos de hoje. Os metais enterrados nos sedimentos tiveram um destino diferente. Frequentemente eram carregados até as profundezas da crosta, onde o calor e a pressão os concentravam ainda mais, levando à formação de depósitos de minério.

Às vezes esses corpos de minérios se incorporavam aos continentes e eram lançados para cima com as cadeias de montanhas, formando a fabulosa riqueza aurífera de lugares como Telluride, no estado norte-americano de Nevada, ou as minas incas do Peru. Um processo similar deu origem aos depósitos de carvão, petróleo e gás da Terra, apesar de esses haverem sido formados como resultado de os seres vivos terem tirado o CO_2 da atmosfera, mais do que por terem absorvido metais em seus corpos.

Essa história longínqua da Terra tem profundas implicações para a nossa moderna sociedade industrial. Ela é responsável não só pelo estado de nossa atmosfera e de nossos oceanos, bem como pela boa sorte de alguns países de possuírem valiosos depósitos minerais, mas também pelo amor tantas vezes calamitoso que nossos corpos têm pelos metais tóxicos. Tudo isso é importante porque hoje em dia estamos escavando esses elementos em um ritmo sem precedentes e redistribuindo-os através de nosso ar e de nossas águas, e isso pode ter consequências surpreendentes. Como aprenderemos depois, essa é uma narrativa de desordem planetária fundamental, que ajuda a explicar por que alguns de nós desenvolvemos desordens tais como incapacidades intelectuais e esquizofrenia, e talvez até mesmo por que as taxas de assassinato são altas em algumas comunidades.

Pode parecer paradoxal que os seres vivos devam tomar metais tóxicos como cádmio e chumbo tão avidamente como se fossem os mais preciosos nutrientes da Terra. Analisem qualquer um de nós e irão descobrir um tesouro sem dono de metais tóxicos em concentrações muitas vezes maiores do que as que ocorrem no mundo natural ao nosso redor. A resposta ao paradoxo está nesses oceanos de muito tempo atrás. Naquela época, a vida consistia em pouco mais que bolsões de reações químicas que flutuavam em um oceano cheio de metais. As leis da química ditam que algumas das reações mais cruciais da vida são acentuadas pela presença de metais. Em linguagem técnica, os metais são catalisadores e cofatores — substâncias que facultam ou aceleram reações químicas. Os catalisadores talvez nos sejam mais familiares por causa dos conversores catalíticos dos automóveis, que funcionam fazendo uso de um metal, frequentemente o platino, para acelerar reações que removam contaminantes do escapamento do carro. Em nossos corpos os catalisadores aceleram as reações enzimáticas e, em um oceano cheio de catalisadores potenciais, a vida primeva tornou-se dependente deles. A química da vida mudou tão pouco nos últimos 2 bilhões de anos que a maior parte das setecentas e tantas reações químicas que controlam nossos corpos hoje em dia são idênticas àquelas que ocorriam naqueles bolsões de reações químicas que foram os primórdios da vida.

Na medida em que a vida primeva minerou os metais dissolvidos no oceano, as águas foram lixiviadas de catalisadores e as criaturas vivas ficaram desesperadamente famintas por eles. Mesmo hoje, são os metais que limitam a disseminação da vida pelos oceanos. No frígido oceano Antártico, por exemplo, a falta de ferro é o fator-chave que limita o crescimento do plâncton. Adicionem o ferro e a vida floresce. Depois de 2 bilhões de anos enfrentando um mundo onde os metais não são fáceis de obter, a vida tornou-se extremamente adepta de controlar qualquer metal que apareça à sua frente. E, em um mundo em que a atividade humana está liberando metais no ar e nos mares de forma cada vez mais abundante, isso pode ser perigoso pois, como muitas coisas boas, demasiados catalisadores metálicos podem ser muito nocivos. Tanto é assim que, apesar do dano que o mercúrio nos causa, nossos corpos absorvem o mercúrio dos peixes que comemos mais avidamente do que a carne do próprio peixe. Armazenamos metais em nossos fígados, peles e cérebros, mesmo depois de estarmos mortalmente envenenados por eles.

As ligações entre os oceanos, a crosta terrestre e a atmosfera são exibidas da forma mais elegante na teoria da deriva continental. A cada 300 milhões de anos, aproximadamente, os continentes coalescem, criando um único grande continente rodeado pela crosta oceânica. Então a massa de terra se separa outra vez, eventualmente para unir-se em outro ciclo. Podemos imaginar que os continentes atuam como montões de escória flutuando em um caldeirão de água fervente. Esses montões de escória movimentam-se, unindo-se e separando-se, levados pela convecção da água fervente. Apesar de ninguém entender precisamente o que impulsiona os movimentos dos continentes, a convecção dentro do manto derretido da Terra, a gravidade e a atração da Lua parecem ser alguns dos fatores que concorrem para tal.

Existem dois tipos de placas: continentais e oceânicas. Quando duas placas continentais estão se separando, uma nova crosta oceânica se forma entre elas. Quando uma placa continental e uma placa oceânica colidem, no entanto, a placa oceânica é empurrada para debaixo do continente e é derretida. Como resultado, são formadas cadeias de montanhas, vulcões e rochas ricas em minerais. Um bom exemplo disso são os Andes. Quando duas placas continentais colidem, é muito mais difícil que uma deslize sob a outra. Em vez disso, as placas se dobram, e formam-se montanhas verdadeiramente gigantescas, como o Himalaia. Rios erodem as montanhas, criando um novo solo fresco, e é essa renovação, junto com a lenta moagem das geleiras, que fertiliza a vida na Terra com os minerais essenciais para o crescimento das plantas e dos animais. Não é acidental que algumas de nossas maiores civilizações tenham crescido em planícies ao longo de rios que fluíam das altas montanhas. Se os continentes foram gerados pela vida, devemos ver esse fantástico movimento das placas terrestres pelo menos parcialmente como consequência da própria vida.

A coisa mais importante sobre o movimento dos continentes em relação à vida nos oceanos é o efeito que ele teve sobre a reciclagem dos sais. As águas dos oceanos são recicladas pela evaporação e pela precipitação e, daí, pelos rios da Terra, a cada 30 ou 40 mil anos. Com cada reciclagem, os rios lixiviam o sal das rochas continentais e o levam para o mar. Podemos deduzir disso que os oceanos estão cada vez mais salgados, e era exatamente isso o que pensavam os cientistas no século XIX. Eles supuseram que os oceanos continham água fresca quando se formaram e, conhecendo o ritmo em que o sal é carregado pelos rios até os oceanos, estimaram que a Terra tivesse apenas algumas dezenas de milhões de anos de idade. Depois, associaram essa descoberta defeituosa à predição de que uma espécie de Juízo Final salgado nos aguardaria, alguns milhões de anos para a frente, quando os oceanos se tornassem tão salgados como o mar Morto.

A verdade é muito mais extraordinária. A salinidade dos oceanos permaneceu relativamente constante por bilhões de anos, e a deriva continental desempenha um papel vital nessa regulação. Na medida em que os continentes se separam, a crosta basáltica do oceano é esticada até que finalmente se rompe. Essas linhas de ruptura são conhecidas como cadeias meso-oceânicas. Com frequência localizam-se nas proximidades do centro das bacias oceânicas e permitem que as bacias cresçam mais amplamente. Essas remotas cadeias de montanhas submarinas são ricas em vida, mas estão entre os lugares menos conhecidos da Terra. Greg Rouse, um amigo meu, as explora em um submersível, e é um dos poucos seres humanos que já as viu ao vivo em primeira mão.

Em 2005, Rouse explorou uma das últimas cadeias de montanhas submarinas desconhecidas, nas profundidades do Pacífico Sul. Ele me mostrou vídeos, feitos durante o percurso, de um fantástico polvo branco que capturou utilizando um braço robótico e que colocou em um contêiner do lado de fora do submarino. Estava muito empolgado com a ideia de dar nome e descrever a fantástica criatura, mas durante a ascensão de três horas o fantasmagórico polvo conseguiu abrir a tampa do contêiner e escapou de volta para as profundezas. Rouse também me contou algo completamente surpreendente. Na noite anterior a um de seus mergulhos, um resto de peixe cortado em filés tinha sido jogado pela borda por um membro da tripulação do navio de apoio, e, quando Rouse chegou à crista da cadeia montanhosa quatro quilômetros abaixo, descobriu os mesmos restos de peixe que jaziam no fundo, justamente onde o submarino tocara o solo. Para que isso ocorresse, era preciso que a coluna de água abaixo do navio houvesse permanecido completamente serena. Para nós, habitantes da turbulenta atmosfera, tais coisas são absolutamente assombrosas e sublinham quão pouco entendemos nosso planeta e seu funcionamento.

Cadeias meso-oceânicas se constituem onde dois continentes se separam e esticam a crosta oceânica entre eles. Elas se parecem com uma cadeia de montanhas de cresta dupla, e entre as crestas, em uma espécie de vale, rocha derretida das profundezas da crosta terrestre vem à superfície. Formam-se respiradouros hidrotérmicos — rachaduras profundas na crosta oceânica, cheias de fluido — e toda a água dos oceanos do mundo finalmente circula através deles. São precisos entre 10 e 100 milhões de anos para que toda a água se recicle através desses respiradouros hidrotérmicos, mas, enquanto ela circula, a estrutura química da água do mar é alterada pelo calor extremo e o sal é removido. Essa reciclagem dos oceanos através da evaporação, da chuva e dos rios a cada 30 ou 40 mil anos, e através da crosta, nas cadeias meso-oceânicas, a cada 10 milhões de anos, conserva a salinidade do mar constante. E nada disso seria possível sem a deriva continental.

O que essa breve história da Terra nos conta é que, se quisermos manter nosso planeta adaptado à vida, algumas das coisas mais rotineiras e humildes que fazemos deverão mudar. Durante todo o tempo em que os seres humanos existiram, nossa concepção de eliminação de resíduos simplesmente veio mudando materiais rejeitados de um órgão da Terra para outro. Trate-se de um corpo humano ou de uma casca de banana, nós o enterramos (devolvendo-o à terra), queimamos (devolvendo-o à atmosfera) ou o jogamos no mar. Em pequena escala, esse modo de lidar com a eliminação de resíduos funciona bastante bem. Mas decididamente não o fará no século XXI, pela simples razão de que boa parte da poluição resulta de ações humanas que enfraquecem o equilíbrio elementar entre os órgãos da Terra. Ao longo da vastidão do tempo geológico, a economia doméstica de Gaia colocou cada elemento em seu lugar. O carbono foi retirado da atmosfera pelas plantas e pelos processos geológicos, até que só permaneceram poucas partes por 10 mil. O ferro foi retirado dos mares pelo plâncton faminto, assim como o mercúrio, o chumbo, o zinco, o urânio e muitos outros elementos, e todos foram seguramente sequestrados profundamente nas rochas do planeta. Mas agora os seres humanos cavadores da Terra chegaram, e, quando fazemos túneis até esses tesouros enterrados, desfazemos o trabalho de éons.

5

A COMUNIDADE DA VIRTUDE

*Desde que um país permaneça fisicamente
imutável, a quantidade de sua população animal
não pode aumentar materialmente.*
(ALFRED RUSSEL WALLACE, 1858)

Por 4,5 bilhões de anos a nossa Terra dançou sua valsa ao redor do Sol e, em seu silencioso progresso, deu nascimento à vida — a princípio simples e descoordenada, mas hoje em dia emocionantemente complexa. A vida usa a crosta da Terra como uma espécie de grande concha rochosa — um esqueleto que ajudou a criar e no qual está irrevogável e intimamente ancorada. Essa concha faculta a reciclagem de elementos que são essenciais para a presença continuada da vida e também atua como uma câmara mortuária para enterrar compostos tóxicos. Os oceanos e as outras águas são o fluxo sanguíneo da vida, ajudando a transportar nutrientes, calor e elementos através do todo, ao passo que a mais maravilhosa criação da vida, a atmosfera, protege, recicla, transporta e veste. E, comodamente instalada em tal planeta, a vida se ramificou e interconectou em todos os níveis: da ecologia simples de uma comunidade bacteriana a uma colônia de formigas, a um pássaro e assim até o próprio planeta. Mas o grau de integração entre as numerosas e complexas partes dessa confederação vivente varia — de ecossistemas frouxamente organizados às intrincadas integrações de um organismo como o do ser humano.

Gaia é como o corpo humano, como uma colônia de formigas, como um ecossistema — ou como que outra coisa? O físico Lewis Thomas, ao investigar essa questão, escreveu sobre o nosso mundo: "Não possuímos criaturas isoladas e solitárias."[1] Cada criatura está, de algum modo, conectada ao restante e dele depende. "Um modo de dizer isso é que a Terra é um organismo esférico frouxamente formado, com todas as suas partes funcionais unidas por simbiose."[2] Influenciado pela forma esférica da Terra, Thomas achou que a analogia mais próxima a Gaia era uma única célula. Mas as palavras mais vitais em sua lúcida descrição com certeza são "frouxamente formado". É o grau de interconectividade que diferencia ecossistemas, colônias de insetos e organismos. As células dificilmente são frouxamente formadas, mas vale a pena lembrar que até mesmo os organismos mais estreitamente interconectados evoluíram de ecossistemas em miniatura. Lembremo-nos da árvore *angophora*, com seus cloroplastos que em tempos passados foram bactérias. As células de nossos corpos proporcionam outro excelente exemplo. São compostas de dois ou mais tipos inteiramente distintos e não relacionados de criaturas que devem, alguma vez, ter sido partes relativamente independentes de um ecossistema da jovem Terra. O parceiro bacteriano é conhecido como mitocôndria, e é ele que dá energia às células. Esses parceiros devem ter começado formando uma associação frouxa, mas, depois de mais de 1 bilhão de anos de evolução, transformaram-se em partes indivisíveis de um organismo, ou melhor, de todos os organismos do planeta. Cada ser multicelular é descendente de tal união.

Existem pistas, no mundo vivente de hoje, de como essa parceria notável pode ter começado. Os corais são pólipos que se parecem com minúsculas anêmonas do mar. São incolores, e todas as cores que vemos nos recifes de corais vêm de pequenas algas que vivem dentro das células dos pólipos de coral. Essas algas beneficiam o coral ajudando a nutri-lo e, em troca, obtêm abrigo. Apesar de o relacionamento ser intrincado, ele não é indissolúvel — o pólipo de coral pode expelir temporariamente a alga se assim quiser. Deixado sem as algas por demasiado tempo, no entanto, ele morre de fome, e o resultado é a descoloração do coral. A diferença entre esse relacionamento e o que se dá entre as células de nosso corpo é que as bactérias que são nossa mitocôndria, e que antes viviam livres, têm estado com nossas células por tanto tempo que nem as bactérias nem as células podem sobreviver — mesmo por um instante — umas sem as outras.

A complexidade dos relacionamentos não termina aí. Os seres vivos maiores são eles mesmos compostos, envolvendo ecossistemas completos de bactérias, fungos e invertebrados. Sem muitas dessas criaturas — nossas bactérias do intestino, por exemplo — não poderíamos existir. Esses colegas que viajam conosco perfazem até 10% do nosso peso, e estão distribuídos com tanta permeabilidade em nossos corpos que, se retirássemos todas as células "humanas", permaneceria uma detalhada sombra de nossos corpos, por eles composta: somos planetas virtuais de complexidade gaiana.

O tempo é importante para forjar tal interdependência, e Gaia é muito velha — um quarto da idade do próprio tempo. Mas terá estabelecido, nessa quase eternidade, o tipo de interdependência característico de um organismo? Regras organizacionais profundas guiam o desenvolvimento da cooperação, e, na medida em que nossos corpos ficaram mais complexos, as células especializadas que formam nosso cérebro e nossos nervos criaram sistemas de comando e de controle. Tais sistemas, mesmo quando não foram criados por nervos e cérebros, são o selo de qualidade do organismo, estando presentes em todos os animais multicelulares, menos nos mais rudimentares.

Entidades tais como colônias de formigas não dispõem de sistemas de comando e de controle, mas têm meios de coordenar suas atividades. É assombroso considerar que as intrincadas tarefas de uma colônia de formigas, com seus milhões de indivíduos e centenas de metros de túneis interligados, são mantidas sem comando e controle. Mas isso é o que acontece, pois não existe um mapa para os residentes da colônia em cérebros de formiga. Em vez disso, as atividades das formigas são reguladas através de substâncias químicas, conhecidas como feromônios, que elas criam e dispersam. Essas substâncias químicas elicitam uma resposta específica da formiga, de tal forma que, se uma formiga se encontrar com um feromônio em particular, digamos, em uma trilha de formigas, ela se comportará de uma certa maneira. Apesar de isso ser bastante rudimentar se comparado a um sistema nervoso, essas substâncias químicas permitem suficiente coordenação para o funcionamento de colônias de milhões de indivíduos.

Gaia claramente não possui um sistema de comando e de controle, mas talvez possua algo grosseiramente equivalente aos feromônios. Estas são substâncias criadas pela vida que podem atuar para manter as condições favoráveis à vida na Terra. Entre as mais importantes está o ozônio, que protege a vida da radiação ultravioleta, e os gases causadores do efeito estufa CO_2, metano e óxido nitroso, que desempenham um papel crítico no controle da temperatura da superfície da Terra. Outro é o sulfureto de dimetilo, produzido por certos tipos de algas, que auxilia a formação de nuvens. As nuvens cumprem um papel vital no sistema da Terra ao trazerem chuva, protegerem organismos vulneráveis e alterarem o brilho da Terra (seu albedo). A poeira atmosférica, grande parte da qual tem origem orgânica ou deriva das rochas através de processos de exposição às intempéries, também pode ter um efeito regulador.

Claramente essas substâncias diferem dos feromônios por não elicitarem respostas de outros indivíduos, mas sim do sistema da Terra como um todo, e são frequentemente multíplices em seu impacto. Mas possuem um efeito similar ao dos feromônios, quando contribuem para a manutenção e a boa gerência da entidade. E, como os feromônios, elas são potentes — até mesmo diminutos traços podem gerar uma resposta poderosa. Por essas razões, penso que é apropriado referir-se a essas substâncias como "geoferomônios".

Uma das pedras fundamentais da Hipótese de Gaia de Lovelock é a ideia de que a Terra regula sua temperatura de superfície para favorecer a vida. Mas será que ela o faz bem? A autorregulação (ou homeostase) dá alguma indicação de quão integrada uma entidade é. Organismos de sangue quente (homeotérmicos) como nós conservam uma temperatura constante do corpo, independentemente das condições externas. E algumas das mais complexas colônias de térmitas e de formigas conseguem fazer a mesma coisa, com a temperatura interna da colônia controlada por uma arquitetura sofisticada, que rivaliza com a dos arranha-céus. Gaia é similarmente competente?

A primeira indicação de Lovelock de que a Terra podia regular a temperatura de sua superfície veio do paradoxo do "jovem Sol pálido", segundo o qual, apesar de o Sol ter sido, há 3 bilhões de anos, 25% mais frio do que hoje em dia, a temperatura média da superfície da Terra variou muito pouco. Isso parece um convincente argumento em favor de uma eficiente autorregulação, mas, em escalas de tempo menores, a temperatura média da superfície da Terra variou enormemente: a mudança de uma era de gelo para condições interglaciárias (como as condições em que vivemos agora) é um bom exemplo disso. A cada 100 mil anos, no último milhão de anos, a Terra experimentou um ciclo de congelamento gradual seguido por um abrupto degelo, que envolve um rápido aumento na temperatura média de 5º C — de 9º C até 14º C. Esse enorme aumento ocorreu em aproximadamente 5 mil anos, e foi causado por pequenas mudanças na órbita da Terra, na inclinação de seu eixo e em seu "bamboleio" em torno de seu eixo, que ocorre em ciclos conhecidos como ciclos de Milankovitch, por conta de haverem sido descobertos pelo engenheiro sérvio Milutin Milankovitch. Seu impacto sobre a quantidade de energia que a Terra recebe do Sol é mínimo — apenas 0,1% —, muito embora, onde a luz solar diminui, ela varie mais. O Ártico recebe mais luz solar de verão durante aquela parte do ciclo em que a inclinação do eixo da Terra é maior e o Ártico fica mais próximo ao Sol. Mas tais grandes mudanças causadas por variações mínimas sugerem que, pelo menos inicialmente, a capacidade de Gaia de controlar sua temperatura é inferior à dos superorganismos mais altamente desenvolvidos.

James Lovelock, no entanto, tem uma explicação diferente. Ele assinala que Gaia é composta de duas partes, cada qual com diferentes exigências, e que as enormes mudanças de temperatura que se registram quando os períodos glaciais dão lugar aos interglaciários resultam de uma dessas entidades ganhar supremacia sobre a outra. As duas entidades a que se refere Lovelock são a vida no mar e a vida em terra. A vida em terra prefere uma temperatura média de aproximadamente 23º C, pois essa é a temperatura na qual as plantas terrestres florescem. A vida nos oceanos, ao contrário, prefere uns friorentos 10º C ou até menos: a essas temperaturas, a superfície do oceano e as águas do fundo podem misturar-se pela convecção, trazendo nutrientes para a superfície. Se Lovelock está certo, nossa Terra tem um termostato de dois estados, que resulta de um colossal cabo de guerra entre a vida em terra e a vida no mar, cada qual puxando a temperatura da Terra na direção de seu estado preferido, e o equilíbrio de poder é alterado pelas mínimas variações trazidas pelos ciclos de Milankovitch. Isso não parece refletir as condições da maior parte dos organismos e superorganismos tais como as colônias de formigas. Mas consideremos os répteis, ou até mesmo os mamíferos que hibernam. Eles também existem em um de dois estados, quente ou frio, dependendo das condições externas.

O fundador da sociobiologia, Bill Hamilton, da Universidade de Oxford, foi um dos maiores biólogos de todos os tempos. Depois de uma vida inteira de estudos sobre insetos que formam colônias, como as formigas e abelhas, aos 50 anos ele voltou seu interesse para a natureza de Gaia, e o fez em um rumo intrigante — ao considerar o papel que a vida pôde ter ao contribuir para a convecção atmosférica. Juntamente com seu coautor, Tim Lenton, ele escreveu que:

> Arenques que caem com a chuva, milhas terra adentro na Escócia, rãs e uma tartaruga jovem que são encontradas nas chuvas de granizo norte-americanas, bactérias vivas e esporos de fungos coletados por um foguete a mais de 50 km da superfície da Terra, todos demonstram que tanto os organismos terrestres como os marinhos algumas vezes são lançados a grande altura por eventos atmosféricos extremos.[3]

Mas o que causa essa circulação tão vigorosa? Hamilton e Lenton concluíram que o plâncton e as bactérias, emergindo da superfície do oceano como uma explosão de bolhas, contribuem para a formação de nuvens ao se transformarem em núcleos para gotículas de chuva. De fato, eles descobriram alguns dos mais importantes geoferomônios. Mas com isso pensaram que haviam descoberto a razão pela qual tais organismos microscópicos desenvolveram propriedades que os capacitavam a comportarem-se dessa maneira. Resumindo, Hamilton e Lenton sustentaram que a convecção da Terra é auxiliada pelo plâncton e pelas bactérias porque uma vigorosa convecção os ajuda a dispersarem-se, dando-lhes assim alcance verdadeiramente global. Podemos imaginar as bactérias e o plâncton sendo levados bem para o alto na atmosfera e depois caindo sobre toda a superfície da Terra e alcançando cada habitat viável para eles. O conceito sintetiza elegantemente os pensamentos de Darwin e de Wallace sobre a poeira, apesar de nenhum dos dois ser mencionado no artigo de Hamilton e Lenton. Mas eles avançaram mais que Darwin e Wallace, especulando que os vários tipos de plâncton poderiam trabalhar como equipes, algumas espécies ajudando a produzir ventos, outras núcleos de gelo, que deixam cair os minúsculos viajantes de volta à superfície. Ao resumir seu trabalho, eles disseram:

> Os mecanismos que descrevemos não nos deixam diretamente mais perto de descobrir por que as influências da vida que são estabilizantes para o planeta devessem ser mais comuns que as que o desestabilizam... Mas uma prova de que grandes efeitos colaterais, estabilizantes ou não, podem surgir de atividades adaptativas (...) pois o plâncton aéreo e marinho, que não pensam, ao fortalecerem a expectativa de grandes influências de sistemas similares pouco prometedores, podem talvez ajudar a abrir caminho para uma teoria baseada em princípios.[4]

Essa teoria baseada em princípios, que talvez explicasse Gaia, poderia ter sido descoberta por Hamilton se sua pesquisa não houvesse tomado um desvio fatal. Pouco antes de sua morte, ele escreveu a Lenton que estava interessado por um programa de computação que parecia mostrar que, na medida em que os ecossistemas se tornam mais complexos, também se tornam mais estáveis e produtivos. Como ele expressou:

> Uma espécie Gêngis Khan tem menos probabilidade de destruir a vida no planeta do que eu supunha antes... Mesmo com uma "base de recursos não expansível" para o modelo, encontramos alguma acumulação de resistência ao desastre nas novas espécies agregadas; e, quando o modelo está dotado desde o começo com a possibilidade física de que sua base de recursos possa ser expandida se as espécies corretas são obtidas, algumas vezes aparecem comunidades muito resistentes à perturbação.[5]

Tal estabilidade, é claro, é a própria essência da teoria de Gaia, e encontrá-la em um modelo de computador mais complexo que o Daisyworld (que não impressionara Hamilton) parecia um importante passo adiante.

Então, nos anos 1990, Hamilton ficou obcecado com uma ideia digna do próprio Wallace — a ideia de que a origem do HIV estava em vacinas dadas por via oral às crianças nos anos 1950 —, e isso o levou à África em busca de provas. Quando estava na República Democrática do Congo, contraiu malária e foi levado de volta à Inglaterra. Seis semanas depois, no dia 7 de março de 2000, morreu de hemorragia cerebral. Sempre entomólogo, deixou uma quantia em seu testamento para:

> (...) meu corpo ser levado ao Brasil (...). Será disposto de maneira segura contra gambás e abutres (...) e o grande besouro *Coprophanaeus* me sepultará. Eles entrarão em mim, viverão da minha carne; e, sob a forma dos filhos deles e meus, escaparei à morte. Não haverá vermes para mim, nem sórdida mosca; vou zumbir ao anoitecer como um enorme abelhão. Serei muitos, zumbirei como um enxame de motocicletas, renascerei de corpo voador em corpo voador no sertão brasileiro debaixo das estrelas, abrigado sob aqueles lindos e não fundidos élitros que se prenderão todos às nossas costas. Até que finalmente também brilharei como um besouro *carabus violaceus* debaixo de uma pedra.[6]

Se Hamilton tivesse vivido para articular os "caminhos estreitos do país dos genes", que era como ele falava de sua pesquisa genética, com a visão abrangente de Wallace e Lovelock, decerto haveria de ter se tornado o mais reverenciado biólogo de todos os tempos.

Na sua ausência, continuamos lutando com a questão: Gaia é ou não similar, em seu nível de organização, a um organismo, a uma colônia de formigas ou a um ecossistema? Parece-me que o nível de organização que pode ser alcançado recorrendo-se a geoferomônios é talvez mais bem descrito como uma "comunidade da virtude". Em tal comunidade, os vários elementos são classificados e conservados no órgão planetário mais apropriado. Partes não vivas do sistema são cooptadas para o benefício da vida, e não existe "desperdício", porque as espécies reciclam os subprodutos das outras. E existe uma tendência, com o correr do tempo, a um aumento da produtividade e da interdependência. Tudo isso é alcançado na ausência de um sistema de comando e de controle, e com capacidade apenas limitada a elicitar respostas específicas em todo o sistema. A questão que fica remanescente, como entendeu Hamilton, e à qual vamos voltar no final do livro, é se a comunidade da virtude assim definida promove sua própria estabilidade: em outras palavras, ela é Medeia ou Gaia por natureza?

Uma comunidade da virtude, tal como a defini, é também muito semelhante a um ecossistema, embora a complexidade dos ecossistemas varie enormemente. Como são formados, então, os ecossistemas, e o que os reúne em entidades coerentes? Muitas das observações feitas aparentemente de improviso por Alfred Russel Wallace levaram a um pensamento profundo. No breve ensaio no qual Wallace apresenta suas ideias sobre evolução, ele especula a respeito da natureza dos processos evolutivos em um país que permanece fisicamente imutável.[7] É uma ideia intrigante — apenas deixar que o "desempenho dos céus" prossiga, sem as interrupções e extinções trazidas por uma Terra inquieta ou por asteroides que com ela colidem.

Quando pensamos no processo evolutivo, muitas vezes imaginamos organismos que evoluem em resposta a condições mutáveis. Nossa própria linhagem humana fornece um bom exemplo, tanto que sua história evolutiva veio a ser modelada por um clima árido na África Oriental. Mas um clima seco é apenas uma de muitas possíveis mudanças físicas que podem dar forma ao processo evolutivo. Movimentos na crosta da Terra ou mudanças no nível do mar podem separar ilhas dos continentes, segregando assim as populações de animais e plantas, e expondo-as a diferentes pressões ambientais. Pássaros que não voam, como o dodô, encontrados em ilhas por todo o mundo, são apenas um exemplo de uma resposta a tais mudanças. Deixados sem predadores em seus lares insulares, esses indivíduos, que põem mais empenho em reproduzir-se do que em voar, foram muito bem-sucedidos.

É claro que o inverso pode ocorrer. Pontes de terra podem abrir-se, facultando a mistura de espécies que evoluíram separadamente por muitos milhões de anos. Tais mudanças geralmente resultam em extinções, na medida em que predadores e competidores superiores ocupam o lugar dos menos adaptados. As extinções também se produzem quando grandes asteroides se chocam com a Terra, e nesse caso não há vencedores imediatos, mas, como mostra a destruição dos dinossauros, outras espécies evoluem para aproveitar os nichos ecológicos deixados pelas vítimas do asteroide. Nenhum desses eventos, no entanto, poderia verificar-se em uma região há muito tempo imutável, o que não quer dizer que a evolução para — mas apenas que diferentes pressões dirigem o processo. E, com o passar do tempo, elas forjam os intrincados relacionamentos que jazem no coração de Gaia.

É axiomático que as forças seletivas que operam em uma região há muito imutável venham de outros organismos — não há outra fonte de desafio para compelir à seleção. Desde os vírus até os potenciais acasalamentos, os outros seres vivos têm um impacto sobre o potencial reprodutivo de cada indivíduo e assim impulsionam o processo de evolução pela seleção natural. Entre as mais importantes dessas pressões está a que é exercida por membros do sexo oposto. Conhecida como seleção sexual, é um tema que fascinava Darwin. A seleção sexual se dá quando membros de um sexo acham que certos indivíduos do sexo oposto são mais atraentes que outros. O pavão é um bom exemplo. As fêmeas são atraídas pelos machos por conta da plumagem colorida e dos "padrões de olhos" nas penas das caudas deles. Os machos com as caudas mais coloridas e "cheias de olhos" dão origem à maior parte dos descendentes, o que resultou nos pavões de hoje, com suas cores espetaculares e suas enormes caudas.

Como é evidente a partir desse exemplo, a seleção sexual pode resultar em indivíduos que tenham desvantagens (a cauda do pavão macho o atrapalha quando ele caminha). Mas, a não ser que pressões seletivas contrárias, tais como a predação, sejam suficientemente fortes, a seleção sexual continuará seu trabalho, produzindo muitas vezes traços aparentemente desvantajosos.

Os seres humanos proporcionam um exemplo interessante de seleção sexual. Em muitas sociedades tradicionais os homens tomam medidas consideráveis para controlar o impulso sexual e assim o potencial reprodutivo das mulheres, entre as quais o celibato forçado até o casamento, castigos terríveis para o adultério e até mesmo procedimentos cirúrgicos tais como a clitoridectomia. Embora tais tentativas nunca tenham sido totalmente bem-sucedidas, não há dúvida de que, historicamente, elas limitaram as escolhas de companheiros disponíveis pelas mulheres. Nas últimas décadas, porém, nas sociedades ocidentais, as mulheres de um modo geral ganharam o controle de sua reprodução. Liberadas e armadas com contraceptivos, elas agora representam uma força evolutiva poderosa e muito atarefada, modelando os homens de amanhã. Isto porque, através dos homens que escolhem como pais de seus filhos, as mulheres estão dando corpo físico ao companheiro ideal (ou o mais próximo disso que possam alcançar) que existe em suas mentes. Com o correr do tempo da evolução, essa seleção deve mudar e mudará a natureza dos homens.

Outro guia para a evolução em uma região há muito imutável resulta simplesmente das diferentes taxas segundo as quais cada espécie evolui. Os últimos sobreviventes de muitas linhagens evolutivas são gigantes — os cavalos, os rinocerontes e os grandes símios (inclusive nós humanos) são bons exemplos. No passado, essas linhagens consistiam em espécies pequenas ou grandes. Por que agora estão limitadas a apenas alguns gigantes? Os organismos pequenos se reproduzem mais rápido que os grandes, o que permite que as pressões seletivas sejam exercidas sobre um grande número de gerações durante um mesmo período de tempo. Portanto, se todo o resto permanecer igual, os organismos pequenos evoluem mais rapidamente que os grandes. Quando os nichos ecológicos de organismos maiores e menores se sobrepõem, essa vantagem permite que os organismos menores desloquem seus competidores de maior tamanho, o que resulta na extinção dos competidores maiores "de baixo para cima", por assim dizer, até que somente os membros maiores sobrevivem. No caso dos cavalos e rinocerontes, foram os herbívoros ruminantes como os bois e ovelhas que deslocaram os parentes menores de cavalos e rinocerontes; já no caso dos símios, foram os macacos do Velho Mundo.

A seleção natural que é disparada pelas interações entre coisas correlatas é chamada de coevolução. Pode atuar em todos os níveis, desde aminoácidos até organismos inteiros, e pode não ser apenas uma propriedade da vida, mas algo muito mais profundo. Os astrônomos pretendem que os buracos negros e as galáxias desenvolvem uma interdependência que é aparentada com a coevolução biológica. De fato, em seu livro *The Self-Organizing Universe*, Erich Jantsch atribui o desenvolvimento do cosmo a forças coevolutivas.[8]

A coevolução era aquilo que Bill Hamilton investigava, usando modelos de computação, pouco antes de sua morte. No mundo real, ela pode levar ao desenvolvimento de relacionamentos ainda mais intrincados, que, por vezes, em dadas circunstâncias, criam uma soma de produtividade biológica que é maior que suas partes. Tomemos, por exemplo, os fungos micorrízicos que revestem as radículas do eucalipto rabiscado. Fungos similares associam-se com muitos tipos de plantas que crescem em solos pobres, e juntos, mesmo onde os solos são terrivelmente estéreis, os fungos e as plantas podem criar uma biodiversidade espetacular. De fato, a biodiversidade dos arbustos esguios da África e dos matagais da Austrália Ocidental rivaliza com a da floresta tropical. Do mesmo modo, é a parceria entre o pólipo do coral e sua alga que cria a diversidade do recife de coral. Em um nível mais humilde, os pastores sempre souberam que se pode alimentar mais gado por hectare semeando meia dúzia de tipos de capim do que plantando apenas um tipo. É muito importante para o nosso futuro ouvir o que a coevolução nos diz: a recompensa da natureza não é inflexível, mas é, em vez disso, uma espécie de bolo mágico que pode ser levado a crescer se a cooperação entre as espécies for promovida.

Em uma região fisicamente imutável há muito tempo, a coevolução pode produzir ecossistemas complexos, que sugerem haver atingido um equilíbrio, tendo alterado muito pouco sua estrutura geral por longos períodos. Isso é precisamente o que vemos nas florestas tropicais de regiões como o Sudeste Asiático. Ali, as florestas estão cheias de espécies, o rinoceronte-de-sumatra entre elas, cujos parentes próximos são encontrados em depósitos fósseis europeus com dezenas de milhões de anos. A Europa mudou muito nesse tempo, mas nas florestas tropicais do Sudeste Asiático quase nada mudou. Não é surpresa, portanto, que seja nas florestas tropicais, com suas histórias imensamente longas, que encontremos os mais intrincados exemplos de coevolução, tais como as orquídeas e seus insetos polinizadores.

Esses relacionamentos podem ser extraordinariamente específicos. Algumas orquídeas, por exemplo, enganam as vespas, fazendo-as tentar o acasalamento com seus estames, e assim o pólen é carregado para outras flores da mesma espécie. Esse fenômeno fascinou tanto Darwin que ele escreveu uma monografia sobre o ato, na qual fez uma notável dedução.[9] Darwin conhecia uma flor de orquídea branca brilhante da ilha de Madagascar, dotada de um longo e protuberante nectário, parecido com um espinho. Sabendo que algum inseto teria que alcançar o néctar no fundo dessa estrutura para coletar sua recompensa por fertilizar a flor, Darwin deduziu que haveria de existir, na ilha, uma mariposa com um probóscide de 25 centímetros. Quarenta anos mais tarde, muito depois de o grande homem ter morrido, a mariposa foi descoberta.

A coevolução também pode levar a uma espécie de corrida armamentista, na qual as espécies se adaptam a avanços conquistados por outras espécies. Na savana africana, os leões caçam apenas os velhos e fracos. Os antílopes que estão no seu apogeu correm apenas um pouco à frente dos leões. Afinal de contas, se os leões pudessem alcançar estes antílopes com pouco esforço, suas presas se tornariam extintas, e, se os antílopes investissem energia em correr muito mais rápido que os leões, estariam desperdiçando o seu próprio esforço. Foi nesse mundo coevolutivo que nossa linhagem passou pelo menos 7 milhões de anos — esse é o tempo de existência de macacos bípedes na África. E durante todo esse tempo estivemos coevoluindo com outras criaturas africanas — predadores, presas e doenças. A coevolução explica por que somente a África, entre todos os continentes, ainda guarda a diversidade completa dos grandes mamíferos. Eles nos conheceram como predadores e, como parte da corrida armamentista da evolução, desenvolveram meios de evitar-nos, o que é muito diferente do que aconteceu em outros continentes.

Um assombroso exemplo de coevolução desenvolveu-se em nossa pátria africana. O grande indicador africano, um pássaro de tamanho médio e aparência indistinta, alimenta-se somente de larvas, cera e mel de colmeias. Frequentemente ataca as colmeias à noite, quando a queda de temperatura torna as abelhas letárgicas, ou depois que alguma criatura maior, tal como o texugo do mel, tenha danificado alguma colmeia. Mas, quando um indicador se encontra com um ser humano, ele vê uma oportunidade. Lançando um grito impressionante, a que, em certo contexto, só recorre nos encontros agressivos com outros indicadores, ele atrai a atenção dos seres humanos, depois avança, parando às vezes para assegurar-se de que a pessoa o esteja seguindo, enquanto balança a cauda para exibir manchas brancas que nós, seres humanos orientados pela visão, achamos fáceis de ver. Quando nativos africanos encontram uma colmeia com o auxílio de um indicador, eles a abrem e frequentemente agradecem ao pássaro com um presente de mel.

Depois de centenas de milhares de anos, esse incomparável relacionamento está começando a terminar, pois em muitas áreas o açúcar está se tornando barato e comum, e os seres humanos preferem não se cansar na busca de mel. Parece que, diante desses seres humanos tão preguiçosos, o indicador está desistindo da colaboração de seus coevoluídos parceiros na caça.

Acredito que a coevolução, tanto no sentido biológico como cultural, é algo de crítico para as nossas esperanças de sustentabilidade. De fato, penso que nossos problemas ambientais em última instância derivam de termos escapado do alcance da coevolução, pois nós, humanos, temos uma história cigana e, na medida em que nos espalhamos pelo globo, libertamo-nos da coação do ambiente e destruímos muitos laços coevolutivos que estão no cerne dos ecossistemas produtivos.

PARTE 2

UMA JUVENTUDE TURBULENTA

6

O HOMEM DISRUPTOR

*Vivemos em um mundo zoologicamente empobrecido,
do qual todas as formas de vida maiores, mais ferozes
e mais estranhas desapareceram recentemente.*
(ALFRED RUSSEL WALLACE, 1876)

O que precisamente faz com que nós humanos sejamos diferentes? Será o nosso modo cultural de evolução o ingrediente mágico que nos permite evoluir mais rápido do que os organismos que dependem da mera evolução pela seleção natural? Essa não pode ser toda a explicação. Todas as espécies mais evoluídas têm culturas, e essas culturas também mudam e evoluem em resposta ao ambiente. Se duvidarem disso, considerem o veado. Os veados-de-cauda-branca adultos possuem magníficas galhadas de dez chifres, cobiçadas pelos caçadores humanos, e estes animais desenvolveram meios culturais de evitar uma dose de chumbo no coração. Isso foi descoberto durante um experimento em que esses animais foram cercados em um terreno de 2,5 quilômetros quadrados, rodeado por torres de vigilância, junto com caçadores humanos. Os observadores ficaram surpresos ao descobrir que muitos veados sobreviveram por ficarem deitados e completamente silenciosos, deixando que os caçadores humanos que os perseguiam passassem por eles.[1] Tal estratégia significaria morte instantânea para um veado perseguido por lobos ou pumas — predadores que caçam pelo cheiro. Mas de algum modo os veados aprenderam, e presumivelmente ensinaram uns aos outros, que esse é o melhor meio de evitar ser morto por seres humanos orientados pela visão.

Isso, decerto, fica bastante aquém da estratégia evolutiva da humanidade. O que fizemos foi combinar evolução cultural com tecnologia de um modo que nos permite imitar aspectos-chave da evolução pela seleção natural e apressá-la 10 mil vezes. Assim, fizemos lanças em vez de desenvolver presas e tecemos roupas em vez de criar peles que abrigam. E é essa capacidade, que está conosco desde o início, que faz os seres humanos tão formidáveis.

A história da Terra é uma história da coevolução, pontuada por disrupções causadas por asteroides, abruptas mudanças climáticas ou o advento de espécies invasoras que vêm romper os laços que jazem no coração da função do ecossistema. Tais disrupções invariavelmente resultaram em um empobrecimento do mundo, a curto prazo pelo menos, porque diminuíram a produtividade e levaram espécies à extinção. De todas as disrupções que a Terra sofreu, poucas podem comparar-se com aquelas que causamos, pois, ao descobrirmos um outro modo de evoluir, transformamo-nos em uma força destruidora por excelência. Nos últimos 50 mil anos, nossa vocação de Medeia viu-se repetidas vezes incontida, deixando em sua esteira um mundo de feridas ecológicas.

A prova do poder da humanidade de romper com os ecossistemas data quase do momento em que nossa espécie deixou sua antiga pátria africana. Esgotamos nossos recursos um a um enquanto nos espalhávamos por todo o planeta e só depois de longa experiência em um lugar adquiríamos a sabedoria de gerenciar a terra. O resultado é o nosso infortúnio de estarmos apenas agora, talvez, tentando emergir de um mundo no qual o gênio humano se revelou tão desprovido de sabedoria que fraturou e desfigurou os laços evolutivos da natureza ao ponto da nossa própria autodestruição.

Nossa espécie surgiu na África, como macacos que viviam na savana, e fica claro, por conta dos depósitos de lixo deixados para trás, que, mesmo há 1,8 milhão de anos, nossos ancestrais eram caçadores competentes e carnívoros fervorosos. Há pouco mais de 200 mil anos, tornamo-nos matadores tão hábeis que criaturas muito maiores que nós, inclusive os maiores mamíferos de todas as terras, faziam parte da nossa dieta. Da perspectiva de um ecossistema, essa capacidade para caçar as maiores e mais ferozes criaturas estava destinada a transformar-se na capacidade que nos definia. Mas, quando nossa espécie abandonou o continente africano natal, nossa competência para a caça começou a destruir ecossistemas, e, quanto mais vagueávamos, mais nosso controle sobre criaturas maiores e mais ferozes tornou-se semelhante ao dos deuses.

Estudos genéticos permitem conhecer em detalhe as migrações de nossos ancestrais. O cromossomo Y é passado adiante apenas pelos pais, o que faz dele um guia ideal para as viagens de nossos ancestrais machos. De forma fortuita, ele evolui com rapidez: por volta de 40% de suas mutações ocorreram desde que os seres humanos começaram a exibir variações regionais ("raças" na linguagem antiga). Estudos sobre o cromossomo Y revelam que todas as pessoas vivas hoje em dia são descendentes de um único macho que viveu na África ao redor de 60 mil anos atrás.[2] É razoável deduzir que esse Adão genético tinha a pele escura, era alto, magro e possuía epicantos, a distensão de pele diante do ângulo interno dos olhos, comumente vista em povos da Ásia.

Mas e Eva? A mitocôndria pode ajudar-nos aqui. Não há nenhuma na cabeça do espermatozoide, e assim os ascendentes masculinos não contribuem para a mitocôndria de sua descendência, o que a faz ideal para traçar a ancestralidade feminina. A história contada pela mitocôndria confirma nossa origem africana. Mas existe uma surpreendente diferença entre a ancestralidade masculina e feminina: o DNA mitocondrial nos diz que todas as pessoas vivas hoje em dia podem traçar sua ancestralidade até uma mulher africana que viveu pelo menos há 150 mil anos. Adão e Eva, ao que parece, nunca se encontraram: 90 mil anos os separam.[3] A explicação disso descansa no fato de que populações pequenas tendem a perder linhagens genéticas mais rápido que as grandes. Poderíamos esperar que homens e mulheres existissem em números grosseiramente iguais no passado, mas é o tamanho da população que se reproduz o que realmente importa. A população de homens reprodutores, ao que parece, foi por muito tempo relativamente menor que a das mulheres, provavelmente porque um grupo exclusivo de homens de alto estatuto social tendia a gerar a maior parte das crianças.

Estudos genéticos revelam que a África repetidamente atuou como guia para a dispersão hominídea. A primeira diáspora bem-sucedida de seres humanos ocorreu por volta de 50 mil anos atrás, quando alguns clãs saíram da África e começaram a espalhar-se pelo leste. Um marcador genético particular do cromossomo Y, conhecido como M130, originou-se de um homem que viveu em algum lugar ao norte do mar Vermelho nos primeiros tempos dessa migração, e esse marcador agora está amplamente distribuído pelo sudeste da Ásia, bem como na Austrália. O geneticista norte-americano Spencer Wells postula que as pessoas que carregam essa mutação eram habitantes da costa adaptados a colherem recursos marinhos, um nicho ecológico que teria favorecido a rápida disseminação na direção leste.[4]

O povoamento do interior da Eurásia, e eventualmente das Américas, foi realizado por um grupo distinto, cujo ancestral foi um homem africano que portava um marcador do cromossomo Y conhecido como M89. Essa dispersão envolveu pessoas que se tornaram adaptadas a condições mais secas, no interior. Quando elas alcançaram o Oriente Médio, deram origem a uma nova mutação, conhecida como M9, e depois a três novas mutações distintas do cromossomo Y, cujos portadores seguiram adiante para colonizar a Ásia Central, a Europa e a Índia. Estudos sobre o cromossomo Y também revelam que só nos últimos 10 mil anos os seres humanos de fora da África foram capazes de migrar de volta para sua pátria ancestral, presumivelmente porque tinham desenvolvido a agricultura e a criação de animais.

É irônico que, justamente quando descobrimos um modo de ler as crônicas genéticas capazes de documentar as viagens de nossos ancestrais, a aumentada mobilidade humana esteja levando a tal mistura de nossos genes que, dentro de algumas dezenas de gerações, as pistas para a vida nômade de nossos ancestrais estará obliterada. Então, teremos retornado à condição genética que prevaleceu antes da nossa jornada para fora da África, com todos os seres humanos formando uma única população geneticamente uniforme.[5]

Algumas vezes imagino como teria sido o mundo se nossos ancestrais tivessem demorado dez vezes ou até cem vezes mais tempo para obterem a tecnologia requerida para colonizar o mundo. Como seria se Colombo, por exemplo, tivesse zarpado para as Américas um milhão de anos depois, e não apenas cerca de 13 mil anos depois que os primeiros americanos chegaram da Eurásia pela ponte de terra da era glacial? Um milhão de anos é tempo mais que suficiente para que a evolução pela seleção natural tivesse forjado os americanos e os europeus como duas espécies separadas, e, se isso houvesse acontecido, um sorriso ou um gesto poderiam não ser entendidos, e o sexo não teria sido uma moeda corrente comum. Se a pré-história não tivesse tomado os rumos que tomou, nossa civilização global poderia não ter sido possível.

Aonde quer que nossos ancestrais chegassem, alteravam fundamentalmente o ambiente. E, como resultado, o mundo em que vivemos hoje em dia foi tristemente truncado — todas as suas criaturas maiores, mais ferozes e mais impressionantes não existem mais. Lá se foram a moa (ave gigante) da Nova Zelândia, os mastodontes e dentes-de-sabre das Américas, o marsupial gigante da Austrália, e os lêmures de Madagascar, do tamanho de gorilas. Somente na pátria de nossa espécie, na África, sobrevive alguma coisa parecida ao bestiário conhecido por nossos distantes ancestrais. Até pouco tempo, discutia-se o quanto a humanidade poderia ter causado tais mudanças. Mas as provas agora são avassaladoras. De fato, não são só os seres humanos que, nas circunstâncias certas, podem causar essas mudanças, mas, graças à intervenção destes, até mesmo criaturas humildes como os sapos.

O sapo-cururu foi introduzido na Austrália via Havaí em 1935. Até então, nenhum membro da família dos sapos (*Bufonidae*) existia na

Austrália, o que significa que nenhum predador australiano tinha qualquer experiência com o veneno que os sapos produzem nas glândulas do pescoço. Originariamente habitantes da América Central, os sapos foram introduzidos para ajudar a erradicar pragas da cana-de-açúcar, tarefa diante da qual fracassaram totalmente. Mas disseminaram-se com rapidez, causando destruição ambiental por onde passavam. No norte da Austrália, é fácil saber se chegamos antes dos sapos. Vemos crocodilos, lagartos-monitores, lagartos-volantes, aves de rapina e incontáveis outras criaturas nativas australianas todos os dias, ao nosso redor. Mas se visitarmos a região por trás da fronteira móvel (que, em 2010, estava perto da fronteira da Austrália Ocidental), tudo é silêncio e devastação. A não ser que estivéssemos por lá quando os primeiros sapos chegaram, fica difícil entender o que aconteceu. Um amigo meu estava acampando durante uma temporada na margem de um rio em Queensland Ocidental quando os sapos chegaram. Ele saiu para pescar certa noite e sentiu um cheiro nauseabundo. Seguindo rio acima, descobriu um amontoado de crocodilos mortos, seus corpos tão apertados uns contra os outros que obstruíam o rio. Os sapos haviam chegado, e os crocodilos eram tão sensíveis ao veneno deles, que um único sapo podia matar o maior dos crocodilos.

Como os sapos-cururus se metamorfoseiam a partir do estágio de girinos quando são muito pequenos, mais ou menos do tamanho da unha do dedo mínimo da mão, eles representam perigo até mesmo para o menor dos predadores, o que causa o estranho vazio nas terras que ficam além da fronteira dos sapos. Um frequentador do lugar de origem dos sapos na América Central jamais suspeitaria de que os sapos-cururus pudessem ser tão letais para tantas criaturas, pois em suas terras ancestrais eles são relativamente raros e vivem em harmonia com a miríade de jacarés, lagartos e outras espécies com que dividem seu ambiente. A coevolução ao longo de milhões de anos conferiu resistência ao veneno dos sapos a muitas espécies. Ou foi isso, ou tais espécies aprenderam a não comer sapos. Na Austrália, nenhum predador sabia instintivamente que os sapos eram uma ameaça — ingenuidade que causou sua morte.

Os sapos pioneiros, aqueles que vêm na frente da onda invasora, têm pernas mais longas que os sapos colonizadores, os futuros habitantes das terras que ficam para trás da onda que avança, e são mais agressivos. Na fronteira, a evolução pela seleção natural favorece os sapos com a energia e o físico adequados para invadir com rapidez e obter vantagens do botim de recursos que os espera.

Para os seres humanos da fronteira, não são as pernas que respondem às oportunidades evolutivas, mas nossa cultura e nossa atitude diante da vida. Em sociedades de fronteira, os indivíduos que podem monopolizar o maior botim, sem se importarem com o desperdício ou as consequências ambientais, são selecionados como "os mais aptos". E, na maior parte da história humana, a recompensa que nossos ancestrais buscavam era grande, peluda e perigosa. Quando nossos ancestrais saíram da África, encontraram animais sem experiência com os seres humanos modernos. Mas as criaturas com as quais eles se deparavam conheciam os macacos bípedes, porque um parente nosso distante havia deixado sua pátria africana cerca de 2 milhões de anos antes. O *Homo erectus* havia se estabelecido nas regiões mais temperadas da Europa e da Ásia, estendendo-se tão ao norte como a Pequim de hoje e o sul da Inglaterra e tão ao sul como Java.

Tenho grande dificuldade em resolver como devo me dirigir ao *Homo erectus*. O que diria eu se encontrasse com um deles na rua? Aquilo seria um animal ou um homem? Utilizei o pronome "aquilo" somente porque desejo enfatizar o "nós" nessa história da disseminação da humanidade. Parte da minha dificuldade vem do fato de o *Homo erectus* ter mudado ao longo de seus 1,8 milhão de anos de existência, desenvolvendo vários tipos regionais, um dos quais, que habitava a África, deu origem a nós, homens. Mas a população de *Homo erectus* da Europa e da Ásia é que é importante para esta história. O *Homo erectus* caçou os grandes mamíferos da Eurásia por 1 milhão de anos ou mais, proporcionando assim a todos, desde o mamute ao urso das cavernas, uma experiência com os macacos carnívoros e começando uma corrida armamentista evolucionista que permitiria a algumas espécies evitar a extinção quando a nossa chegasse.

Com um cérebro 25% menor que o nosso, ao *Homo erectus* eurasiano decerto faltavam muitas vantagens possuídas por nossos ancestrais. Uma dessas vantagens mais bem documentadas diz respeito às ferramentas de pedra. As que eram feitas pelo *Homo erectus* eram abundantes e propiciam um detalhado registro das mudanças ao longo do tempo. Melhoraram em qualidade, lentamente, e, por volta de 300 mil anos atrás, o *Homo erectus* estava criando uma variedade maior de ferramentas do que a que era produzida há 1,5 milhão de anos. Mas, mesmo no seu auge, o kit de ferramentas do *Homo erectus* era rudimentar, se comparado ao de nossos ancestrais. Um quadro similar configura-se com relação ao fogo, que era fortuito ou ausente há 1,8 milhão de anos. Existe evidência (embora ainda discutida) de que, há 300 mil anos, o *Homo erectus* estava usando o fogo em certa medida. Mas seu controle dessa ferramenta vital era incipiente, comparado ao de nossos antepassados.

Em outras coisas, no entanto, o *Homo erectus* nunca chegou perto de nossas realizações. Estudos do crânio e do pescoço sugerem que era incapaz de falar, muito embora possa ter se comunicado de outras formas, tais como linguagem de sinais, que não deixaram registros fósseis. E é claro que o *Homo erectus* não nos deixou nenhuma arte, nem evidências de cuidado com os mortos.

Muito se fala dessas diferenças. Mas o que é realmente importante de uma perspectiva ambiental é o nicho ecológico quase idêntico ocupado pelo *Homo erectus* e pelos nossos ancestrais. Como nós, o *Homo erectus* era um macaco caçador e coletor, que desde o início foi capaz, pelo menos em algumas circunstâncias, de caçar presas tão grandes como elefantes jovens. Da perspectiva das grandes feras peludas das florestas e planícies da Eurásia, o *Homo erectus* era simplesmente uma versão menos capaz de nossos ancestrais. Se quiserem saber o que estas feras experimentaram quando o *Homo erectus* cedeu lugar ao *Homo sapiens*, imaginem que jogam em uma liga esportiva amadora, do esporte que preferirem, e se veem subitamente escalados para jogar contra uma elite profissional de atletas, em uma partida em que a aposta não é apenas o ego, mas a própria vida.

Pelo menos vocês teriam mais chance do que quem nunca praticou o esporte, que era justamente a condição da megafauna das Américas e da Austrália, por onde nenhum macaco carnívoro se aventurara antes da nossa chegada.

Provavelmente houve vítimas animais da expansão do *Homo erectus* pela Eurásia. Os tigres-dentes-de-sabre desapareceram do Velho Mundo mais ou menos na época em que o *Homo erectus* ali chegou, e no entanto sobreviveram nas Américas até que nossa espécie apareceu por lá há 13 mil anos. Alguns desses dentes-de-sabre se especializaram em matar jovens elefantes, o que os colocou em competição direta com o *Homo erectus*. Umas poucas espécies potencialmente predadoras também se tornaram extintas na época da disseminação do *Homo erectus*, mas a evidência é tão sutil e ocorreu há tanto tempo que é difícil dizer se a extinção foi causada pelo *Homo erectus* ou por outros fatores tais como uma mudança climática. O que sabemos, no entanto, é que, quando nossos ancestrais chegaram à Eurásia em torno de 50 mil anos atrás, o *Homo erectus* tinha alcançado um equilíbrio com os grandes mamíferos sobreviventes, pois coexistiam com elefantes eurasianos, rinocerontes e outras grandes feras havia quase 2 milhões de anos.

7
MUNDOS NOVOS

*"Oh, maravilha!
Que adoráveis criaturas temos aqui!
Como é bela a espécie humana!
Oh, admirável mundo novo
em que vive gente assim!"*
(SHAKESPEARE, *A TEMPESTADE*)

Uma das maiores surpresas da arqueologia foi a descoberta de que nossos ancestrais colonizaram a Austrália 15 mil anos antes de se estabelecerem na Europa Ocidental. Os possuidores do cromossomo Y variação M130 moveram-se em relativo pouco tempo do Sinai até Sulawesi, nas ilhas Célebes, e apenas alguns milhares de anos depois de deixar a África estavam prontos para invadir a Grande Terra do Sul.[1] Posso imaginá-los observando o oceano aparentemente interminável, olhando para o sul, procurando por sinais de mais outra terra virgem para colonizar. Os antepassados do povo que estava naquela praia já haviam cruzado o mar várias vezes — talvez de Bornéu a Sulawesi, ou de Bali a Lombok, e depois disso mais adiante, de estreito em estreito, a cada vez descobrindo ilhas cheias de comida, ainda virgens com relação ao caçador humano.

Imaginem deixar a primeira pegada jamais impressa em uma praia tropical. A areia está repleta de conchas de grande tamanho e, nos bancos de areia, de frutos do mar para serem recolhidos, tudo em quantidades além da conta. Os peixes que cruzavam os bancos de areia não fugiriam ao som de uma lança sendo atirada na água: em vez disso, eles se reuniriam em torno da vítima atingida. Sabemos que isso é verdade por relatos do século XVIII feitos por europeus que desembarcaram em atóis de coral até então jamais visitados por humanos. Escreveram sobre tubarões abocanhando os remos quando eles rumavam para a costa, sobre pássaros dóceis que ficavam em seus ninhos até serem colhidos como frutas e sobre uma abundância de tartarugas, peixes e mariscos que alimentavam toda a tripulação.

Os primeiros seres humanos a deixarem a África não devem ter demorado a aprender tudo isso. Em sua longa jornada a partir de Suez, devem ter pilhado muitos recifes e atóis próximos da costa. E na medida em que avançavam para o leste hão de ter enfrentado viagens marítimas mais longas e mais perigosas. Mas as recompensas eram maiores que os riscos, e eles continuaram. E, a cada vez, a chegada dos macacos bípedes era um desastre para a terra que descobriam. Dificilmente uma criatura das terras recém-descobertas dispunha de defesa adequada contra eles, e não havia o que impedisse nossos ancestrais de consumirem tudo de que precisassem e depois seguir adiante. E assim essa virulenta manifestação do *Homo sapiens* (uma criatura que poderíamos chamar de *Homo medeaensis*) nasceu na fronteira — uma fronteira destinada a avançar, de uma ou de outra forma, até o século XXI.

A barreira marítima que separa a Austrália da Ásia insular era mais formidável do que qualquer outra que o *Homo sapiens* tivesse atravessado antes. Por milhões de anos, uma verdadeira coleção de animais com capacidade de nadar, como os elefantes, viveu no lado asiático do oceano, mas nenhum deles, exceto os ratos, esses famosos colonizadores de ilhas, que lá chegavam em balsas de vegetação flutuante, havia atingido as costas australianas. Uma coisa que esses primeiros seres humanos colonizadores possuíam, e que faltava às outras criaturas, era uma vontade culturalmente reforçada de colonizar. E assim, entre 45 e 50 mil anos atrás, eles partiram, em jornada tão ambiciosa que ninguém nunca havia tentado nada parecido antes — ou, pelo menos, que ninguém que houvesse tentado tivesse sobrevivido. Os viajantes perdiam a visão de sua terra natal antes de avistar a terra que jazia adiante, cuja existência tinham apenas deduzido. Sem nada ao redor a não ser o mar infinito, a jornada decerto há de ter passado por momentos de crise. Desde o começo fora um salto baseado na fé, e agora estavam eles engolfados no meio do oceano. Talvez uma mancha de poeira ou um penacho de fumaça tenha sustentado a esperança e feito com que avançassem para o vazio. Uma viagem tão perigosa certamente só seria empreendida pelos mais valentes — e sua recompensa haveria de ser a herança de um continente inteiro.

A história de como esses viajantes transformaram a terra que descobriram apenas agora começa a aparecer. Na época, a Austrália era o lar de uma enorme coleção de marsupiais gigantes, pássaros e répteis, inclusive marsupiais equivalentes a rinocerontes, hipopótamos, preguiças gigantes, leopardos e antílopes. Eles compartilhavam a terra com gigantescos pássaros similares ao emu, enormes lagartos-monitores, tartarugas com chifres e serpentes primitivas gigantescas, assim como com as espécies australianas de hoje, tais como cangurus e coalas. Naquele tempo, a Austrália era uma versão *Alice através do espelho* do Masai Mara* da África. Tinha ficado isolada do resto do mundo por 50 milhões de anos, e nenhuma de suas criaturas jamais tinha visto um macaco bípede ou qualquer coisa parecida, pois o *Homus erectus* nunca se havia aventurado tão longe.

Há 45 mil anos, poucos milhares de anos depois da chegada dos seres humanos, uma extinção rápida e dramática já havia despojado o continente de sua maravilhosa diversidade de megafauna, não deixando nada maior que um ser humano ou um canguru-vermelho sobre a terra. Resumindo, quase sessenta espécies de gigantes desapareceram, juntamente com um número incontável de criaturas menores. E desapareceram tão rápido que os cientistas se referiram à sua perda como uma extinção de tipo *Blitzkrieg*, um evento que aconteceu em poucas centenas de anos.[2]

---

*Reserva natural e parque florestal do Quênia. [*N. do T.*]

As consequências foram profundas. A Austrália é uma terra frágil, de solos inférteis e chuvas variáveis, e em tais circunstâncias os desastres ecológicos tendem a amplificar-se. Ao comerem a vegetação que de outro modo pegaria fogo, os marsupiais gigantes suprimiam o fogo. Eles reciclavam os poucos nutrientes disponíveis na vegetação em seus intestinos, derramando fertilizantes na forma de estrume e urina, aumentavam com isso o conteúdo de carbono dos solos, elevando sua umidade e promovendo o crescimento das plantas.

Com sua extinção, as gramas e arbustos tornaram-se espessos e os incêndios naturais aumentaram, expondo os solos, causando erosão e destruindo as plantas nutritivas, mais sensíveis ao fogo. Os seres humanos tinham eliminado, de fato, os *banqueiros ecológicos* do ecossistema, e a produtividade geral provavelmente diminuiu dez ou cem vezes. Com seus complexos e sustentáveis ecossistemas em farrapos, a Austrália tornou-se uma terra do fogo, cujos solos ficaram ainda mais empobrecidos e cujo carbono, que era destinado à vida, juntou-se ao fluxo de CO_2 gerado pelo fogo, vazando para a atmosfera.

Com 7,9 milhões de quilômetros quadrados, a Austrália é o menor dos continentes, e não é provável que essa transformação da vegetação em CO_2 tenha tido um impacto global. Mas pode ter influenciado seu clima. Antes da chegada dos seres humanos, o norte da Austrália estava coberto por uma espécie de floresta tropical que poderia perder as folhas durante o inverno muito seco. De modo similar às florestas da Amazônia, que criam 80% das chuvas sobre a bacia amazônica hoje em dia, essas antigas florestas australianas intensificavam as chuvas ao transpirarem umidade. Mas, quando elas queimaram, sua capacidade de acentuar as chuvas se perdeu e, assim, os grandes lagos do coração do continente secaram.

No hemisfério norte, há 37 mil anos, os seres humanos tinham alcançado o que hoje é a Romênia, na fronteira leste da Europa, mas não há evidência inequívoca de que tenham chegado à Europa Ocidental antes de 32 mil anos atrás. Pouco depois disso, no entanto, eles se disseminaram com rapidez, deslocando o Homem de Neandertal que até então dominava a Europa. Os neandertais representam outra dispersão de macacos bípedes que saiu da África. Evidências genéticas indicam que eles eram nossos parentes próximos, tendo se separado de nossa linhagem há apenas meio milhão de anos em algum lugar da África. Eles colonizaram uma faixa da Eurásia desde o norte do Himalaia até a Europa, presumivelmente obrigando, no processo, algumas populações de *Homo erectus* a se deslocarem, mas por outro lado estabelecendo-se em climas demasiado frios para aqueles primeiros invasores.

O nicho ecológico dos neandertais é intrigante. Eles levaram às últimas consequências a caça de grandes animais, na qual nossa linhagem se distingue. Alguns cientistas, que observaram que os esqueletos de neandertais machos têm tantos ossos quebrados quanto o de um veterano jogador de rúgbi atacante de primeira fila, pensam que os neandertais se lançavam contra os mamutes e os esfaqueavam até a morte. Seja qual for o caso, suas caçadas não foram suficientes para causar a extinção dos grandes animais na Europa, pois os mamutes, os elefantes de presas retas das florestas e duas espécies de rinocerontes coexistiram com os neandertais por centenas de milhares de anos.

O destino dos neandertais permanece um profundo mistério. Seu baluarte final foram as colinas rochosas de Gibraltar, onde alguns poucos bandos resistiram até 25 mil anos atrás. Terão nossos ancestrais matado todos ou se acasalado com eles, absorvendo-os assim em nossa piscina de genes? Nossos genes são 99,5% iguais aos deles, de modo que o cruzamento certamente foi possível. Pesquisadores localizaram porções de genes de europeus que acreditam serem extremamente antigas: talvez pedacinhos de neandertais escondendo-se dentro de nós. Mas até agora a evidência é muito incompleta para ser conclusiva.

O destino dos grandes animais na Europa é mais claro. Os elefantes de presas retas se extinguiram no continente europeu por volta de 30 mil anos atrás e foram seguidos pelas duas espécies de rinocerontes europeus há 20 mil anos. Depois disso, na região da Europa, os elefantes e outras criaturas grandes e lentas sobreviveram apenas na ilha de Creta, na

Sardenha e nas doze ilhas do Dodecaneso, todas então desabitadas. Uma a uma elas foram colonizadas e seus elefantes anões, caçados até a extinção. Ao redor de 4 mil anos atrás, esses animais sobreviviam apenas na ilha de Tilos, no Dodecaneso. O elefante-anão de Tilos era uma criatura do tamanho de um pônei, parente do elefante de presas retas da Europa, e poderia estar conosco hoje se os seres humanos tivessem deixado em paz a ilha de Tilos por poucos milhares de anos mais.

Durante a era glacial, uma pastagem seca e gélida, conhecida como Estepe dos Mamutes, estendia-se a leste e ao norte da Europa florestal. O maior habitat em extensão contínua, a Estepe dos Mamutes, ia da atual França central ao Alasca. As condições ali eram tão duras que a Estepe dos Mamutes resistiu à colonização de todos os macacos bípedes — nossa espécie incluída — até 30 mil anos atrás. É verdade que vários bandos intrépidos podem ter tentado surtidas de verão para obter ricas captações de grandes mamíferos, mas a falta de madeira e de abrigo tornava essa região demasiado hostil para a colonização permanente. E assim as últimas grandes manadas de megamamíferos eurasianos sobreviveram. Mamutes e rinocerontes lanosos, bisões, bois almiscarados, alces e cavalos gigantes eram abundantes ali, em um clima muito mais duro do que o de hoje.

A Sibéria agora já não pode sustentar esses animais. Os solos estão muito ácidos, e o valor nutritivo da matéria vegetal pantanosa é bastante baixo. Os únicos rebanhos remanescentes são de renas (conhecidas como caribu na América do Norte), que comem liquens mais do que capim. É difícil imaginar como os mamutes lanosos, os rinocerontes lanosos e os bisões, que comem capim, podem ter sido abundantes em tal lugar, mas seus ossos regularmente emergem do solo *permafrost* para recordar-nos que esta foi certa vez uma região fantasticamente produtiva.

Apesar de os mamutes-lanosos terem sido grandes, dificilmente podem ser considerados gigantes da família dos elefantes, sendo similares em tamanho aos seus primos vivos, os elefantes-asiáticos. No entanto, deles diferiam de várias maneiras, algumas assombrosas. Pinturas deles ainda aparecem em paredes de cavernas: saem de uma tempestade de neve, os ombros corcovados, o pelo longo e desgrenhado e as presas extraordinariamente curvas fazendo-os parecerem fantasmas à deriva em um mar de neve. Seu pelo de um metro de comprimento era gorduroso e, como os bois almiscarados, os mamutes-lanosos provavelmente perdiam a pelagem na primavera. Suas presas recurvas, que ainda hoje levam comerciantes de marfim às suas tumbas congeladas, eram grandes arados de neve, usados para expor o pasto no inverno, e eles deixavam em sua esteira oportunidades de alimentação para cavalos e bisões, incapazes, eles próprios, de cavar tão fundo. As grandes corcovas nos ombros dos mamutes eram de gordura, um depósito de alimentos para que pudessem sobreviver ao inverno, sem dúvida apreciadas tanto pelos caçadores neandertais como pelos humanos. Também havia características que não se notariam em uma pintura rupestre. Debaixo da cauda do mamute havia um tampão do tamanho de um prato que se adaptava exatamente ao ânus, um dispositivo de economia de calor que era levantado apenas pelo clamor da natureza. E a extremidade da tromba não era pontuda, como a dos elefantes de hoje, mas larga e achatada, para ajudar a juntar o capim.

Como pôde o duro ambiente do norte da Sibéria na era glacial sustentar essas estupendas criaturas? Os cientistas chamam isso de paradoxo de produtividade — porque é a produtividade, mais que o frio, o que limita as populações animais — e eles identificaram três fatores que podem ter feito a Estepe dos Mamutes mais produtiva que a tundra de hoje.[3]

O primeiro desses fatores se relaciona com o destino das plantas depois que morrem. A vegetação de tundra morta não tem chance de apodrecer. Em vez disso, ela se encharca e congela, eventualmente formando turfa. A camada gelada engrossa e nunca se descongela, prendendo os nutrientes e congelando o solo debaixo dela. A turfa também é altamente ácida, o que faz dela um ambiente hostil para as plantas, mesmo no breve verão.

O segundo fator diz respeito à duração funcional da estação de crescimento. O clima de hoje é mais cálido e úmido do que quando existia a Estepe dos Mamutes, mas, para as plantas, a estação de crescimento pode ser mais curta do que foi no passado. Isso porque, quando o verão chegava à Estepe dos Mamutes, o sol podia alcançar com rapidez o solo sem vegetação, aquecendo as raízes e liberando nutrientes do solo. Hoje em dia a turfa congelada atrasa o aquecimento das raízes, reduzindo assim a estação de crescimento.

O terceiro e talvez mais decisivo fator é que, antigamente, havia mais nutrientes disponíveis para as plantas. Hoje, a turfa congelada e a alta acidez fazem da tundra um lugar pouco fértil, no qual as plantas brigam por fósforo e por nitrogênio. Na Estepe dos Mamutes, no entanto, um copioso fluxo de urina e de excrementos dos mamutes fornecia grandes volumes desses nutrientes à superfície do solo. O mamute, em outras palavras, era o motor da produtividade na estepe. Se alguma criatura jamais mereceu o epíteto de banqueiro biológico, foi o mamute. Ao comer a vegetação que teria se transformado em turfa, e devolvendo-a como fertilizante, o mamute mantinha produtivo e vivo um ambiente climaticamente formidável.[4]

Na fase mais fria da era glacial, cerca de 20 mil anos atrás, os mamutes-lanosos e os rinocerontes-lanosos já haviam sido expulsos das mais favoráveis regiões meridionais de suas pastagens naturais e sobreviviam apenas nos ambientes mais severos do extremo norte e do leste. Mas nossos ancestrais estavam trabalhando de forma desajeitada com peles e pedras, descobrindo formas ainda mais efetivas de vestir-se contra o frio e criando armas e estratégias mais eficientes para transformar os mamutes em gordura e carne. Então, por volta de 15 mil anos atrás, o clima começou a aquecer, e mil anos depois os seres humanos, movendo-se ainda mais para o leste, tinham chegado até o beco sem saída da fronteira de gelo da Estepe dos Mamutes, que hoje é o Alasca. Naquela época, o Alasca estava conectado por uma planície livre de gelo ao que hoje é a Sibéria, mas, para o leste e para o sul, estava rodeado de paredes de gelo. Quando chegaram, os seres humanos destruíram os rebanhos, deixando apenas as realmente proibidas terras de Yakutia e as penínsulas de Gydan e Taimir, que avançavam sobre o congelado mar Ártico, como um último refúgio para os megamamíferos da estepe. Foi ali, entre 11 mil e 9.600 anos atrás, que os derradeiros mamutes do continente defenderam seu reduto final.[5]

Como ocorreu com os elefantes-anões da Europa, algumas populações insulares de mamutes conseguiram sobreviver depois de todas as populações continentais terem sido extintas. Uma delas sobreviveu até cerca de 6 mil anos atrás, na ilha de Saint Paul, no remoto arquipélago de Pribilof, no Alasca. Outra habitou uma ilha longínqua chamada Wrangel, em um oceano congelado no topo do mundo. Lá os mamutes viveram em esplêndido isolamento até pelo menos 3.700 anos atrás. Esses foram os últimos dos elefantes-anões insulares da Terra, e sobreviveram por tanto tempo que os faraós do Egito, se o tivessem desejado, e fossem suficientemente aventureiros, poderiam ter se entretido com a visão de elefantes-lanosos do tamanho de pôneis de circo. Mas a geração dos antigos egípcios foi a última geração de seres humanos que teve essa oportunidade. Foi apenas uma questão de tempo até que caçadores vestidos de peles e carregando lanças passassem pelo gelo de inverno até Wrangel e descobrissem esse último botim.

Enquanto a Estepe dos Mamutes tinha seus membros ecológicos extirpados um a um, por volta de 14 mil anos atrás havia uma última região do planeta que não sofrera o impacto humano. Ao sul das barreiras de gelo do que hoje é o Alasca jaziam dois continentes inteiros — as Américas — e estavam cheios de criaturas que há muito haviam desaparecido do resto do mundo. Mamutes, mastodontes (um membro primitivo da família dos elefantes) e tigres-dentes-de-sabre eram abundantes, bem como novidades americanas como preguiças-gigantes, ursos-de-cara-achatada e lobos pré-históricos. De fato, a fauna da era glacial na América do Norte era tão variada e espetacular como a do Parque Serengeti. Mas, por volta de 13.200 anos atrás, a barreira de gelo que separava este mundo singelo dos seres humanos estava se derretendo.

Os primeiros pioneiros norte-americanos desenvolveram uma cultura diferente, conhecida como Clóvis, que floresceu por apenas trezentos anos. Evidências dessa cultura são encontradas por toda a América do Norte, na forma de sua característica mais famosa: pontas de pedra de aparência letal, algumas das quais foram descobertas entre as costelas de mamutes fossilizados, deixando óbvio o seu propósito. O impacto das caçadas dos Clóvis sobre a fauna parece ter sido devastador e imediato. Cavalos, camelos, preguiças e outros gigantes em pouco tempo desapareceram. Levou um pouco mais — até cerca de 12.800 anos atrás — para que os mamutes e mastodontes fossem extintos, e o mais feroz predador do continente, o urso-de-cara-achatada, pode ter sobrevivido nos desertos do sudoeste por mil anos depois disso. Como a classificação dos grandes mamíferos extintos ainda está incompleta, é difícil saber, com precisão, como muitas espécies foram extintas, mas, em um prazo de quinhentos anos desde a chegada dos seres humanos na América do Norte, haviam desaparecido 34 gêneros de grandes mamíferos (cada gênero composto por uma ou várias espécies relacionadas) pesando mais de 44 quilogramas, ao passo que a fauna da América do Sul se via desfalcada de cinquenta gêneros, a maior perda registrada em qualquer continente.[6]

Os ossos constituem uma forma fortuita de entender o passado. Tivemos uma sorte extraordinária ao descobrir o esqueleto do último mamute que viveu na América do Norte. Mas existem outros meios para determinar quando as grandes feras desapareceram. O *Sporormiella* é um fungo que cresce nos excrementos dos animais e, onde as pilhas de excrementos são grandes, ele é abundante. Os esporos do *Sporormiella* são encontrados em profusão nas pilhas de excrementos de preguiças do solo do tipo Shasta, preservados em cavernas no estado de Utah, e estão bem representados nos sedimentos dos lagos norte-americanos, que se formaram antes de 12.900 anos atrás. Mas, depois disso, os esporos virtualmente desaparecem, para reaparecerem apenas com o advento do gado bovino. Em Madagascar, o *Sporormiella* conta a mesma história: declina depois de poucos séculos da chegada dos seres humanos e reaparece com a introdução do gado mais ou menos mil anos depois. O declínio do *Sporormiella* nos diz que os grandes rebanhos da América do Norte foram dizimados, em todo o continente, em um instante geológico.[7] No entanto, algumas espécies sobreviveram, e elas informam sobre a causa dessa grande extinção tanto como os Clóvis.

Entre os sobreviventes estavam as grandes preguiças do solo, os macacos e roedores gigantes, parentes dos porcos-da-índia, todos vivendo nas ilhas das Índias Ocidentais. Eles se reproduziram por 4 mil anos depois que todas as preguiças do solo, os mamutes e outros grandes mamíferos antes encontrados entre o Alasca e a Terra do Fogo haviam desaparecido. Então, por volta de 8 mil anos atrás, os seres humanos descobriram as ilhas do Caribe, e os pobres bichos-preguiça desapareceram no mesmo buraco negro que consumira seus parentes do continente — aquele buraco localizado entre o nariz e o queixo de um ser humano. Os seres humanos comeram todos, até o último sobrevivente.

Se mais provas forem necessárias sobre a natureza dessa extinção, elas podem ser proporcionadas pelos bisões, pelos ursos-pardos e pelos alces-americanos. Hoje em dia, essas são as maiores criaturas nativas da América do Norte e, no entanto, todas são recém-chegadas, vindas da Eurásia pela mesma ponte de terra que trouxe as pessoas para o Novo Mundo. Na realidade, os ursos e os alces provavelmente tenham chegado ao mesmo tempo que os seres humanos, pois não há evidências fósseis de sua presença nas Américas antes disso. A razão pela qual sobreviveram, quando tantas espécies nativas desapareceram, é que haviam coevoluído com o *Homo erectus* na Eurásia e assim aprenderam a evitar os macacos bípedes.

Uma curiosa cláusula adicional a esta história refere-se aos cavalos e camelos, que tiveram origem na América do Norte, antes que algumas linhagens deles invadissem a Eurásia em período anterior à chegada do *Homo erectus*. Esses tipos de criaturas eram sempre mais diversos nas Américas. O fato de que apenas as poucas linhagens que chegaram à Eurásia (inclusive cavalos, burros e camelos) sobreviveram e depois foram capazes de proliferar na América do Norte, quando reintroduzidas, também se deve a seu longo período de coevolução com o *Homo erectus*. É assombroso que as espécies similares que prosperaram na América do Norte até 13 mil anos atrás não tenham tido a menor chance.

Na Eurásia não houve extinções do tipo *Blitzkrieg*, mas, em vez disso, uma lenta desaparição de muitas espécies, quando, uma depois da outra, perdiam a corrida armamentista com uma humanidade que evoluía culturalmente. Mas alguns desses monstros hirsutos não cederam facilmente. O unicórnio gigante era um tipo bizarro de rinoceronte que perambulou pela Eurásia Central. Fósseis dele são raros (apesar de o Museu de História Natural de Londres ter conservado um crânio esplêndido), o que faz dele um dos animais menos conhecidos da megafauna da Eurásia. Mas era também um dos mais espetaculares. Com 2 metros de altura, 6 metros de comprimento e pesando até 5 toneladas (peso similar ao de um elefante), tinha formas diferentes de qualquer outro rinoceronte, suas longas patas conferindo-lhe uma marcha parecida com a dos cavalos. Mas sua característica mais notável era sem dúvida o chifre de 2 metros de comprimento que lhe adornava a cabeça.

No século X, um viajante iraquiano registrou o que pode ter sido o último remanescente dessa fera espetacular. No verão de 921, Ibn Fadlan partiu de Bagdá como membro de uma embaixada para o rei dos Bolgares (protobúlgaros). Dois anos depois, chegou ao rio Volga, ao norte da curva de Samara, e ali ouviu falar de uma fabulosa criatura, sobre a qual escreveu:

> Existe perto daqui uma ampla estepe, e ali vive, conta-se, um animal menor que um camelo, porém mais alto do que um touro. Tem a cabeça de um carneiro e cauda de touro. Tem o corpo de uma mula e cascos de touro. No meio da cabeça ostenta um chifre, grosso e redondo, e, na medida em que fica mais alto, o chifre se estreita, até que se pareça a uma ponta de lança. Alguns desses chifres crescem até três ou cinco *ells* (um *ell* é o comprimento do braço de um homem), dependendo do tamanho do animal. Vive das folhas das árvores, que são excelente alimento. Sempre que avista um cavaleiro, ele se aproxima e, se o cavaleiro tiver um cavalo rápido, esse tenta escapar correndo, mas, se a fera o alcança, tira o cavaleiro da sela com seu chifre, lança-o no ar e o agarra com a ponta do chifre, e continua a fazer isso até que o cavaleiro morra. Mas não causa dano nem fere o cavalo, de nenhuma maneira.
>
> Os habitantes locais o caçam na estepe e na floresta até que possam matá-lo. Isso é feito assim: vários arqueiros com flechas envenenadas

sobem nas altas árvores entre as quais o animal passa e, quando a fera está entre eles, atiram e a ferem até sua morte. E, de fato, eu vi três grandes tigelas com a forma de conchas marinhas do Iêmen (conchas de mariscos gigantes), que o rei possui, e ele me disse que foram feitas com o chifre desse animal.[8]

Talvez histórias dessa assombrosa criatura ajudem a alimentar o mito do unicórnio. Qualquer que seja o caso, o relato de Ibn Fadlan é a única evidência escrita que temos de sua possível sobrevivência em tempos mais modernos.

E quanto ao destino do *Homo erectus*? Há tempos pensava-se que as várias populações de *Homo erectus* poderiam ter evoluído separadamente até constituírem o *Homo sapiens*. Por essa hipótese, o homem de Pequim (das cavernas perto de Pequim, na China) era considerado parente direto dos chineses modernos. A análise genética conclusivamente rejeitou essa ideia. Mas, ainda assim, quase nada sabemos sobre o destino de populações tais como o homem de Pequim. Podemos apenas supor que, como os neandertais, o *Homo erectus* cedeu o lugar quando o *Homo sapiens* se disseminou.

O último dos macacos bípedes não humanos a escapar da extinção, enquanto nossos ancestrais se espalhavam pelo globo, habitava a ilha de Flores. Parte de uma cadeia de ilhas que se estendem para o leste de Java na direção da Nova Guiné, Flores e sua ilha vizinha, Komodo, são talvez mais famosas como o lar dos dragões-de-komodo. Até 2003, supunha-se que Flores era uma da série de ilhas-trampolim que os seres humanos usaram para alcançar a Austrália. Mas, então, uma equipe de arqueólogos indonésios e australianos, escavando em uma caverna, descobriu o esqueleto de um pequeno macaco bípede que datava de 17 mil anos atrás. Chamado de *Homo floresiensis* pelos cientistas, tornou-se mais amplamente conhecido como o *hobbit*.[9]

Os *hobbits* eram criaturas diminutas, pesando apenas 19 quilogramas e com a altura de uma criança de 3 anos. Apesar de humanoides em aparência, seus braços eram mais longos que os nossos e seus pulsos parecidos aos do chimpanzé. No entanto, é o cérebro do *hobbit*, como nos foi revelado por moldes do interior de um crânio completo, o que nos assombra. Era pequenino, tinha cerca de um quarto do volume do nosso, mas com lobos frontais — a região do planejamento e do pensamento racional — incomparavelmente especializados e aumentados. Eram os *hobbits* racionais e inteligentes de uma forma completamente diferente da nossa? Podemos apenas especular.

Os ancestrais dos *hobbits* saíram da África há cerca de 2 milhões de anos, mais cedo do que o *Homo erectus*, e de alguma forma eles conseguiram atravessar o mar de Java e Bali até Lombok, e depois rumaram para Sumbava e Flores. Erupções vulcânicas periodicamente exterminam a vida em Lombok e Sumbava. Mas Flores é uma ilha menos explosiva, e ali, por 1 milhão de anos ou mais, viveram os ancestrais dos *hobbits*. Eles se adaptaram, como com frequência fazem os mamíferos nas ilhas, diminuindo de tamanho — talvez em resposta a um suprimento limitado de alimentos.

Quando os *hobbits* chegaram pela primeira vez a Flores, a ilha era o lar de elefantes-pigmeus de presas retas e de tartarugas-gigantes, parecidas àquelas que ainda podem ser vistas nas ilhas Galápagos. As duas espécies devem ter nadado até Flores, e ambas foram caçadas, até a extinção, pelos ancestrais dos *hobbits*. Mais tarde, uma segunda espécie de elefante de presas retas foi capaz de colonizar a ilha, e essa espécie, que presumivelmente tivera experiência com o *Homo erectus* em Java (e era maior que a espécie pigmeia), foi capaz de sobreviver às caçadas dos *hobbits*. Mesmo assim, os diminutos hominídeos cobraram seu tributo. A julgar pelos restos que deixaram em cavernas, eles se especializavam em matar elefantes recém-nascidos, e também caçavam os ratos do tamanho de gatos e os dragões-de-komodo, que eram abundantes na ilha.

O dragão-de-komodo e os ratos gigantes de Flores há muito propõem um enigma zoogeográfico. Sabemos, através de seus fósseis, que ambos alguma vez foram bem disseminados ao longo da cadeia de ilhas desde o leste de Java — o dragão-de-komodo (ou um parente muito próximo) habitou até mesmo a Austrália — até que os primeiros seres humanos apareceram.[10] Por que essas criaturas somente sobreviveram em Flores? A resposta vem, penso eu, dos *hobbits*. Por 1 milhão de anos, o dragão e os ratos gigantes de Flores tiveram a experiência de serem caçados por um macaco bípede que, quase com certeza, não era tão competente como nossos ancestrais. Essa experiência foi uma espécie de escola primária para os grandes animais. A tartaruga-gigante e o elefante-pigmeu original de Flores não conseguiram sobreviver, tornando-se extintos há mais de 800 mil anos, ao passo que o elefante-pigmeu maior, que chegou depois, sobreviveu aos *hobbits*. Mas não aprendeu com suficiente rapidez, e morreu quando os seres humanos chegaram a Flores. O dragão e os ratos gigantes, no entanto, aprenderam suficientemente bem para sobreviver à invasão humana. A existência deles é, assim, testemunha de um mundo insular que desapareceu, formado por nossos diminutos primos hominídeos.

Parece provável que o *hobbit* tenha sobrevivido em Flores até cerca de 12 mil anos atrás. Por então, nossos ancestrais há muito já estavam firmemente estabelecidos no Sudeste Asiático, na Nova Guiné e na Austrália. A ilha de Flores e seus *hobbits*, portanto, estavam rodeados pela humanidade. Mas, por alguma razão, os antigos seres humanos não invadiram aquele reino insular. Alguns pensam que fortes correntes oceânicas mantiveram nossa espécie longe dali, mas o isolamento da ilha permanece um mistério duradouro, assim como a natureza do que ali aconteceu, no momento da reunião entre linhagens hominídeas que estiveram separadas por 2 milhões de anos. Podemos apenas imaginar o que passou pelas cabeças dos primeiros seres humanos a caminhar por uma praia de Flores. O que pensaram dessa terra de elefantes-pigmeus, lagartos gigantes e pequeninos humanoides armados com lanças e outras ferramentas? O que terá passado por suas mentes? Curiosidade, medo, repugnância ou acima de tudo fome?

Talvez algum dia as cavernas e pântanos de Flores entreguem seu segredo, permitindo-nos saber como os *hobbits* morreram. Hoje, só podemos dizer que eles se foram e que nós, num glorioso e autocriado isolamento, governamos o mundo como os únicos macacos bípedes sobreviventes.

Apesar de mortos, os *hobbits* podem haver deixado um legado vivo. Nós, seres humanos, somos molestados por duas espécies de piolhos, que seguem seus caminhos evolutivos diferentes há cerca de 2 milhões de anos. Estudos genéticos revelam que uma dessas espécies há muito tempo pede carona na pele humana, mas a outra é uma recém-chegada, tendo subido a bordo de nossa espécie no fim da era glacial. Um número surpreendente de parasitas humanos é de pares de espécies proximamente relacionadas: tênias, ácaros dos folículos, organismos que causam disenteria e percevejos, assim como os piolhos. Poderia um de cada qual desses pares de espécies, há tantos anos em Flores, ter saltado de uma raça que morria para outra que florescia? Qualquer que seja o caso, eles devem fazer-nos lembrar de que cada evento de nossa longa história deixou seu legado.[11]

Enquanto reflito sobre essa triste narrativa de destruição ambiental, ocorre-me que algumas das mudanças acarretadas por nossos ancestrais eram potencialmente grandes o suficiente para haver afetado o clima da Terra. Afinal de contas, a Estepe dos Mamutes era o maior habitat baseado em uma única terra de todo o planeta, e era (pelo menos sazonalmente) muito produtiva. Poderia sua destruição ter afetado o equilíbrio de carbono da Terra? Olhando para trás, para o registro de mudanças climáticas revelados nos núcleos de gelo recuperados das calotas polares, vemos que existe alguma evidência de que este poderia ser o caso. Os núcleos de gelo registram a história do clima da Terra até pelo menos 740 mil anos atrás. Dentro deles, vemos os ciclos glaciais repetindo-se uma e outra vez, trazendo uma era de gelo seguida por um agudo aquecimento a cada 100 mil anos, graças aos ciclos de Milankovitch, que conspiram para privar o hemisfério norte de luz solar no verão. Isso significa que nem toda a neve que caiu no inverno anterior se derreterá, permitindo que as calotas cresçam, até que o planeta inteiro fique preso. Mas então, abruptamente, a Terra se aquece, e nos 100 mil anos seguintes o padrão se repete.

A quantidade de CO_2 na atmosfera varia com os ciclos de Milankovitch. Durante as eras glaciais, existem menos de duzentas partes de CO_2 por milhão, pois muito carbono é transportado para as profundezas dos oceanos. Isso acontece porque a água fria pode reter mais CO_2 que a água quente (como o gás escapa de forma rápida quando se abre uma lata quente de refrigerante) e porque os oceanos, que são frios do fundo à superfície, possuem correntes de convecção que podem carregar a água da superfície, rica em CO_2, para o fundo. Mas então, enquanto a Terra aquece, os níveis de CO_2 se elevam até 280 e 300 partes por milhão.

Nem todo ciclo de Milankovitch produz mudanças idênticas no clima e na atmosfera da Terra, apesar de o padrão geral ser o mesmo. Mas, no ciclo mais recente, que terminou com o abrupto aquecimento de 10 a 15 mil anos atrás, o CO_2 atmosférico alcançou o pico de apenas 265 partes por milhão. Isso é, pelo menos, 15 partes por milhão menos do que teria sido o normal, indicando um período glacial de algum modo mais frio. O que aconteceu com o carbono que falta? Uma possibilidade é que uma parte dele tenha sido presa, na forma de turfa, na região que foi a Estepe dos Mamutes. Mas faltam estudos detalhados, de modo que ainda não está claro se a quantidade de carbono nas turfeiras siberianas é suficiente para explicar a discrepância. Mesmo assim, é uma possibilidade intrigante que a humanidade, mesmo quando era caçadora-coletora, possa ter sido capaz de influenciar o clima da Terra.

Na atmosfera da Terra podemos ler a relativa saúde de nosso planeta vivo. No primeiro exemplo, uma deficiência de 15 partes por milhão de CO_2 pode narrar a extinção do mamute. Qualquer que seja a causa, foi um déficit de particular importância. Como James Hansen argumentou em seu livro *Storms of My Grandchildren* (Tempestades de meus netos), o frio começo do período interglacial permitiu que os níveis do mar se estabilizassem e permanecessem estáveis por 8 mil anos.[12] E, como logo veremos, isso por sua vez permitiu o crescimento de superorganismos humanos.

8
BIOFILIA

*Um novo mandamento vos dou:
que vos ameis uns aos outros.*
(JOÃO, 13:34, BÍBLIA DO REI JAMES)

Desde a nossa saída da África, há 50 mil anos, o curso da história humana tem sido uma narrativa de destruição que aleijou um ecossistema depois do outro. O que justifica, então, a ideia de que os seres humanos têm capacidade para construir um futuro gaiano, cooperativo e sustentável? Os seres humanos que mataram o último mamute ou o último *hobbit* da Indonésia não tinham ideia de que estavam extinguindo uma espécie, e menos ainda compreendiam que estavam alterando ecossistemas, pois sua visão de mundo se estendia apenas até as fronteiras de seus clãs. Concentrar-se apenas na destruição que criaram é como compreender o cruel mecanismo da evolução sem reconhecer seu legado. Quando a fronteira humana avançava, as pessoas deixadas em sua esteira se encontravam dependentes de um ecossistema empobrecido, do qual as extinções e a desorganização haviam retirado muitos recursos. Teria sido possível que esses caçadores-coletores continuassem seu curso letal. Mas, em vez disso, na maior parte das circunstâncias, a coevolução lentamente os levou a um equilíbrio com os novos ecossistemas que tinham ajudado a criar.

Os problemas enfrentados por caçadores-coletores que tentam gerenciar seus recursos são imensos, pois eles não os controlam como o faz um fazendeiro. Afinal de contas, um bisão ou um canguru pode vagar do território de um clã para outro, e quem o matar primeiro se beneficiará. O problema de como os seres humanos gerenciaram os bens comuns (e muitos dos recursos dos caçadores-coletores são tipos de bens comuns) tem sido o estudo ao qual Elinor Ostrom, Prêmio Nobel de Economia de 2009, dedicou sua vida. Ela descobriu que, algumas vezes, os seres humanos gerenciam os bens comuns de forma sustentável e elucidou as condições sob as quais é mais provável que tenhamos sucesso. Em essência, ela diz que não há uma regra de ouro, mas que certas condições favorecem o gerenciamento bem-sucedido dos bens comuns, inclusive a capacidade de excluir forasteiros, regras claras e mutuamente concordadas sobre quem está intitulado a fazer o quê, com penalidades apropriadas para os transgressores, a capacidade de monitorar recursos e mecanismos para resolver conflitos.[1] Algumas dessas condições existiam em certas sociedades de caçadores-coletores e, para compreender como elas contribuíram para a manutenção dos ecossistemas, precisamos visitar os seres humanos como eles existiam na terra hipotética de Wallace, há muito sem mudanças. Na Austrália e nas montanhas da Nova Guiné, até tempos recentes, as culturas humanas mais antigas da Terra mudaram muito pouco em dezenas de milhares de anos.

Os aborígines australianos são amplamente conhecidos por gerenciarem suas terras usando o fogo. A prática, conhecida como agricultura de queimadas, consiste em um cuidadoso e preciso sistema de queimar, que é dirigido (entre outras coisas) a produzir recursos vegetais utilizáveis nos tempos requeridos e à manutenção dos marsupiais, importantes como alimento. Na primeira metade do século XIX, o explorador australiano Sir Thomas Mitchell viu o sistema em ação e assim comentou a respeito:

> O fogo, o capim, os cangurus e os habitantes humanos, todos parecem depender uns dos outros para sobreviver na Austrália; porque, na ausência de qualquer deles, os outros não poderiam continuar (...) os nativos

ateiam fogo ao capim em certas estações, para que plantas verdes e jovens possam subsequentemente brotar, e assim atrair os cangurus, para que possam matá-los ou capturá-los com redes. No verão, a queima do capim alto também expõe os bichos, os ninhos de pássaros, etc., dos quais se alimentam os principais queimadores do capim, as mulheres e as crianças.[2]

Através da utilização do fogo, os aborígines se tornaram banqueiros ecológicos no ambiente australiano. O fogo consome a vegetação que a megafauna de outro modo teria comido, e assim recicla os nutrientes que as plantas possuem. Isso contribuiu para manter a biodiversidade da Austrália. Como sugere a expressão "lavoura de queimadas", o uso do fogo pelos aborígines se parece com a agricultura em alguns aspectos: produzia certas colheitas em certos tempos, eliminava ervas daninhas e era cuidadosamente controlado. Mas será que o povo aborígine possuía o tipo de controle sugerido por Ostrom, que pode levar ao bom gerenciamento dos bens comuns? O povo aborígine defende com muita firmeza as terras dos seus clãs, excluindo forasteiros ou convidando-os sob condições de garantia. Existem também regras claras sobre quem tem direito a quais recursos, e mecanismos altamente evoluídos para resolver conflitos e impor penalidades. Isso possibilitou que o povo aborígine da Austrália atuasse como a espécie-chave dos ecossistemas do continente por 45 mil anos. Quando os europeus deslocaram os aborígines, o frágil ambiente australiano entrou em colapso, tornando-se muito menos produtivo e diverso.

No entanto, há mais a dizer sobre o gerenciamento da biodiversidade nessas terras há muito imutáveis, e alguns dos exemplos mais assombrosos se referem a tabus cuja observância requer um sacrifício considerável por parte dos indivíduos e, no entanto, não traz nenhum benefício individual direto. A razão pela qual estou interessado nessas práticas é tripla: primeiro, elas informam como a evolução pela seleção natural pode resultar na cooperação; segundo, elas resultaram na preservação de espécies da megafauna de grande importância para os ecossistemas de que fazem parte;

e, terceiro, elas informam sobre a forma pela qual a evolução cultural e a evolução física, trabalhando juntas, podem proporcionar os meios para que os seres humanos nutram os ecossistemas que os mantêm.

O povo Telefol habita o centro da ilha de Nova Guiné. Como os aborígines da Austrália, pratica rituais de iniciação que asseguram condições cada vez melhores aos homens mais velhos. O mais antigo deles terá passado por seis de tais iniciações, todas elas realizadas em uma casa de culto que os Telefol acreditam ser o umbigo do universo. Para chegarem à aldeia e à casa de culto, os homens devem passar por um bosque sagrado de pinheiros nativos, que é protegido pelo mais estrito tabu. Eu caminhei pelo bosque com os Telefol e notei que eles não perturbam nem uma simples folha. Vários tipos de aves-do-paraíso habitam o bosque, e os machos mais espalhafatosos se reúnem ali, exibindo seus ornamentos em completa impunidade.

Outros tabus dos Telefol protegem criaturas vulneráveis bem longe da aldeia. Um dos mais intrigantes envolve a equidna-de-bico-longo. Parente do ornitorrinco, esse grande mamífero ovíparo está coberto de espinhos e fuça nas florestas musgosas, alimentando-se de minhocas, que localiza pelo olfato e possivelmente por um sensor eletromagnético na sua tromba. Uma vez encontrado na Austrália e na Nova Guiné, tornou-se extinto por toda parte, exceto nas montanhas da Nova Guiné, há mais de 40 mil anos. Pesando até 16 quilogramas, e com quase 1 metro de comprimento, é uma criatura indefesa, que se reproduz lentamente e pode viver até cinquenta anos. Como sua carne é a mais gordurosa e saborosa de todos os animais na Nova Guiné, até mesmo populações humanas modestas seriam suficientes para exterminá-lo completamente. No entanto, não faz muito tempo ele era abundante perto das aldeias na terra dos Telefol, pois os caçadores Telefol se recusavam a atacá-lo.

Quando lhes perguntei sobre sua relutância em caçar equidnas-de-bico-longo, eles me contaram uma história sobre Afek, sua ancestral. Afek teve quatro filhos: um marsupial parecido com o gambá, conhecido como o *cuscus* do solo, um rato, um ser humano e uma equidna-de-bico-

-longo. Este último era a menina dos olhos de sua mãe. Ela o amava mais que aos outros, mas a fumaça do fogo irritava seus olhos fracos, e Afek lhe disse com tristeza que ele deveria deixar a casa familiar para viver na floresta musgosa, onde o ar era mais limpo. Quando o equidna partiu, Afek advertiu aos outros filhos que nunca deveriam, sob quaisquer circunstâncias, ferir seu irmão, pois se o fizessem um desastre cairia sobre os Telefol. Até os anos 1950, os caçadores Telefol achavam impensável ferir uma equidna-de-bico-longo. Mas um missionário batista chegou à região e ensinou aos Telefol que as crenças de seus ancestrais eram obra do demônio. Em um breve espaço de tempo, os equidnas simplesmente deixaram de existir na região.

Vale a pena enfatizar como teria sido fácil, para um caçador Telefol nos tempos pré-missionários, matar uma equidna-de-bico-longo sem que ninguém ficasse sabendo. Os homens Telefol com frequência caçam sozinhos, e podem acampar por dias no interior da região, consumindo carne na medida em que avançam, antes de regressarem a suas casas com rações defumadas para a família. Ninguém saberia se eles tivessem comido carne de equidna. Por que os caçadores não trapaceavam? A razão, creio eu, é o poder da crença. Os Telefol não tinham dúvida de que matar um equidna atrairia o desastre sobre todo o clã. A prévia abundância de equidnas indica que essa crença era tão forte que raramente as pessoas a testavam, se é que alguma vez o fizeram.

Tradições que protegem várias espécies animais eram extraordinariamente disseminadas na Australásia. Na área de Popondetta, no sudeste da Nova Guiné, por exemplo, as pessoas se recusavam a ferir as tartarugas-marinhas — uma excelente fonte de alimento — na crença de que eram espíritos malignos que poderiam buscar vingança. Na Nova Guiné e em Queensland, cumes de montanhas inteiros eram tabus, proporcionando refúgio para espécies que enfrentavam o risco de extinção em outros lugares. Em toda a Australásia, os animais sagrados locais, tais como morcegos, pássaros, peixes ou caça grossa, eram estritamente protegidos. Como as extinções na esteira da colonização mostram com demasiada frequência, muitas de tais espécies são extremamente vulneráveis à caça. Além disso, muitas eram espécies-chave, cuja extinção causou uma cascata de mudanças nos ecossistemas, as quais reduziram a biodiversidade e a produtividade, o que, em última instância, afeta as sociedades humanas que dependem desses ecossistemas.

Para proteger espécies tão importantes, as pessoas fazem verdadeiros sacrifícios, pois a proteína animal é quase sempre escassa nessas sociedades. No entanto, a sobrevivência de espécies parecidas à equidna-de-bico-longo indica que as pessoas o vêm fazendo por milhares, se não dezenas de milhares de anos. Tais práticas parecem inteiramente contrárias a qualquer noção de sobrevivência do mais apto ou às nossas destrutivas naturezas medeianas. Como então elas puderam se originar?

Um aspecto notável das sociedades que compartilham tais práticas é que elas mostram respeito pelos mais velhos do clã, reservando alimentos especiais para seu uso exclusivo. Isso é especialmente verdade para os Telefol, e, geralmente, quanto maior e mais rara a criatura, mais restrito é o seu consumo. Estive uma vez em um acampamento na montanha, com uma dúzia de indivíduos Telefol, quando um canguru das árvores foi capturado. Os cangurus-arborícolas são os maiores marsupiais que se pode encontrar nas terras dos Telefol, e são capturas extremamente prestigiosas. Sua carne foi devidamente cozinhada, e, quando um prato dela me foi servido, fiquei atônito ao ver que ninguém mais o estava comendo. Um homem explicou-me que não havia no acampamento um Telefol suficientemente velho para compartilhar aquele alimento. De fato, só havia dois homens, em toda a região, qualificados para comer aquele tipo de comida, e ambos residiam em uma aldeia distante. O resto da comida seria levado a eles. Mas eu, como um não Telefol, estava isento do tabu. O fato de, como forasteiro, eu não estar sujeito ao tabu, indica que sua significação existe somente nas relações entre os Telefol. Também ilustra como tais crenças são frágeis. No caso das equidnas-de-bico-longo, alguns Telefol recém-batizados, que ainda mostravam-se reticentes quanto a comer os animais, iam mesmo assim capturá-los vivos e vendê-los para forasteiros que viviam no posto da missão.

Alguns anos atrás, eu discuti essa questão com Jared Diamond, que perguntou se a carne da equidna-de-bico-longo poderia ser tão prestigiosa que, talvez desde alguma idade de ouro dos Telefol, ninguém teria possuído suficiente condição para comê-la? Afinal de contas, os Telefol não seriam os únicos a acreditarem em uma era de ouro na qual os líderes eram mais nobres e sábios do que qualquer um que vivesse hoje em dia. A ideia faz muito sentido. Em todas as instâncias que conheço, é a espécie de maior tamanho (e assim a mais prestigiosa) que é reservada para os mais velhos, e assim preservada. Pode ser que a espécie de maior prestígio tenha, simplesmente, emigrado do menu.

Existiram paralelos entre essas práticas e a conservação da natureza na Europa e na China. Um dos meios mais importantes de preservar a vida selvagem nessas regiões tem sido a reserva real de caça, que equivalia a pouco mais que uma loja de alimentos e uma área de recreação reservadas para os mais respeitados membros da sociedade. Cidadãos das sociedades democráticas de hoje poderiam arrepiar-se ao pensar em tais instituições — elas trazem à mente a desigualdade social e a imagem de um nobre desfrutando de seu esporte enquanto as massas morrem de fome. Vale a pena lembrar, no entanto, que, na medida em que o poder foi transferido dos nobres para o povo, as reservas de caça tornaram-se parques nacionais ou áreas verdes, usufruídos por toda a sociedade. De fato, os grandes parques públicos do centro de Londres já foram, no passado, reservas reais de caça.

De todas as reservas reais de caça da Europa, a mais significativa da perspectiva de conservação da biodiversidade foi sem dúvida a floresta de Bialowieza, na fronteira polonesa com Belarus. Famosa como último refúgio do bisão-europeu (um parente do búfalo-americano), a floresta de Bialowieza ilustra, de modo mais pungente que nenhuma outra reserva, o papel vital que tais lugares desempenharam. Há 2 mil anos, o bisão era o mais abundante de todos os grandes mamíferos da Eurásia, com rebanhos espalhados da Inglaterra à Sibéria Oriental. Mas, por volta de mil anos atrás, os bisões desapareceram da Europa Ocidental e, apesar da teórica proteção que receberam na Europa Oriental, como propriedade da nobreza, seu declínio foi incessante.

O bisão-da-floresta de Bialowieza fora protegido por decreto real desde 1538, mas o colapso da lei e da ordem que acompanhou a Primeira Guerra Mundial tornou tal proteção inútil. O exército alemão ocupou a área em 1915 e, em poucos meses, quase duzentos bisões já tinham sido mortos para servirem de alimento às tropas. Apesar de ter sido emitida uma ordem para protegê-los, a carnificina continuou e, apenas um mês antes que o exército polonês recapturasse a área, em fevereiro de 1919, o último bisão selvagem foi morto e comido. Depois desta catástrofe, não houve mais bisões selvagens sobre a face da Terra. Hoje existem mais de 3 mil bisões em reservas e zoológicos — todos descendentes de apenas 12 indivíduos que tinham sido colocados em cativeiro. Em 1951, bisões criados em zoológicos foram reintroduzidos na floresta de Bialowieza e, com ajuda humana, estão lentamente recolonizando seu reino ancestral. Rebanhos livres agora vagueiam nas reservas, da Eslováquia até a Rússia.

A China tem sua própria história de sobrevivência da megafauna em reservas reais de caça. O cervo-do-Père-David tem cascos adaptados, que lhe permitem mover-se com velocidade pelos pântanos. Habitante das férteis e densamente povoadas planícies costeiras, o último indivíduo selvagem da espécie foi morto perto do mar Amarelo em 1939, e ali a espécie poderia ter acabado, não fosse por uma iniciativa de um imperador chinês. Muitos anos antes, ele estabelecera uma população deles no parque imperial de caça (Nan Hai-tsu), perto de Pequim. Esse grande parque era rodeado por uma cerca de 72 quilômetros e a entrada estritamente vedada ao público.

No dia 17 de maio de 1865, o missionário francês Père David convenceu os guardas para que o deixassem dar uma olhada por cima da cerca. Para seu assombro, ele viu um rebanho de cervos de um tipo até então desconhecido. Vários pares foram então obtidos como presentes diplomáticos e enviados à Europa. Por volta de 1900, com a destruição da cerca pelas inundações e pela convulsão política, todos os cervos do parque tinham morrido. Apenas algumas dezenas de descendentes dos presentes diplomáticos originais sobreviveram na Europa, e diretores de zoológicos decidiram mandar todos os 18 animais férteis para o parque do duque de Bedford, em Woburn Abbey, na Inglaterra. Apenas um cervo macho e cinco fêmeas finalmente procriaram, e uns meros cinquenta de seus descendentes sobreviveram à Primeira Guerra Mundial. Em 1956, quatro indivíduos foram devolvidos ao Zoológico de Pequim e, em 1986, outros 22 foram devolvidos e soltos no mesmo parque imperial que havia abrigado a espécie por tanto tempo. Subsequentemente, um rebanho selvagem se recompôs na região em que o último animal selvagem tinha sido visto.

Dessas práticas surgiu um sistema de parques e reservas que são vitais para a proteção da biodiversidade. Na verdade, quase todo grande mamífero selvagem que vive sobre a face da Terra, hoje em dia, deve sua sobrevivência ao impulso humano de preservar mais que destruir, tornando plausível que o tipo de autocontrole praticado por tanto tempo pelos caçadores da Nova Guiné é tudo que impede sua desaparição. Outra razão pela qual creio que tais práticas são relevantes para nós é que elas nos ensinam que o respeito pela natureza e o respeito por nossos semelhantes, os seres humanos, estão inextricavelmente entrelaçados. No mundo de hoje, a ruptura social — em particular, os conflitos advindos da pobreza e da desigualdade de oportunidades — é a maior ameaça à sobrevivência dos últimos representantes da megafauna, tais como os rinocerontes e os elefantes.

Mas essas práticas antigas podem ensinar-nos algo mais: que os povos abençoados com ecossistemas diversos e saudáveis provavelmente resistirão e prosperarão. Digo isso porque os ambientes com espécies-chave intactas são mais produtivos e, portanto, um melhor habitat para os seres humanos. Quando os grupos humanos entram em conflito, aqueles que são provenientes de um melhor habitat, que são mais bem alimentados e abrigados, têm maior probabilidade de prevalecer. Não se sabe o suficiente da história das sociedades da Nova Guiné para testar essa ideia de maneira conclusiva, mas é interessante que os Telefol sejam um povo muito bem-sucedido — tendo colonizado vales adjacentes através da guerra nos tempos pré-coloniais — e que, hoje em dia, continuem exercendo uma poderosa influência regional.

Muitas práticas de culturas tradicionais atuam no sentido de fortalecer a função do ecossistema. Na América do Norte, por exemplo, os caçadores muitas vezes poupavam alguns castores de cada toca que descobriam. Quando os ancestrais dos nativos americanos, dos europeus e de outros povos primeiramente se estabeleceram em suas recém-adquiridas terras, há todos esses milhares de anos, práticas similares brotaram em todos os lados e, com muita frequência, somente quando uma nova onda da fronteira humana rolava através dessas terras é que aquelas práticas cessavam. Então, os seres humanos tinham que aprender de novo as lições de viver com a terra.

Nossas profundas necessidades de preservar a biodiversidade levaram o biólogo E.O. Wilson a postular que cada um de nós possui um amor fundamental pela natureza, que foi forjado durante o distante passado evolutivo de nossa espécie. Ele chamou a esse amor "biofilia", e delineou sua hipótese em 1984 em um livro do mesmo nome.[3] Sempre que apreciamos a natureza, a protegemos ou mesmo ajudamos uma de suas criaturas, individual, doméstica ou selvagem, Wilson vê a biofilia funcionando. Richard Dawkins, no entanto, é cético quanto a esse conceito, questionando se a evolução pela seleção natural poderia produzir tal resultado.

Quaisquer que sejam seus méritos quanto a explicar nosso relacionamento com a natureza, a hipótese da biofilia, como Wilson a delineia, proporciona uma explicação poderosamente evolucionária de algumas de nossas preferências. Tomemos nosso desejo por uma casa com um gramado verde na frente e uma vista para um lago ou tanque de água. Wilson explica que isso reflete as preferências de nossos ancestrais africanos, para os quais a grama verde curta significava a presença de grandes mamíferos de pastoreio, e um campo com vista para uma nascente significava que estavam idealmente colocados para caçar as criaturas quando estas viessem beber água. Os seres humanos que puderam ocupar e defender tais lugares foram bem-sucedidos, e suas preferências foram herdadas pelas futuras gerações.

O termo biofilia não foi cunhado por Wilson, mas pelo psicólogo social alemão Erich Fromm. Em um adendo ao seu livro *The Heart of Man*, conhecido como The Humanist Credo, Fromm assim falou sobre o conceito:

> Acredito que o homem que escolhe o progresso pode encontrar uma nova unidade através do desenvolvimento de todas suas potencialidades humanas, que se produzem em três orientações, as quais podem apresentar-se separadamente ou juntas: a biofilia, amor pela humanidade e pela natureza, a independência e a liberdade.[4]

A biofilia de Fromm nos acena com muito mais que uma mera explicação evolucionária em direção a uma nova unidade, de cada ser humano com o outro, e de todos com o todo gaiano. Talvez estejamos destinados a ser seguidores de Medeia ou de Gaia, e nunca de algo entre as duas e, se for assim, a biofilia de Fromm descreve nosso único caminho para a sobrevivência, que é na direção de um futuro no qual os seres humanos e a saúde ambiental estejam inextricavelmente interligados. Mas também reforça a importância da crença cultural. Acho intrigante que a proteção da biodiversidade exercida pelos Telefol, mesmo que, em última instância, possa ter uma explicação darwiniana, se haja concretizado pela força de uma crença — em sua ancestral Afek.

PARTE 3

DESDE QUE COMEÇOU

A AGRICULTURA

9

SUPERORGANISMOS

As formigas, como os seres humanos, podem criar civilizações sem o uso da razão.
(B. HÖLLDOBLER E E.O. WILSON, 2009)

Devemos voltar-nos agora para um aspecto crítico da evolução da vida — a aparição de um superorganismo. Esse importante evento ocorreu antes da entrada em cena da nossa própria espécie. Há algum tempo, entre 120 e 190 milhões de anos atrás, algumas baratas começaram a viver em colônias e a alimentar-se de madeira que apodrecia. Vários membros da colônia tornaram-se especializados, desempenhando certas tarefas, tais como defesa, alimentação ou reprodução, para o grupo como um todo. Algumas colônias domesticaram certos tipos de fungos e começaram a cultivar extensos jardins de fungos, dos quais a colônia se alimentava. As baratas tinham evoluído para térmitas, e o primeiro superorganismo do mundo havia nascido.

As térmitas e outros insetos sociais diferenciam-se de nós de muitas maneiras, mas, como nós, são partes de superorganismos, e continuam sendo um guia excelente para compreender as forças que dão forma às nossas sociedades. Às vezes, no entanto, a linguagem atrapalha. Dizemos que os seres humanos têm "civilizações" e, sobre os insetos, afirmamos que integram meros "superorganismos", por exemplo. Isso é apenas arrogância:

sejamos humanos ou insetos, as entidades sociais maiores assim criadas envolvem relacionamentos baseados em idênticos princípios subjacentes.

O estudo dos superorganismos começou no início do século XX. Eugene Nielen Marais foi um médico e advogado africâner que viveu por muitos anos em uma cabana solitária em Waterberg, na África do Sul. Fez amizade com um bando de babuínos, que confiavam tanto nele que Marais podia andar entre eles e tocá-los sem medo de reações. Mas seu grande interesse foi o estudo das térmitas, que abundavam na região. Seu extraordinário livro *The Soul of the White Ant* (A alma da formiga branca) explica que as colônias de térmitas são muito parecidas com o corpo humano, suas operárias e soldados funcionando como nossos glóbulos sanguíneos e seus reis e rainhas alados como nosso esperma e nossos óvulos. Marais também acreditava, porém, que era tão completa sua unicidade, sua integração, que as térmitas tinham desenvolvido uma psique que estava "muito além do alcance de nossos sentidos". Marais cometeu um grande erro em sua obra, pois acreditava que a rainha das térmitas atuava como o cérebro da colônia. Mas o erro dá ao relato de Marais uma tocante reverência. Quando, depois de centenas de tentativas, ele finalmente penetrou na câmara real sem perturbar as operárias, escreve como se houvesse removido um pedaço de crânio, descrevendo a rainha das térmitas, enorme e pulsante, como um cérebro vivo, que funciona.[1]

O conceito de superorganismo é importante para nosso entendimento da interconectividade. É emblemático da capacidade coevolutiva criar uma entidade mais competente e produtiva do que a soma de suas partes. Os superorganismos compreendem indivíduos cujo grau de integração e organização está entre o de um ecossistema e o de uma criatura multicelular como nós mesmos. Alguns tipos de organismos têm mais probabilidade que outros de transformar-se em superorganismos. Formigas, vespas e abelhas pertencem a um grupo de insetos chamado Hymenoptera, que deu origem a quase todos os superorganismos de insetos (com exceção das térmitas). Somente 2% das espécies de insetos desenvolveram superorganismos, mas estes se tornaram extraordinariamente bem-sucedidos, sendo responsáveis por 30% de toda a biomassa animal (o peso combinado de todos os animais) em algumas florestas tropicais brasileiras.[2]

Como os seres humanos, as formigas começaram como caçadoras--coletoras. De fato, o mais diverso e bem-sucedido entre todos os grupos de formigas, o das ponérides, continua a viver em pequenos bandos de caçadoras-coletoras, compostos de poucas dezenas a alguns milhares de indivíduos. Como os caçadores humanos da Idade da Pedra, que se especializaram em matar mamutes-lanosos, a maior parte das ponérides caça apenas um ou alguns tipos de presa, e tais caçadores especializados não podem, consistentemente, juntar suficiente comida para desenvolver colônias grandes e sofisticadas. No entanto, paradoxalmente, é essa mesma característica — pequenas comunidades com estruturas simples — que as ajuda a diversificar-se e a sobreviver em uma grande variedade de ambientes.

Há mais de 50 milhões de anos, algumas formigas começaram a alterar suas estratégias de caça e coleta. Em lugar de simplesmente matar e comer insetos extratores de seiva, elas aprenderam a pastoreá-los e "ordenhá-los", como nós pastoreamos e ordenhamos vacas e ovelhas. Essas formigas--pastoras tratam seus rebanhos com o maior cuidado, afastam insetos predadores e, se o fluxo de seiva do qual o rebanho depende começar a diminuir, levam os insetos a pastagens mais ricas. Durante o mau tempo, as formigas até mesmo constroem abrigos para os insetos que estão sob seu cuidado. Mais ou menos na mesma época em que essa sociedade pastoral liliputiana começava a surgir, outras formigas tomaram um caminho diferente. Aprenderam que, em vez de matar as formigas rivais, elas podiam escravizá-las. Formigas diferentes descobriram que podiam economizar a tarefa de cuidar de suas crias pondo ovos nos ninhos de outras espécies de formigas, como os cucos fazem entre os pássaros. Mais importante para a nossa história, porém, é que houve formigas que descobriram a agricultura, e a narrativa de seu trajeto evolucionário ilumina, mais claramente que qualquer outra coisa, o caminho seguido por nossa própria espécie. As formigas agricultoras são conhecidas como formigas attini, ou cortadoras de folhas, e tornaram-se bem familiares a todos nós graças aos documentários sobre a vida selvagem: a imagem de suas colunas ordenadas de operárias que carregam fragmentos de folhas como bandeiras em um desfile. As formigas attini somente são encontradas nas Américas, e foram descritas pelos especialistas em formigas Bert Hölldobler e E.O. Wilson como os "superorganismos definitivos da Terra".[3]

As formigas attini se dividem em castas — operárias, soldados e rainhas — que, como Eugene Marais descobriu, equivalem em função aos nossos órgãos. De forma muito parecida às nossas células do sangue e da pele, as formigas-operárias têm vida curta: 1 a 10% da população operária inteira morre a cada dia. Em algumas espécies, quase metade das formigas que forrageiam fora do ninho morre a cada dia. As formigas-rainha, no entanto, vivem mais e podem pôr vinte ovos a cada minuto dos dez anos que podem chegar a viver. Para continuar a analogia, as formigas-soldado são como armas ofensivas ou sistemas imunológicos. E, como nossos corpos, partes de um superorganismo de formigas são feitas de matéria não viva. Em nosso caso, são nossos esqueletos e a camada exterior morta de nossa pele, mas entre as formigas é o próprio ninho que provê estrutura e proteção.

Alguns superorganismos de insetos têm tamanho parecido com o de elefantes e baleias. Os superorganismos de uma espécie de cortadoras de folhas da América do Sul podem realizar a escavação de quarenta toneladas de terra. Tais colônias gigantes compreendem até 8 milhões de formigas, e coordenar a ação de tantos indivíduos é um dos maiores desafios do superorganismo. Como temos visto, as principais ferramentas usadas para conseguir isso são os feromônios, substâncias químicas potentes, tão penetrantes e sofisticadas que é apropriado pensar que as formigas "falam" umas com as outras através delas. Cerca de quarenta diferentes glândulas produtoras de feromônios foram descobertas nas formigas e, apesar de nenhuma espécie possuir todas as quarenta glândulas, há suficiente diversidade de sinalização para permitir as mais complexas interações. A formiga-de-fogo, por exemplo, utiliza apenas algumas glândulas para produzir seus 18 sinais de feromônios, e, no entanto, esse número, juntamente com dois sinais visuais, é suficiente para permitir o funcionamento de suas enormes e sofisticadas colônias.

Trilhas de feromônios são deixadas pelas formigas enquanto viajam e, ao longo de caminhos muito usados, elas adquirem características de uma rodovia. Na perspectiva de uma formiga, trata-se de túneis tridimensionais, de talvez um centímetro de largura, que levam à comida, a uma lixeira ou ao lar. Se você passar o dedo pela trilha de formigas que estão atacando seu pote de açúcar, poderá demonstrar como é importante a trilha de feromônios: na medida em que as formigas chegam ao corte que veio a ser feito em sua trilha, ficam confusas, dão voltas ou regressam. As substâncias químicas usadas para marcar essas trilhas são extraordinariamente potentes. Apenas um miligrama do rastro de feromônio usado por algumas espécies de formigas attini, para guiar operárias até locais de corte de folhas, é suficiente para estender uma rodovia de formigas que dê sessenta vezes a volta em torno da Terra.

Apesar de os feromônios permitirem que as colônias de formigas se conduzam de forma "inteligente", trata-se de uma inteligência de um tipo muito particular. Nenhuma formiga carrega um mapa da ordem social em sua cabeça, como nós fazemos, e não existem supervisores ou uma "casta cerebral" que regule as atividades da colônia. Em vez disso, as formigas criam força da fraqueza, ao reunirem suas capacidades individualmente limitadas em um sistema coletivo de tomada de decisões, que tem uma estranha semelhança com nossos próprios processos democráticos. Essa capacidade é mais evidente quando uma colônia de formigas tem um motivo para se mudar. Muitas formigas vivem em cavidades nas árvores ou nas pedras, e o tamanho, a temperatura, a umidade, a forma e a localização precisos das câmaras são todos extremamente importantes. Cada uma das formigas avalia novas cavidades valendo-se de uma regra de ouro, conhecida como "teorema da agulha" de Buffon. Lançando uma única trilha de feromônios através da cavidade, cada formiga vagueia pelo lugar por um período de tempo. Quanto menor a cavidade, com mais frequência cada qual cruza sua própria trilha.[4] O teorema da agulha de Buffon permite apenas uma medida grosseira do tamanho da cavidade, e algumas formigas podem escolher cavidades que sejam demasiado grandes ou demasiado pequenas. A cavidade estimada como a mais adequada pela maioria, no entanto, provavelmente será a melhor, e a forma como as formigas "contam os votos" a favor e contra uma nova cavidade é a essência da elegância e da simplicidade. A cavidade visitada pela maioria das formigas tem a trilha de feromônios mais forte conduzindo a ela, e seguindo essa trilha o superorganismo toma sua decisão coletiva. O bando de irmãs zarpa então com uma unidade de propósito, levando sua rainha gargantuesca e todos os seus ovos e crias para um novo lar, que lhes dará a melhor chance de uma vida confortável e bem-sucedida.

As colônias de formigas attini são constituídas por uma única rainha e milhões de operárias, que variam em tamanho e forma: as maiores são duzentas vezes mais pesadas que as menores. Isso permite uma sofisticada divisão do trabalho entre as operárias, que rivaliza com o tipo de especialização observado entre operários humanos em complexos estabelecimentos industriais. As formigas-operárias maiores viajam para longe do ninho, sobem nas árvores da floresta tropical, e ali cortam pedaços de folhas que deixam cair no solo. Outras formigas coletam os fragmentos cortados e os carregam para um depósito. Dali, operárias do depósito carregam os fragmentos guardados para o ninho, onde formigas menores tomam a seu cargo o processo de transformar essa matéria-prima em produtos úteis. Esse trabalho começa com operárias de tamanho médio que cortam os fragmentos de folhas em pedaços menores. Formigas ainda menores pegam esses pedaços, esmagam-nos e moldam-nos em forma de bolinhas, que formigas menores ainda plantam com filamentos de fungos. Finalmente, as menores de todas as formigas-operárias, conhecidas como mínimas, trabalham sobre essas bolinhas plantadas, capinando-as e cuidando dos fungos que crescem. Essas jardineiras diminutas e dedicadas, no entanto, conseguem saídas ocasionais, pois é sabido que caminham até o lugar onde as folhas estão sendo cortadas e obtêm uma carona de volta ao ninho sobre um fragmento de folha: seu objetivo é o de proteger, das moscas parasitas, as formigas que carregam as folhas.

Os paralelos entre as formigas e os seres humanos são notáveis pela luz que lançam sobre a natureza de algumas experiências humanas do dia a dia. No superorganismo, algumas formigas são forçadas a executar trabalhos de baixo status, e são impedidas de qualquer mobilidade social ascendente por outros membros da colônia. Operárias que cuidam do lixo, por exemplo, são confinadas à sua tarefa humilde e perigosa de remover detritos do ninho por outras formigas, que respondem agressivamente aos odores que ficam nos corpos das formigas-garis.[5] Algumas das mais fascinantes descobertas sobre superorganismos de formigas vieram de estudos sobre a quantidade de CO_2 desprendida pelas colônias. Isso é como medir a taxa de respiração nos seres humanos, pois o CO_2 dá uma indicação da quantidade de trabalho que o superorganismo está realizando. Pesquisadores descobriram que as colônias que vivem conflitos internos, entre indivíduos que buscam tornarem-se reprodutivamente dominantes, produzem mais CO_2 do que colônias tranquilas, onde a ordem social há muito já está estabelecida. Mas também descobriram que, posteriormente à remoção de uma formiga-rainha, as emissões de CO_2 de uma colônia caem abruptamente e permanecem baixas por três horas.[6] Apesar de que nem sempre é indicado antropomorfizar, parece que as formigas podem ter seus períodos de luto, da mesma forma que nós, seres humanos, fazemos quando um grande líder morre.

Apesar desses paralelos, é claro que as formigas são fundamentalmente diferentes dos seres humanos. Uma bizarra ilustração se refere ao trabalho dos agentes funerários das formigas, que reconhecem os cadáveres de formigas somente com base na presença do ácido oleico, um produto da decomposição. Quando os pesquisadores pintaram formigas vivas com o ácido, apesar do fato de estarem manifestamente vivas e passando bem, elas foram carregadas pelas agentes funerárias, em passo acelerado, para o cemitério de formigas. De fato, a não ser que as formigas pintadas se lavem meticulosamente, serão levadas repetidas vezes ao necrotério, apesar de exibirem todos os outros sinais de vida.

Uma única colônia de formigas attini tem aproximadamente o mesmo número de habitantes que a Inglaterra tinha no século XVI, mas não devemos pensar que o superorganismo humano ou o superorganismo attini contenham apenas seres humanos ou formigas. Ambos consistem de múltiplas espécies em íntima coexistência. E, como as outras espécies são "possuídas" e controladas pelas formigas ou pelos seres humanos, elas habitualmente são gerenciadas de forma sustentável. A agricultura da formiga attini, no entanto, é mais sofisticada do que muitas práticas agrícolas humanas que, afinal de contas, são mais recentes. Os fungos que as formigas cultivam, por exemplo, têm sido cuidados por elas por tanto tempo que agora não existem em nenhum outro lugar. O mesmo é verdadeiro para as bactérias especializadas que produzem fungicidas para destruir fungos concorrentes, e que são encontradas apenas em fissuras especiais, com forma de bolso, nos corpos das formigas. Em termos de sustentabilidade agrícola, as formigas fornecem um modelo invejável.

Os superorganismos de insetos continuam a evoluir. As formigas-de-fogo recentemente formaram um superorganismo que tem uma dispersão geográfica similar à disseminação de uma nação humana moderna. Esse superorganismo surgiu apenas há oito anos e, no entanto, já cobre a maior parte do sul dos Estados Unidos, somando bilhões de indivíduos. As fundadoras dessa civilização do Novo Mundo chegaram a Mobile, no Alabama, nos anos 1930, vindas de algum lugar da América do Sul. Talvez o *Mayflower* delas tenha sido um navio mercante que transportava madeira ou algum outro produto. Qualquer que seja o caso, uma vez que desembarcaram, começaram a colonizar sua nova terra com uma energia que até os peregrinos ingleses que chegaram à América achariam difícil igualar. Em cinquenta anos, sua fronteira quase havia alcançado os limites da terra habitável para elas: Virgínia ao leste e Oregon ao oeste.

Na sua terra natal, as formigas-de-fogo formam colônias discretas, com apenas uma ou algumas formigas-rainha em cada centro. Assim é como vive a maior parte das formigas, mas algo muito estranho aconteceu com as formigas-de-fogo na América do Norte. Elas desistiram de fundar colônias pelo método tradicional de enviar voos de rainhas virgens, e, em vez disso, começaram a produzir muitas pequenas rainhas, que disseminavam a colônia mais exatamente como uma ameba se espalha, ou da forma como os subúrbios estendem uma cidade, estabelecendo extensões do corpo original. Ao mesmo tempo, de modo assombroso, as formigas deixaram de defender as fronteiras da colônia contra outras formigas-de-fogo. Assim as populações de formigas se amalgamaram em uma população intercompatível espalhada através de mais de 1 milhão de quilômetros quadrados somente nos Estados Unidos.[7] Se as colônias individuais de formigas attini podem ser consideradas como análogas a pequenas nações, então as formigas-de-fogo da América do Norte se parecem com uma federação, através da qual qualquer uma das formigas poderia, teoricamente, vagar incontestada da Virgínia ao Oregon. A causa dessa notável transformação, segundo os geneticistas, foi uma mudança na frequência de um único gene, sugerindo que as mudanças de maior alcance na organização social podem ser iniciadas por causas aparentemente pequenas.

É possível que a evolução cultural humana nos esteja levando em uma direção similar? A invenção da internet, dos celulares e das viagens aéreas baratas está desafiando dramaticamente as fronteiras e capacidades dos antigos superorganismos humanos — as nações.

Quando examinada na totalidade do tempo geológico, a ascensão da humanidade, a partir das sociedades caçadoras-coletoras até a civilização do século XXI, parece instantânea, tão rápida que, em 1 milhão de anos a partir de agora, pouca ou nenhuma evidência restará dela no registro geológico. E, no entanto, nesse tempo passamos de uma população de cerca de 4 milhões para quase 7 bilhões, e de um estado de organização em que a maior unidade funcional era o clã — similar em tamanho e estrutura a um bando de leões — para outro estado, no qual nossa maior unidade funcional inclui quase todos os seres humanos sobre a Terra.

Seres do futuro, indagando-se sobre esses assombrosos eventos, poderão buscar nas formigas algumas de suas respostas, pois elas sobreviverão sem importar-se com o que nos aconteça, e em suas complexas e variadas sociedades podem ser encontradas as chaves para revelar a autodomesticação da humanidade.

10

O AGLUTINANTE DOS SUPERORGANISMOS

*Durante o tempo em que os homens vivem sem um
poder comum que os mantenha assombrados,
estão naquela condição que é chamada de guerra; e tal
guerra é de cada homem contra cada homem.*
(THOMAS HOBBES, 1651)

Um enorme campo de pesquisa, conhecido como teoria adaptativa complexa, procura explicar como elementos simples se auto-organizam em entidades complexas tais como os superorganismos. Grande parte da pesquisa é matemática em sua natureza.[1] Gostaria de concentrar-me apenas em alguns aspectos desta teoria. Temos a ideia de que a fortuna sorriu para as formigas quando elas avançaram na direção de um estatuto de superorganismo. Geralmente se entende que as formigas-operárias de uma colônia são as parentes mais próximas umas das outras e que isso contribui para uma sociedade na qual os indivíduos colocam os interesses de sua civilização antes dos próprios.

Bill Hamilton escreveu uma fórmula matemática precisa que explica isso. A regra de Hamilton mostra a circunstância em que os indivíduos provavelmente farão sacrifícios significativos por outros. Ela pode ser expressa por $C < R \times B$ (sendo C a perda reprodutiva potencial daquele que faz o sacrifício, R sendo a proximidade do relacionamento genético entre os dois, e B o benefício que o recipiente deriva).² O efeito multiplicador do parentesco é, de forma clara, criticamente importante, pois indivíduos que compartilham muitos genes em comum apresentam mais probabilidade de sacrificar-se uns pelos outros. A regra de Hamilton tem várias implicações, dizendo-nos, por exemplo, por que as formigas-operárias não se reproduzem, relegando tal função à sua rainha, e por que um pai pode, sob o risco de perder a própria vida, mergulhar no mar para salvar um filho que se afoga.

Se a regra de Hamilton fosse nossa única esperança para uma sociedade pacífica e cooperativa, seria melhor que nos enforcássemos, pois o aglutinante social que a regra propõe é tão dependente do parentesco que não é forte o suficiente para manter unida uma família humana extensa, muito menos uma sociedade multicultural. No mundo real — mesmo entre as formigas — as coisas não são tão simples como essa fórmula esplendidamente clara sugere, e, para ver o porquê, precisamos de um olhar mais atento sobre essas maravilhas de seis pernas.

Todas as formigas-operárias são fêmeas e tendem a compartilhar um grau muito alto de parentesco genético. Isso é particularmente verdadeiro entre espécies que estão nos primeiros estágios do desenvolvimento do superorganismo. Suas rainhas são estritamente monógamas — acasalando-se com um único zangão no voo nupcial (e guardando o esperma para usar a vida inteira) —, o que assegura que todas as operárias tenham o mesmo pai. As coisas são diferentes, porém, entre os superorganismos de formigas mais altamente evoluídos. As rainhas das formigas attini, por exemplo, acasalam-se com vários machos durante seu voo nupcial, e, assim, as operárias têm pais diferentes. Esse maior grau de variabilidade genética confere vantagens consideráveis à colônia, inclusive resistência a doenças e uma mais ampla variedade de comportamentos e de tipos de corpo entre as operárias, mas inevitavelmente enfraquece os vínculos elucidados pela regra de Hamilton.

Assim, a regra de Hamilton explica os primeiros estágios do desenvolvimento de superorganismos, mas não suas florações mais complexas. Por que os superorganismos avançados não entram em colapso sob a pressão de sua própria diversidade genética? Claramente deve existir outro tipo de aglutinante para os superorganismos.

É um fato notável que, apesar de sua enorme população, os seres humanos sejam uma das espécies de mamíferos mais uniformes geneticamente, havendo mais diversidade genética em uma amostragem aleatória de cinquenta chimpanzés da África Ocidental do que em todos os 7 bilhões de seres humanos.[3] Todas essas espécies geneticamente limitadas escondem uma tragédia em suas árvores genealógicas — uma escaramuça com a extinção, conhecida como engarrafamento genético, no qual a população foi reduzida a um tamanho diminuto através de muitas gerações. A experiência de proximidade da morte de nossa própria espécie, que ocorreu por volta de 70 mil anos atrás, pode ter sido causada pela erupção do vulcão Toba, no que hoje é a Indonésia. Com base em estudos sobre a erupção de 1991 do monte Pinatubo, estima-se que o Toba alterou nossa atmosfera tão dramaticamente que a temperatura média da superfície da Terra caiu 2º a 3º C, matando todos os seres humanos, exceto algo entre mil e 10 mil pares de reprodutores. Mesmo que isso não tenha reduzido nossa diversidade genética até o ponto em que a regra de Hamilton pudesse ver-nos todos cooperando com todos, seu legado em nossa cultura é claro, pois compartilhamos muitas características e muita compreensão — uma essencial noção de humanidade.

A comunidade da compreensão humana me foi apresentada quando conduzi pesquisas biológicas em partes remotas da Nova Guiné. Ocasionalmente, eu encontrava com pessoas que nunca haviam encontrado um forasteiro antes. Meus ancestrais e os deles se haviam separado pelo menos há 50 mil anos, quando cada bando de humanos saiu da África para seus destinos diferentes. No entanto, quando nos encontramos depois de cinquenta milênios de separação, compreendi imediatamente o significado do sorriso tímido no rosto do jovem que me olhava, e ele compreendeu meu aceno para que chegasse mais perto e observasse melhor o que eu estava fazendo. Havia muita magia natural nesses encontros inesquecíveis.

Frequentemente eu comia, de noite, um jantar preparado por uma viúva solitária e, ao comer, compartilhávamos a necessidade humana básica de preocupar-se uns com os outros. Quando eu fazia pantomimas para os caçadores, indicando que queria aprender sobre os animais que eles caçavam, era imediatamente compreendido. Os homens competiam uns com os outros para transmitir-me detalhes sobre as criaturas do seu mundo, imitando sons e fazendo mímica. E lentamente, na medida em que aprendíamos algumas palavras compartilhadas, essas pessoas foram aparecendo como vivas para mim, como indivíduos.

Apesar dessa comunidade, nos demos muito bem em viver como se nossa família, nosso clã ou nossa nação fosse o único grupo sobre a Terra verdadeiramente civilizado e "adequado". E acreditar nisso capacitou-nos para matar, para roubar e para mutilar os outros, sem vermos que assim prejudicávamos a nós mesmos. Nada desafia mais tal crença do que encontrar o "outro" em igualdade de condições. Existe tanta diversidade de pensamento, de costumes e de emoções em uma pequena aldeia da Nova Guiné quanto em todo o mundo, e nessa comunidade se assentam os fundamentos da nossa civilização humana universal, assim como suas esperanças por um futuro.

O aglutinante que mantém unidos os superorganismos complexos não é genético, mas social — e, no entanto, ele é reforçado por uma base genética suficientemente estreita para facultar a compreensão universal. O economista político do século XVIII Adam Smith foi quem primeiro explicou sua natureza e sua magia — magia que permitiu a prodigiosa produtividade de nossas sociedades industriais. Adam Smith a chamou de "divisão do trabalho" e, ao buscar explicá-la, pediu-nos que considerássemos a fábrica de alfinetes que lhe serviu de exemplo. Um alfinete pode ser um objeto simples, disse ele, mas sua fabricação requer até 18 operações separadas — cortar o arame, fazer ponta no alfinete, colocar a cabeça nele e assim por diante —, e, em uma grande fábrica de alfinetes, cada operação é executada por um especialista que não faz nada mais além disso. Adam Smith duvidava de que uma pessoa, trabalhando sozinha e executando todas as 18 operações, pudesse fazer vinte alfinetes em um dia. E, no entanto, ele descobriu que dez homens, especializados em apenas uma ou duas operações, podiam fazer 48 mil alfinetes por dia. Esse aumento quase milagroso da produção era visto, por Adam Smith, como a fonte definitiva de prosperidade das nações avançadas.[4] Mas as raízes da divisão do trabalho são bem mais antigas que os alfinetes. Elas chegam até nosso próprio começo como espécie.

Desde que os homens e as mulheres começaram a executar tarefas diferentes, a divisão do trabalho beneficiou nossa espécie. Permitiu que os acampamentos recebessem provisões e proteção, bem como que as crianças fossem alimentadas. Foi dado um enorme salto, há 12 mil anos ou mais, quando algum solitário, talvez, teve a ideia de trazer o primeiro lobo para seu acampamento. Podemos imaginar como deve ter sido dormir bem pela primeira vez, em segurança, sabendo que o aguçado nariz e as orelhas do lobo ouviriam antes um predador que se aproximasse, ou aconchegar-se no corpo quente e peludo quando a geada da noite descia. E o lobo? Ele também conseguia mais calor, algumas sobras de comida e participava de um bando de caça mais habilitado. A divisão de trabalho assim criada era enormemente produtiva. Um cachorro pode rastrear uma presa que nenhum ser humano tem a esperança de encontrar, mas com frequência é preciso um ser humano para agarrá-la e subjugá-la. Tais experiências nos tornaram cada vez mais civilizados e, na medida em que juntávamos uma espécie depois da outra aos ecossistemas em miniatura que constituíam nossas comunidades, descobrimos que cada criatura trazia benefícios maravilhosos, assim como uma hoste de custos ocultos.

Enquanto nossa interdependência crescia, moldávamos nossos companheiros animais para atenderem às nossas necessidades. É conveniente que os mamíferos machos levem seus testículos em uma bolsa fora de seus corpos, pois nossos ancestrais logo aprenderam a roubar o tesouro reprodutor dos machos jovens, fazendo-os engordar mais rápido. Também aprenderam a selecionar apenas os machos mais aptos e mais tratáveis para conceber a próxima geração, e assim eles modelaram cães, gatos e bois — e até mesmo criaturas cuja anatomia não era tão convenientemente conformada — no que são hoje em dia. De fato, tornamo-nos a mais poderosa das forças evolucionárias, submetendo a seleção natural aos nossos próprios fins e gerando assim criaturas que nunca haviam existido antes e que só poderiam sobreviver em um ecossistema em miniatura feito por nós mesmos.

Apesar de podermos pensar ocasionalmente em como modelamos os animais, tais como cães e ovelhas, com menos frequência nos detemos a pensar em como nós mesmos mudamos ao longo desses 10 mil anos. Mas nós nos transformamos, e de maneira notável. Arqueólogos que estudam os primeiros estágios da domesticação veem o efeito desse processo em nossos ancestrais, inclusive um firme aumento na quantidade de seres humanos e um estilo de vida ainda mais estabelecido. Mas também encontram evidências de uma suspensão no desenvolvimento da constituição física dos seres humanos, causada por uma dieta inadequada, uma terrível mortalidade e um aumento de corpos aleijados, causados por novas doenças. Deve ter levado algum tempo até que nossos ancestrais compreendessem que grãos e um pouco de carne não eram suficientes para um corpo sadio: que aquelas verduras, nozes e outras iguarias coletadas nas viagens sazonais dos nômades eram essenciais para a boa saúde. E também foi preciso tempo para que aprendessem que as cabanas deviam ser mantidas limpas e o gado alojado separadamente, se queriam evitar doenças. Sabemos, ao observar modernos caçadores-coletores que estão tentando adotar um estilo de vida moderno, o quanto tais lições são difíceis de aprender. Tanto é assim que a varíola, a catapora, o sarampo e o antraz dizimaram nossos ancestrais.[5]

Mas esses não foram os únicos custos que afetaram aqueles que desejavam beber da cornucópia que é a divisão do trabalho, pois ela também diminui nossas melhores faculdades, erodindo nossa independência individual e nossa acuidade mental. E aí encontramos um paradoxo, compartilhado com as formigas: apesar de as sociedades agrícolas serem poderosas, são compostas, quase que inteiramente, de indivíduos incompetentes.

Para que entendam isso em toda sua amplitude, comparem um dia de suas vidas com um dia na vida de um caçador-coletor, um aborígine australiano por exemplo. Ao se levantarem cada manhã, os aborígines devem encontrar e capturar sua própria comida, fazer ou reparar suas ferramentas e seus abrigos, defender e educar suas famílias. Eles são seus próprios provedores, produtores e protetores. Colocados no lugar dos aborígines, estaríamos tão perdidos como coelhinhos brancos na selva; nossa sobrevivência no mundo provavelmente se contaria em dias e não em meses.

O contrário, no entanto, não é verdadeiro. A história mostra que caçadores-coletores podem aprender qualquer trabalho que nossa sociedade oferece. Voei em um helicóptero pilotado por um guineano que nasceu em uma sociedade tradicional em que não se conhecia o metal. E a história está repleta de exemplos de nativos norte-americanos e de aborígines preparados academicamente — como John Bungaree, melhor da turma em matemática, geografia e escrita no começo do século XIX, em Sydney.[6] Existem até mesmo alguns exemplos de caçadores-coletores que tentaram a agricultura. Mas, independentemente de suas realizações, quase todos eles voltaram para sua própria cultura. A verdade é que os caçadores-coletores descobrem que a perda de liberdade, que nós rotineiramente toleramos, para eles é intolerável. As regras a que obedecemos automaticamente, para sentar-nos em um trem ou caminhar por uma rua, podem ser uma segunda natureza para os nascidos em tais camisas de força, mas, para outros, são monstruosas. E, para alguém acostumado a ser seu próprio provedor, guerreiro e aplicador da lei, nossa ronda diária é interminavelmente aborrecida.

E, no entanto, o que foi que aconteceu repetidas vezes, quando nós, frágeis dentes de engrenagem dos mecanismos das sociedades complexas, nos encontramos com os soberbamente competentes caçadores-coletores? São os fracos e incompetentes que triunfam, deixando os ossos esplendidamente fortes e bem-nutridos dos caçadores-coletores em meio ao pó.

Essa tendência para a imbecilidade civilizada deixou sua marca física em nós. É fato que cada membro do miniecossistema que criamos perdeu muita matéria cerebral. Para as cabras e os porcos, trata-se de quase um terço, quando comparados com seus ancestrais selvagens. Para cavalos, cães e gatos é um pouco menos.[7] Mas, de forma surpreendente, os seres humanos também perderam massa cerebral. Um estudo estima que os homens perderam cerca de 10% e as mulheres 14% de sua massa cerebral, quando comparados com seus ancestrais da era glacial.[8] É fácil ver por quê. O nariz aguçado do cão protege a ovelha do perigo, ao passo que o conhecimento do pastor significa que a ovelha nem mesmo pensa onde vai pastar durante o dia. E, é claro, os ossos da ovelha e outros restos liberam o cão de ter que caçar, ao passo que a carne e a pele da ovelha alimentam e abrigam o homem. Em geral, a vida de todos os membros de nosso misturado rebanho alimentar domesticado se torna tão acomodada que seus membros podem investir menos de sua energia nos cérebros e mais na reprodução e no combate às doenças.

O ponto definitivo ao qual a divisão do trabalho levou a humanidade no final do século XVIII foi bem observado por Adam Smith, que assim comentou sobre o trabalho estreito e repetitivo na fábrica de alfinetes:

> O homem cuja vida inteira é gasta em executar algumas operações simples (...) geralmente se torna tão estúpido e ignorante quanto é possível que uma criatura humana se torne. O torpor de sua mente o faz não somente incapaz de sentir prazer ou tomar parte em qualquer conversação racional, mas também de conceber qualquer sentimento generoso, nobre ou delicado... É incapaz de julgar os grandes e abrangentes interesses de seu próprio país; e, a não ser que cuidados muito particulares tenham sido tomados para fazê-lo diferente, também será incapaz de defender seu país na guerra.[9]

Embora Adam Smith possa ter exagerado, pelo menos em sua visão sombria do potencial do trabalhador de melhorar a si mesmo, sua argumentação geral serve como aviso para nós. Como escreveu Samuel Butler: "O trabalho de cada homem (...) é sempre um retrato dele próprio."[10] Se duvidam do quanto nossa civilização nos transformou em gado autodomesticado e indefeso, olhem o mundo ao seu redor. Ele parece ter perdido a sensatez? Muitas vezes é o que me parece. E com que frequência um líder visionário surge entre nós? Tão poucos líderes são verdadeiramente sábios, que parece que uma geração inteira pode passar sem que isso aconteça. Mas é claro que não precisa ser assim. Podemos desafiar a nós mesmos — abandonar nossa complacência e nosso amor pelo fácil — e assim revigorar nossas paralisadas virtudes. Isso é o que se supõe que uma boa educação deva fazer, e mesmo aqueles que tenham os trabalhos mais repetitivos podem, em suas horas de lazer, expandir suas mentes. Mas, enquanto nos sentemos em nossas casas com ar-condicionado e comamos e bebamos e nos sintamos felizes como gado confinado, sem o mais mínimo pensamento sobre as consequências de nosso consumo de água, de comida e de energia, só estaremos apressando a destruição, a longo prazo, de nossa espécie.

A divisão do trabalho produz um grande bem ao prover o aglutinante de nossa civilização. É o cimento do comércio, um processo que torna ambos os lados mais ricos do que antes, e a força que este deve suplantar é a do guerreiro, com um imperativo a ser aceito. Uma indicação da energia desse aglutinante pode ser encontrada quando nos perguntamos que recursos levam as pessoas para as metrópoles. São, é claro, elas mesmas — pois não há outro recurso válido em uma cidade – e tão poderosa é sua atração que, por centenas de anos, as cidades foram sumidouros da população, lugares onde a mortalidade, causada pelo saneamento, pelo apinhamento de gente e de prédios e pela poluição apavorantes, consumiu a corrente infindável de humanidade atraída até elas, vinda do interior mais saudável. Mas as pessoas ainda vêm e, apesar do apinhamento, dos altos preços e da poluição, continuam a vir, porque jantar na mesa da divisão do trabalho é tão valioso que vale a pena até mesmo arriscar a vida. E uma vez que nossa rendição voluntária diante das competências de outros foi tão longe, descobrimos que simplesmente não podemos existir fora de uma civilização.

A divisão do trabalho floresce onde existem paz e segurança, e periga onde reinam o crime e a luta civil. Entre formigas caçadoras-coletoras, o conflito interno pode ser incessante; mas, nas colônias gigantes de formigas attini, se desconhece a luta civil. Não nos espanta que elas tenham avançado tanto na direção da mútua interdependência que, para citar Macbeth, "recuar seria tão imprudente como seguir em frente". Suas colônias, no entanto, continuam querendo fazer a guerra contra os vizinhos, assim como continuam querendo se defender contra ataques externos. Quando examinamos a guerra e a paz nas sociedades humanas, é importante discriminar entre dois tipos de conflito: disputas internas como a agitação civil, guerras civis e a violência relacionada a crimes, e os conflitos travados com entidades externas.

Nas sociedades humanas avançadas, a luta interna é suprimida pelo Estado, que reserva para si o direito à violência. Mas, enquanto a humanidade permanecer dividida em blocos de poder que competem entre si, conflitos entre esses blocos continuarão a ter curso. E, quanto mais blocos de poder existirem, mais crônico será o estado de guerra. Assim, é impossível mapear a busca da humanidade pela paz e pela guerra sem referências ao tamanho e complexidade das entidades políticas envolvidas. Antes da revolução agrícola, todos viviam em clãs do tamanho de famílias, cada um deles liderado por um adulto macho ou por um grupo de homens, e eram eles que administravam justiça. Mas, por volta do século XVIII, os clãs se haviam unido em centenas de nações e países menores, o maior deles com apenas dezenas de milhões de habitantes, e, na metade do século XX, quase toda a humanidade alinhava-se em dois blocos opostos, e cada um deles tinha o poder de destruir o planeta.

O que sabemos de guerras e conflitos em sociedades baseadas em clãs? Em um âmbito anedótico, um passeio por qualquer museu nos dará alguma ideia. Recentemente visitei o Museu Nacional Dinamarquês, onde dúzias de esqueletos de povos neolíticos estão em exibição. Quase todos eles, ao que parecia, fossem machos ou fêmeas, adultos ou crianças, tinham recebido um golpe na cabeça, e alguns tinham sido escalpelados.

As ferramentas usadas para os golpes e para os escalpelamentos estavam por todos os lados. De fato, as armas foram, invariavelmente, as mais ornamentadas e amorosamente confeccionadas peças de conjunto produzidas pelas culturas antigas. O biólogo evolucionista norte-americano Samuel Bowles sistematizou essa resposta impressionante, reunindo evidências de violência física nos túmulos antigos (tanto de agricultores como de caçadores-coletores), assim como de grupos sobreviventes de caçadores-coletores. Dos esqueletos escavados dos túmulos, até 46% mostravam sinais de morte violenta, e a vida em meio a outras sociedades de caçadores-coletores, ao que parece, dificilmente era menos severa. Entre o povo Ache do leste do Paraguai, por exemplo, 30% das mortes ocorreram como resultado da violência na guerra, ao passo que, entre os Hiwi da Venezuela e da Colômbia, 17% morreram da mesma forma. Entre os Tiwi, um grupo aborígine da Austrália Setentrional, o total era de 4%.[11]

Sociedades de caçadores-coletores não têm polícia nem prisões e, em algumas delas, existem poucos bens que possam ser apropriados através de multas. Como resultado disso, não há meios para punir transgressores, exceto o banimento (que enfraquece o clã como um todo) ou o castigo corporal. Esses resultados de aumento da violência podem ser vislumbrados através das observações feitas quando sociedades letradas encontraram caçadores-coletores pela primeira vez. Poucas são mais detalhadas e descritivas do que aquelas concernentes à população aborígine da área de Sydney, quando com ela travam o primeiro contato, no final do século XVIII. Watkin Tench, um tenente dos fuzileiros, escreveu sobre Gooreedeeana:

> Ela pertencia à tribo de Cameragal e raramente ficava entre nós. Um dia, no entanto, ela entrou em minha casa para queixar-se de fome. Ela era mais bonita que todas as outras mulheres da tribo que eu já havia visto. Sua idade, ao redor de 18 anos, a firmeza, a simetria e a exuberância de seu busto poderiam tentar um pintor a copiar seus encantos. (...) Eu estava tomado por uma estranha propensão de descobrir se os atrativos de

Gooreedeeana eram suficientemente poderosos para protegê-la da brutal violência com que as mulheres eram tratadas, e, quando vi que minha pergunta fora mal-entendida ou era respondida com relutância, comecei a examinar sua cabeça, a parte do corpo em que a vingança do marido geralmente aparece. Com pesar, descobri que estava coberta de contusões e desfigurada por cicatrizes. A pobre criatura, mais confiante ao perceber que eu tinha piedade dela, apontou para uma ferida imediatamente acima de seu joelho esquerdo, e disse ter sido feita com uma lança, atirada nela por um homem que depois a arrastou de casa pela força para gratificar sua luxúria.[12]

Os homens também traziam marcas de violência física. Um dos mais fiéis amigos aborígines de Tench era Bennelong. Quando Tench o viu pela primeira vez, em dezembro de 1789, ele tinha "aproximadamente 26 anos, de boa estatura e corpulento, com uma expressão corajosa e intrépida, que comunicava audácia e agressividade".[13] Alguns meses depois, Tench notou que:

> Ele havia recebido duas feridas desde que nos havia deixado, além das inúmeras que tinha antes: uma delas de lança, que havia passado pela carnadura do seu braço e a outra se revelava em uma grande cicatriz acima de seu olho esquerdo. Ambas haviam sarado, e provavelmente foram adquiridas no conflito em que havia afirmado suas pretensões sobre duas mulheres (suas novas esposas).[14]

Bennelong recebeu feridas graves outra vez em 1796, inclusive um golpe que dividiu seu lábio superior e arrancou dois dentes, e resistiu a numerosos outros lançaços e golpes antes de sua morte em 1813.

Escolhi esses exemplos, que possivelmente não são inteiramente típicos, porque eles advêm de registros individuais relativamente detalhados. Hoje em dia, poucas pessoas sofrem sequer uma fração do dano físico suportado por Bennelong ou Gooreedeeana. Na verdade, poucos morrem pela violência, mesmo nos Estados Unidos, que tanto idolatram as armas, e que têm a mais alta taxa de homicídio do mundo desenvolvido (cerca de 5,4 por 100 mil óbitos por ano).[15]

Apesar de internamente pacíficas, as nações podem engajar-se em conflitos com outras nações que são bem mais sangrentos do que qualquer coisa feita pelos caçadores-coletores. A Austrália teve um papel menor na Primeira Guerra Mundial, e, no entanto, enviou 400 mil dos seus 3 milhões de homens para lutar e, de Somme a Gallipoli, quase 60 mil australianos morreram. É um número horrendo de mortos, porém representa apenas 1% da população total da Austrália naquela época. A taxa de mortalidade na Europa também foi devastadora, mas, como disse o Bispo de Londres em 1917, se em média nove soldados britânicos morreram a cada hora durante 1915, doze bebês britânicos morreram, a cada hora, naquele mesmo ano. Em outras palavras, a mortalidade infantil permaneceu uma causa maior das mortes na Grã-Bretanha do que a violência, mesmo durante a Primeira Guerra Mundial.[16] Vocês poderiam pensar que a Segunda Guerra Mundial foi um conflito mais devastador, e, de fato, a taxa de mortalidade nas forças militares alemãs está entre as mais altas já registradas em qualquer nação desenvolvida. Se calculada com base na população da Alemanha dentro de suas fronteiras de 1937, a porcentagem de pessoas mortas diretamente no conflito militar foi de 6,2%.[17]

Mesmo que nosso mundo tenha mudado desde 1945, a destruição mutuamente assegurada continua sendo uma ameaça. O que acontecerá quando o superorganismo humano se tornar global? Apesar de ser difícil determinar causa e efeito, a tendência, na era da globalização, tem sido na direção de menos mortes na guerra. O Peace Research Institute, de Oslo (PRIO), estima que, entre 1946 e 2002, o número anual de mortos em combate, em todo o mundo, diminuiu mais de 90%. Essa descoberta tem implicações para a política de defesa, e pesquisadores dos Estados Unidos argumentaram que o número de mortos, nas décadas recentes, foi de fato cerca de três vezes mais alto do que o previsto pelo PRIO. O instituto defendeu suas estimativas, no entanto, e um estudo publicado na revista *Journal of Conflict Resolution* determinou que a equipe norte-americana estava fazendo medições diferentes daquelas do PRIO.[18] As estimativas do instituto envolvem duas questões: Quando o número de mortes em combate chegará a zero? É possível que a humanidade possa ver um fim para as guerras entre as nações?

Não podemos responder a essas perguntas sem considerar as estruturas políticas que nossa espécie desenvolveu. Na Idade da Pedra, as políticas do clã eram simples e também reconhecíveis em numerosas outras espécies de mamíferos: uma estrutura familiar, em cujo centro estava um macho dominante, uma ou várias fêmeas maduras e suas crias. As primeiras aldeias devem ter consistido de conjuntos de tais unidades. Mas o que aconteceu depois disso? A especulação sobre o progresso das sociedades humanas é, pelo menos, tão velha como *A República* de Platão, que começa delineando as características de uma sociedade ideal. Nela, afirma Platão, homens e mulheres fariam trabalhos similares, e todo o esforço reprodutivo seria feito em comum: as mulheres e as crianças não estariam presas a nenhum indivíduo masculino adulto. A razão para isso, diz Platão, é que "o Estado mais bem ordenado é aquele em que tantas pessoas quanto seja possível usem as palavras 'é meu' e 'não é meu' no mesmo sentido, sobre as mesmas coisas... O que é mais, tal Estado se parece o mais possível com um indivíduo".[19] O que Platão descreve aqui, cerca de 2.500 anos antes da ciência moderna, são os princípios segundo os quais uma colônia de formigas funciona. Platão reconheceu que a humanidade não aceitaria prontamente tal sistema, mas, em vez de desistir dele, como impraticável, Platão sugere um programa de eugenia para criar uma raça mais receptiva a esse sistema. Um bando de homens velhos, pensou Platão, poderia manipular as oportunidades de copulação de forma tão habilidosa que a população como um todo não se daria conta disso. Fazer isso, por exemplo, organizando festivais nos quais seriam dadas licenças sexuais a certos casais, se achassem que os filhos iriam promover os interesses da sociedade.

Conforme sucederam as coisas, nossa espécie encontrou outro esquema para ordenar suas sociedades — que é inteiramente hostil à solução de

Platão. Chamado de processo democrático, ele coloca o indivíduo e sua vontade à frente e o centro da questão. Platão tinha muito a dizer sobre isso — tudo sob o título de "sociedades imperfeitas" — e a democracia deve ser classificada dessa forma quando comparada às sociedades de formigas, que funcionam como peças de uma maquinaria bem lubrificada. Mas a democracia é exclusivamente adaptada à ordenação das sociedades de macacos obstinados e autocentrados. Como disse Winston Churchill:

> Muitas formas de governo foram tentadas e serão tentadas nesse mundo de pecado e infortúnio. Ninguém pretende que a democracia seja perfeita ou completamente sábia. De fato, já foi dito que a democracia é a pior forma de governo, exceto todas as outras que vêm sendo tentadas de tempos em tempos.[20]

Platão argumenta que a democracia surgiu de uma situação em que todo o poder político pertencia aos donos das terras, um sistema que chamou de "timocracia". A transição, pensou ele, surgiu quando resultado da falta de coerção sobre a busca de ficar tão rico como possível, a qual, Platão considerava, enfraquecia os ricos e fortalecia os pobres que os ricos contratavam para executar muitas tarefas em seu proveito, tais como lutar. Mas a democracia, por sua vez, acreditava Platão, deve dar lugar à tirania — pois o tirano surge como um campeão popular, e a democracia não possui os meios de refrear tais indivíduos.[21] Os tipos de democracias que existiam no mundo antigo eram muito diferentes dos da nossa era. Permitiam escravizar pessoas, e aqueles com direito a voto eram, de fato, uns poucos seletos, principalmente homens poderosos.

Somente no século XX a democracia fez jus ao seu nome, englobando todos os membros adultos de uma sociedade. E, na medida em que fez isso, promoveu um aglutinante de superorganismo mais poderoso do que nenhum antes dele — o interesse próprio. Isto porque os direitos do indivíduo estão inextricavelmente ligados com o processo democrático, e esses direitos incluem proteções para aqueles que desejem manter os benefícios de seu trabalho. Examinando a disseminação da democracia no mundo moderno, é tentador pensar que, agora, ela encontrou forças para resistir à tirania.

Mesmo que a brecha que separa Platão das democracias modernas seja larga, ela abarca apenas uma diminuta parte da história dos superorganismos humanos. Agora é tempo de nos voltarmos para o desenvolvimento dos cinco superorganismos humanos e para o que eles podem nos ensinar.

11

ASCENSÃO DO SUPERORGANISMO DEFINITIVO

*Quando a lavoura começa,
outras artes a seguem. Os agricultores, portanto,
são os fundadores da civilização humana.*
(DANIEL WEBSTER, 1840)

O que é, em essência, um superorganismo humano? Os superorganismos dos insetos resultam da expressão direta de uma herança genética. Embora nós, os seres humanos, sejamos construídos por nossos genes, nossas civilizações são construídas por ideias. Assim, no coração de um superorganismo humano está um mneme — um complexo de ideias sobre como tirar partido de outras espécies para nosso benefício — que pode ser passado adiante para nossos descendentes pela cultura. E desse modo reunimos os genes requeridos, estejam eles nos cães, no gado, nas pastagens ou em outras pessoas, para criar um ecossistema artificial em miniatura, no centro do qual muitas vezes uma cidade se desenvolve.

O crescimento de superorganismos humanos é bem mais misterioso do que a evolução de espécies individuais, ou mesmo das sociedades de insetos. As civilizações se expandem, se dividem, se imitam e entram em colapso com frequência segundo processos que parecem inexplicáveis de uma perspectiva evolucionista pura, em parte porque os temperamentos e habilidades de indivíduos dotados de poder podem ter efeitos profundos sobre o curso da história. Mesmo assim, existem regras que guiam o desenvolvimento das civilizações, e, ao se examinarem as origens da agricultura — e o que veio com ela —, é possível aprender alguma coisa sobre essas regras. Também se pode aprender muito sobre o que acontece quando um desses superorganismos entra em contato com outro.

O estímulo para que os seres humanos se fixassem à terra e começassem a plantar foi quase com certeza uma mudança no clima, um salto do imprevisível e hostil clima da era glacial para um período de notável estabilidade climática. Se esse foi, de verdade, o ingrediente mágico que semeou a civilização, isso sugere que a humanidade deve ter uma propensão inerente — frustrada, por milênios, por força de um clima adverso — a se superorganizar. Pouco se sabe sobre os pormenores do regime climático da era glacial, mas parece que suas vicissitudes devem ter sido tão grandes, e suas oscilações tão perigosas, que era muito arriscado para nossos ancestrais estabelecer-se em um único lugar e depender de colheitas para o fornecimento anual de comida. Eles se viam, portanto, forçados a mover-se continuamente, carregando com eles suas ferramentas, enquanto exploravam um recurso após o outro.

A agricultura surgiu de forma independente em cinco regiões: o Crescente Fértil (um arco de terra que se estende da Turquia ao Irã), a Ásia Oriental, a América do Sul, a América do Norte e a Nova Guiné.[1] Podemos pensar que cada qual dessas regiões deu origem a um superorganismo humano distinto, que, presume-se, começou com alguns experimentos de semeadura e colheitas bem como de domesticação de animais. Com o passar do tempo, na medida em que a agricultura se espalhou, novos animais e novas plantas foram incorporados às práticas agrícolas e de criação, e variantes locais de tipos já domesticados foram acrescentadas. Assim foi, por exemplo, que as variedades europeia e indiana de gado chegaram aos rebanhos australianos.

O desenvolvimento agrícola primitivo mais surpreendente é com certeza o da Nova Guiné. No livro *Armas, germes e aço*, publicado em 1997, Jared Diamond afirmou não poder estar seguro de que, na Nova Guiné, a origem da agricultura se fizera de modo verdadeiramente independente, porque, quando ele escreveu o livro, os tipos de safras cultivados no passado ainda eram desconhecidos. Em tempos mais recentes, porém, foram identificados: inhame e banana.[2] Estudos mais atualizados também demonstraram que o superorganismo guineano é um dos mais antigos, remontando a mais de 10 mil anos. Também é, de forma indiscutível, o mais produtivo, ao proporcionar uma base de recursos para a mais alta densidade de população rural do mundo — 1.614 pessoas por quilômetro quadrado.[3]

O inhame é um cultivo de raízes muito nutritivas, com folhas de "orelhas de elefante". Cresce em pântanos, e para plantá-lo é preciso apenas cortar o topo verde e enfiá-lo em um solo alagado. A qualidade dos tubérculos de inhame varia muito — alguns são demasiado adstringentes para serem comidos, ao passo que outros são deliciosos. Posso imaginar uma mulher (de forma quase invariável são as mulheres que coletam plantas e cuidam de hortas) que selecionou o topo frondoso de um tubérculo de inhame particularmente delicioso que fora desfrutado por sua família na noite anterior e que gastou apenas alguns segundos para, no dia seguinte, colocá-lo de novo no solo. Quando ela e sua família retornassem àquele lugar meses depois, haveria mais inhame para comer. Com o passar do tempo, formariam-se hortas, e as pessoas começaram a drenar as áreas demasiado alagadas para que as plantas florescessem, assim como a proteger os cultivos dos ataques de animais, como ratos e gambás, que também gostam de inhame. Sem dúvida, machados de pedras (feitos na Nova Guiné há 40 mil anos) foram usados para cortar árvores que ameaçavam dar sombra ao horto. Hoje em dia, pelo menos seiscentas variedades de inhame são cultivadas na Nova Guiné. Entre as mais apreciadas, está uma variedade avermelhada com um sublime gosto amanteigado. É tão valorizada que, na área de

Telefomin, uma pessoa pobre é conhecida como "um homem que não tem inhame vermelho".

A banana de cozinhar, no início também domesticada na Nova Guiné, não é amplamente apreciada fora dos trópicos, mas, em muitas regiões da África, da América do Sul e da Ásia, é um produto alimentício importante, que ocupa o lugar das batatas. Apesar de todo o seu valor, no entanto, nem o inhame nem a banana de cozinhar podem competir em importância global com a cana-de-açúcar. As duas espécies de cana-de-açúcar mais plantadas em todo o mundo são de origem guineanas e, ao domesticá-las primeiro, alguma alma anônima da Nova Guiné deu à humanidade seu cultivo economicamente mais valioso. E, em um mundo no limiar da revolução do biocombustível, sua importância só faz crescer, pois a cana-de-açúcar é a nossa melhor fonte de etanol.

Apesar de seu começo precoce e promissor, o superorganismo guineano não desenvolveu cidades, nem mesmo edificações de pedra. Seus membros continuaram a viver em aldeias de poucas dúzias de cabanas, com seus líderes sem se diferenciarem muito de um chefe de bando de caçadores-coletores, até a época do contato com os europeus, em 1933. E permaneceram na Idade da Pedra, apesar do fato de existirem, na ilha, montanhas inteiras de cobre, assim como ricos depósitos de ouro. Jared Diamond especula que a falta de animais domesticáveis foi uma razão importante para isso, mas não estou tão seguro. A evidência arqueológica mostra que, há 10 mil anos, os guineanos tinham como prática introduzir pequenos cangurus e gambás em ilhas que não tinham animais de caça, e, para fazerem isso, devem ter, pelo menos, dado início a um processo de domesticação. Até hoje, gambás mansos e cangurus-arborícolas abundam nas aldeias da Nova Guiné e, apesar de que possa haver ocorrido algum impedimento fatal para seu posterior desenvolvimento como animais domésticos, é fato conhecido que os javaneses criaram cangurus pequenos, domesticados, que foram buscar na região da Nova Guiné, para alimentação, e foi assim que os europeus primeiro conheceram esses animais.

ASCENSÃO DO SUPERORGANISMO DEFINITIVO

Os superorganismos humanos das Américas começaram muito mais tarde. Experimentos com agricultura tiveram início entre 4 mil e 5.500 mil anos atrás.[4] A batata, a batata-doce, a mandioca, o tomate e outros importantes cultivos se originaram nos vales dos Andes, na costa do Peru e, talvez, na adjacente Amazônia. As lhamas e os porquinhos-da-índia também foram domesticados nesses lugares. O milho, o feijão e a abóbora, entre outros, foram cultivados pela primeira vez no que hoje são o México e a América Central, ao passo que um segundo foco de agricultura, que envolvia diferentes cultivos, tais como o girassol, registrou-se no que agora é o leste dos Estados Unidos. Este foco, no entanto, desenvolveu-se apenas há cerca de 2.500 anos, de maneira que é possível que a ideia da agricultura se houvesse difundido por ali a partir do México.

Ambos os superorganismos, tanto o norte-americano como o sul-americano, deram origem a sociedades hierárquicas sofisticadas, que construíram cidades, inventaram a metalurgia e fizeram outras descobertas — todas em sincronia, o que, na verdade, é notável, já que não há evidência alguma de que esses agricultores e construtores tivessem algum contato entre si. As cidades foram construídas por volta de 2.900 anos atrás em Norte Chico, na costa do Peru, e há cerca de 2.700 anos em Tikul, no México central. Há 2.800 anos, a metalurgia era praticada no que hoje são o leste do México e a costa peruana. Há quinhentos anos, grandes impérios se formaram, contando com cidades de porte impressionante como suas capitais. Esse desenvolvimento paralelo é intrigante, e pode assinalar algo ainda não compreendido sobre os avanços e o modo de desenvolvimento de um superorganismo.

Apesar de toda a sua glória, as civilizações do Novo Mundo parecem haver compartilhado uma característica que não era de bom agouro. Os brotos que se tornaram suas grandes florações culturais estavam destinados a murchar, e muitas dessas cidades tiveram vida relativamente curta. Embora uma explicação completa disso permaneça elusiva, é provável que as condições climáticas particulares da América do Norte, com suas flutuações extremas, quando combinadas com uma base de recursos limitada, tenham se mostrado um fator-chave.[5]

Os outros dois superorganismos humanos se estabeleceram na Eurásia. A Eurásia é, de longe, a maior massa de terra do mundo, com imensos 54 milhões de quilômetros quadrados, e tinha conexão por terra com a África, o que compreende 30 milhões de quilômetros quadrados adicionais. Podemos pensar que essa massa de terra consistia de três férteis penínsulas — a Europa e o Oriente Médio, a Índia, e a Ásia Oriental — que são, de forma imperfeita, separadas por planícies hostis, por montanhas e por desertos. Os dois superorganismos que se estabeleceram ali — o do Crescente Fértil e o da Ásia Oriental — estavam localizados nas extremidades opostas dessa vasta terra.

O arroz e o milhete tinham sido domesticados há 9.500 anos no vale do Yangtzé e no nordeste da Ásia, onde aldeias permanentes se haviam constituído há cerca de 7 mil anos e, por volta de 4.100 anos atrás, cidades se desenvolviam e a metalurgia era conhecida. O centro do superorganismo da Ásia Oriental sempre foi a China. Cedo em sua história, no período dito "de primavera e outono", cerca de 2.491 a 2.732 anos atrás, a região que hoje é a China abrigou centenas de Estados independentes. Desde o estabelecimento da dinastia Qin (221 a.C.), contudo, prevaleceu a tendência ao domínio de uma unidade política única. Há cerca de setecentos anos, a China tornou-se o maior e mais próspero país sobre a face da Terra e, em um século, tinha desenvolvido capacidade naval para atingir a África. Pouco depois disso, no entanto, pelo capricho de um imperador, a China voltou-se para si mesma, abandonou sua marinha e, assim, sua rede de contatos com várias áreas do globo.

A China foi o ponto de origem de algumas das invenções mais importantes da humanidade, inclusive a pólvora, a imprensa, a bússola e os altos-fornos para fundir o ferro. Esses avanços revolucionaram a guerra e o comércio, e, por volta de mil anos atrás, tinham proporcionado à China o papel-moeda, os canhões, as minas terrestres e marítimas e os foguetes militares. Séculos depois, quando essas inovações chegaram à Europa, exerceram impacto dramático. Sir Francis Bacon escreveu sobre elas:

> A imprensa, a pólvora e a bússola: essas três mudaram toda a face do mundo e o estado de coisas em todo o globo; a primeira na literatura, a segunda na guerra, a terceira na navegação; daí vieram mudanças inumeráveis, de tal modo que nenhum império, nenhuma seita, nenhuma estrela parece ter tido mais força e exercido maior influência nos assuntos humanos que essas descobertas mecânicas.[6]

O Crescente Fértil é o lar do superorganismo mais antigo da humanidade, com evidências da domesticação de cães, que remontam a mais de 12 mil anos, e do cultivo de centeio, já por volta de 11 mil anos atrás. As cidades (a mais antiga é Jericó) datam de aproximadamente 11.500 anos atrás, e a metalurgia praticava-se há 5.600 anos.[7]

Ao longo de 8 mil anos desde sua origem, o superorganismo do Crescente Fértil se ramificou e espalhou até os mais longínquos recantos da Europa, assinalando-se sua presença na África, na Índia e, ao leste, na Eurásia, tão longe como nos oásis da Rota da Seda no deserto de Taklamakan. Enquanto se expandia, floresceu nas civilizações da Mesopotâmia, do Egito e da cultura Harappan, no que hoje é a Índia, assim como na Grécia clássica, para mencionar apenas algumas. Esses avanços culturais muitas vezes coincidiram no tempo e deram lugar a trocas, sinergias e conquistas. Mas foi apenas ao redor de 2 mil anos atrás que surgiu uma cultura que era, sob alguns aspectos, reconhecidamente moderna e que chegaria a ocupar a maior parte do Crescente Fértil. Era o Império Romano, e vale a pena examiná-lo brevemente, pois representa um parâmetro para o mundo moderno.

As maravilhas da engenharia de Roma capturam nossa imaginação. As Termas de Caracala — com seus imensos domos e fachadas de vidro, sua água quente e fria, suas bibliotecas, seus restaurantes e outros entretenimentos — não têm equivalente no mundo moderno. E, até o século XX, nem o teve o Coliseu, que comportava 70 mil pessoas sentadas, nem o *Circus Maximus*, com sua capacidade de receber um quarto de milhão de pessoas. Dos aquedutos de Roma ao seu sistema rodoviário, às maravilhas de elegância como o Panteão, as realizações dessa civilização continuam a assombrar-nos. Mais surpreendente ainda, porém, é a natureza tão contemporânea de muitos aspectos da vida romana.

No seu auge, Roma abrigava 1,5 milhão de pessoas, e, no entanto, tinha menos de 2 mil casas. A maior parte dos romanos vivia nos 46 mil blocos de apartamentos da cidade, as *insulae*. Isso fez de Roma uma cidade vertical, cuja densidade não tinha paralelo no mundo antigo, assemelhando-se antes a cidades como a Nova York do final do século XIX ou do início do século XX. O imperador Augusto decretou que as *insulae* não se elevassem a mais de 21 metros de altura (cerca de sete andares), mas infrações ao regulamento eram comuns. Ninguém sabe a altura da famosa *Insula Felicles*, mas, a julgar por relatos contemporâneos, era o Empire State Building da época. Na ausência de elevadores ou de água encanada para os andares mais altos, as vivendas mais desejadas nas *insulae* ficavam no térreo ou no primeiro andar.[8]

As taxas de mortalidade em Roma eram altas e, como nas cidades do início da Europa moderna, era necessária uma imigração constante para manter o nível da população. Africanos, egípcios, europeus do norte e do sul e pessoas do Oriente Médio podiam ser vistos todos os dias nas ruas de Roma. O quão dominantes eles se tornaram fica evidenciado por uma pesquisa de nomes dos habitantes de Roma, segundo a qual mais de 60% dos nomes eram de origem grega e não latina. O idioma grego estava muito disseminado — os portadores de nomes gregos podiam ser originários de qualquer canto do que hoje é a Grécia, a Síria, a Turquia, o Iraque e terras adjacentes. O fato de que pelo menos seis (e talvez tantos como oito) de cada dez habitantes de Roma vinham de fora da península itálica revela um grau de multiculturalismo jamais igualado até os tempos modernos.

ASCENSÃO DO SUPERORGANISMO DEFINITIVO

Outro aspecto surpreendente do Império Romano era a disponibilidade de alimentos fast-food. Havia uma *popina* (quiosque de fast-food) por quase todos os cantos em Pompeia e Herculano, e, ao que parece, também na cidade de Roma. Também moderna era a igualdade de sexos. Há cerca de 2 mil anos, as mulheres de Roma — em particular as mulheres das famílias da elite — estavam capacitadas para herdar bens, propriedades e dinheiro, e para divorciar-se de seus maridos com relativa facilidade. Houve tendência a que cada vez mais os casais coabitassem por amor, muitos deles sem preocupar-se de maneira alguma com o casamento formal. Houve até mesmo uma severa queda na taxa de nascimentos, na medida em que as mulheres assumiram o controle de sua própria fertilidade.[9]

Havia, no entanto, aspectos da vida romana que nos parecem estranhos. Tratava-se de uma sociedade escravagista, e a selvageria dos jogos no Coliseu é lendária. Contudo, sustento que é a nossa tecnologia que nos afasta dos romanos nesse aspecto. Abominamos a escravidão sobre bases morais, mas as funções que eram desempenhadas pelos escravizados são, com frequência, desempenhadas hoje em dia por máquinas, e mal nos curamos do hábito de nos deixarmos fascinar pelo sangue. Em vez de vermos a coisa ao vivo, apenas a simulamos e a difundimos pela televisão e no cinema. Pode haver uma razão evolucionária para esse fascínio. Os pássaros se agrupam quando um deles é capturado por um falcão. Talvez estejamos predispostos pela genética a observar tais coisas a uma distância segura, porque podemos aprender a evitar destino similar.

Roma exerce sobre nós uma magia particular porque sugere que, quando as civilizações humanas se desenvolvem até chegarem a um nível particular de complexidade e sofisticação, tendem a convergir em certas formas principais. Asseguram muitos privilégios a seus cidadãos, até mesmo aos escravizados, sem diferença de sexo; são, por característica, multiculturais e têm alta densidade de população; desenvolvem um tipo de aglutinação cultural pelo mínimo denominador comum, baseado em fast-food e entretenimento populista. Também apresentam notável capacidade para suportar mudanças no topo da pirâmide social. Governantes podem ir e vir, mas o superorganismo continuará: seu inimigo é a redução de recursos: seu calcanhar de aquiles é a interrupção do fluxo de energia, seja de alimentos, de petróleo ou de água.

Roma sofreu uma crise quando os bárbaros cristianizados, liderados por Alarico, o godo, sitiaram a cidade. Pouco tempo antes tornada cristã (as práticas pagãs haviam sido banidas apenas vinte anos antes), Roma teve abalado seu suprimento de alimentos. Nenhum superorganismo pode suportar, por longo tempo, tal diminuição de recursos, e a enfraquecida cidade foi saqueada. Outros saques se seguiriam e, no ano 439 da Era Cristã, o suprimento de trigo originário do norte da África foi cortado de forma permanente. Por volta de 530 d.C., depois de interromper-se o funcionamento dos aquedutos da cidade, Roma, que em seu apogeu tinha 1,5 milhão de moradores, viu-se reduzida a uma população de apenas 15 mil habitantes.[10]

Apesar do colapso definitivo de Roma, alguns aspectos da civilização romana nunca desapareceram. Sua língua e suas leis, por exemplo, sobreviveram de várias formas. Mas a grande infraestrutura — as estradas, os sistemas de abastecimento de água e a integrada capacidade de obtenção de recursos que eles facilitavam — não se manteve. Nenhuma instituição comparável voltaria a surgir: nem o Sacro Império Romano Germânico nem as conquistas de Napoleão se parecem, em escala e longevidade, com o Império Romano. De fato, só com a criação da União Europeia (UE) em 1993, uma instituição política de porte similar e sustentável veio a se estabelecer na Europa. No seu auge, Roma, é claro, era muito maior que a União Europeia e cobria vastas áreas da África e do Oriente Médio. Não fica claro por que levou tanto tempo para que uma instituição política de alcance similar viesse a se restabelecer. Mas a experiência deve lembrar-nos que, se formos bastante insensatos para deixarmos que nossa civilização global se destrua, não devemos contar com uma recuperação rápida.

Um fator que foi se tornando cada vez mais importante no desenvolvimento das civilizações do Crescente Fértil foi sua interconexão com a Ásia Oriental. Os superorganismos humanos podem assimilar bens e ideias uns dos outros e, quase sempre, a transferência mútua de tais ideias é muito benéfica. Mesmo antes dos tempos de Roma, bens e ideias eram comercializados ao longo da Rota da Seda e através dos mares que separavam as civilizações. Cravos-da-índia originários das Molucas (a oeste da Nova Guiné), por exemplo, chegavam até a Síria há 4 mil anos. Apesar desse comércio precoce, até os relatos de Marco Polo e de outros viajantes, tais como Ibn Battuta, não havia um conhecimento real, em nenhum dos dois superorganismos, da existência do outro. Mas, com o passar do tempo, as ideias viajariam com mais rapidez ainda. O livro de Galileu *O mensageiro das estrelas*, que descreve características dos céus vistas através de seu telescópio, foi publicado na Europa em 1610. Apenas cinco anos mais tarde, estava disponível na China, em tradução para o idioma chinês.[11] Essa conexão parcial contrasta com o isolamento das civilizações das Américas e da Nova Guiné, que haveria de ter um custo terrível quando as civilizações do Crescente Fértil chegaram às costas da América.

Na época de Colombo, os superorganismos americanos estavam em pleno florescimento. A cidade asteca de Tenochtitlán abrigava cerca de 200 mil habitantes, e talvez mais 1 milhão de pessoas viviam no vale circundante. Era uma grande metrópole, construída no meio de um lago, com três pontes que a unia às margens. O espanhol Bernal Díaz del Castillo fazia parte do exército conquistador de Cortez. Único europeu a deixar um relato, em primeira mão, da conquista, ele registrou impressões de quando os espanhóis avistaram pela primeira vez a cidade, em novembro de 1519:

> Não sabíamos o que dizer, ou se era real o que víamos diante de nossos olhos. Do lado da terra havia grandes cidades, e, sobre o lago, muitas mais. O lago estava repleto de canoas (...). Alguns de nossos soldados haviam estado em (...) Constantinopla, em Roma, em toda a Itália, mas nenhum havia visto nada parecido à magnificência do México.[12]

Como Jared Diamond relatou de forma memorável, foram as armas, os germes e o aço que causaram a destruição daquela cidade e, na verdade, de todas as civilizações do Novo Mundo. Tão grande foi a escala de devastação liberada, que nunca mais se repetiu em toda a história colonial europeia. Em um período de seis meses desde o início do sítio espanhol à cidade de Tenochtitlán, no começo de 1521, um terço dos habitantes morreu, a maior parte de doença. No total, estima-se que doenças como a varíola mataram entre 90 e 95% da população do Novo Mundo.[13]

Apesar de a devastação ter sido tão desigual nesse choque de civilizações, o intercâmbio que a ela se seguiu enriqueceu o mundo inteiro. A batata tornou-se o alimento mais importante na maior parte da Europa e sustentava uma população que só aumentava, ao passo que, na Ásia Oriental, a batata-doce tornou-se um importante cultivo em terras demasiado pobres para o plantio do arroz. E, nas Américas, a reintrodução do cavalo (depois de sua extinção naquele continente 13 mil anos antes) e do gado bovino revolucionaria os cultivos do Novo Mundo. No entanto, mais importante em uma perspectiva global foi o fato de que, em apenas algumas décadas, as civilizações do Crescente Fértil anexaram 40 milhões de quilômetros quadrados de terra. Isso representa 28% de toda a superfície habitável da Terra, e a parte mais fértil e rica em recursos. A grande expansão colonial da Europa havia começado.

A conquista das Américas marca um momento decisivo no destino dos cinco superorganismos humanos. Dois deles — o da América do Norte e o da América do Sul — foram vencidos e incorporados ao do Crescente Fértil, e a riqueza assim adquirida haveria de se mostrar fundamental para alimentar a expansão posterior. Mas também foi importante a disseminação da ideia de que os europeus podiam colonizar terras distantes e esperar sucesso. Por volta do século XIX, grande parte da região ocupada pelas civilizações da Ásia Oriental também havia sido colonizada pelas civilizações do Crescente Fértil. Apenas o diminuto superorganismo da Nova Guiné permaneceria intocado, escondido em sua fortaleza montanhosa, até 1935.

Ao mesmo tempo, mudanças importantes se produziam nas civilizações do Crescente Fértil. O patenteamento da máquina a vapor melhorada, em 1775, lançou os fundamentos para a exploração de combustíveis fósseis e abriu assim vastas reservas de novas energias. Nos Estados Unidos, os industriais aperfeiçoavam meios para otimizar a produção de suas fábricas, introduziam inovações como as peças intercambiáveis, a linha de produção e a produção em massa. E a natureza da política também mudava. Com o estabelecimento da primeira república moderna nos Estados Unidos, em 1788, um monarca depois do outro foram destronados. Por volta de 1917, as monarquias absolutistas e discricionárias haviam desaparecido da Europa. Um sistema de governo que datava das primeiras cidades do Crescente Fértil havia sido superado, pelo menos na Europa. Do fervor da Revolução Francesa ao marxismo, proliferaram novas ideias sobre a organização da sociedade. Em conjunto, essas três revoluções — a científica, a industrial e a política — viriam a modelar-nos.

Na aurora do século XX, as nações europeias haviam reivindicado como colônias a maior parte do mundo habitável. Na África e na Eurásia, as civilizações colonizadas se mostraram mais resistentes do que as do Novo Mundo, e a dominação europeia quase sempre foi breve. O Raj britânico pode ter sido inserido artificialmente no ápice da escala social indiana, mas, abaixo dele, a Índia continuou como era há milênios. O mesmo é verdade para a maior parte da África ou da Ásia. De modo significativo, no entanto, a colonização se mostraria um dos mananciais de uma migração que, no transcorrer do tempo, faria as capitais do Ocidente quase tão multiculturais como a Roma imperial.

Ao longo desse período, uma cultura humana global também tomava forma, e sua fonte eram os Estados Unidos. A cultura muitas vezes serve para distinguir as pessoas umas das outras, através da dieta alimentar, da vestimenta ou do comportamento. A cultura popular norte-americana teve de dar coesão a uma terra de imigrantes que vinham de todos os cantos da Terra, e, por isso, é inclusiva. Muitos aspectos dela já informam uma cultura mundial, que sem dúvida evoluirá, com variações em cada lugar, mas que carregará, de forma inevitável, uma marca de nascença indelevelmente norte-americana.

Essa breve história do superorganismo humano não estaria completa sem um relato do seu impacto acumulativo sobre o planeta. O professor William Ruddiman, da Universidade da Virgínia, esclareceu que a atmosfera da Terra proporciona um barômetro preciso e sensível daquela mudança. Ao examinar os gases preservados em bolhas de ar nos núcleos de gelo, Ruddiman demonstrou que as mudanças causadas pelos seres humanos na composição atmosférica remontam há pelo menos 8 mil anos. De acordo com o cientista, os níveis de CO_2 na atmosfera atingiram de forma natural o ponto máximo há 10 mil anos, cerca de 265 partes por milhão, antes de declinarem até 260 partes por milhão há 8 mil anos. Mas, então, ocorreu um fenômeno que não tinha sido visto em nenhum outro ciclo da era glacial — o CO_2 começou a aumentar sem pressa, até que, em 1800 d.C., estava em 280 partes por milhão. Ruddiman postula que isso ocorreu devido ao desmatamento para plantio.[14]

Ruddiman observa fenômeno similar com o metano, cuja concentração atingiu seu ponto máximo há 10 mil anos, depois declinou até cerca de 5 mil anos atrás, antes de aumentar até chegar, em 1800 d.C., a seu ponto máximo anterior. Sugere ele que isso se deveu à adoção, em todo o mundo, da agricultura do arroz com casca, que produz muito metano. A hipótese de Ruddiman vai além disso, no entanto, ao constatar a marca dos seres humanos até nas menores variações da concentração de CO_2. Uma pequena queda nos níveis de CO_2, entre 1300 e 1400, por exemplo, é vinculada por ele à peste bubônica, que devastou a população da Europa a ponto de as florestas começarem (de forma provisória) a crescer outra vez, retendo o carbono do CO_2 atmosférico na madeira.

O que a hipótese de Ruddiman nos diz é que a agricultura aumentou nosso potencial de influir sobre a dinâmica do sistema da Terra. Os caçadores-coletores só podiam afetar a atmosfera por procuração: ao exterminarem os mamutes, por exemplo. Mas a agricultura permitia que nossos ancestrais afetassem de modo direto a composição da atmosfera — ao converterem o "carbono vivo" (isto é, o carbono preso nos seres vivos) em carbono atmosférico morto em tal ritmo, que o excesso ficava registrado na atmosfera. Este é o certificado de autenticidade de um evento medeiano que corrói o tecido vivo da Terra. A capacidade de nossa espécie de infligir dano começou a aumentar, e a taxa do aumento passou a crescer.

PARTE 4
CLÍMAX TÓXICO?

PART A

CLIMAX TOXICOT

12

GUERRA CONTRA A NATUREZA

*Não faz muito tempo, parecia que a humanidade
era um câncer nesse planeta.*
(JAMES LOVELOCK, 1979)

A televisão chegou à Austrália no ano em que nasci, 1956. Cresci com a caixa no canto do quarto. Lembro com clareza dos seriados de guerra, que desapareceram de nossas telas hoje em dia. Talvez houvesse tantos porque produzi-los fosse barato. Afinal de contas, o material de guerra estava disponível por toda parte, e não havia escassez de atores que soubessem fazer seus papéis. Qualquer que fosse o caso, nós, meninos, éramos inspirados por aqueles seriados, e brincávamos de GI Joe e de japoneses, brandíamos pedaços de madeira como se fossem armas e maçãs como se fossem granadas, perguntando sem cessar a pais e tios o que eles haviam feito "na guerra".

Naquela época, com apenas 3 bilhões de seres humanos, a Terra parecia um lugar grande. Norte-americanos, canadenses e australianos festejavam uma nova e de antemão inimaginável prosperidade. Logo houve uma máquina de lavar, uma geladeira, uma televisão e um carro em quase todos os lares, e lembro-me com nitidez da alegria que a chegada de cada novo eletrodoméstico causava em minha casa. Aquela era de otimismo expressava-se de forma material no *baby boom* e na atitude do tipo "tudo pode ser feito", resumida na corrida espacial, em instituições como o Camp Century (uma enorme instalação da Guerra Fria movida a energia nuclear e escavada na calota de gelo da Groenlândia) e em projetos nacionais de construção, tais como represas e autoestradas.

Apesar de todo o brilho e a glória, porém, essa foi uma era desoladora, na qual a bomba havia decidido quem foi o mais apto, fornecendo a prova mais conclusiva do poder da ciência reducionista. O brilho e os ornamentos de uma era anterior, a exuberância do *art déco*, foram demolidos e substituídos por uma paisagem menos custosa, de severa funcionalidade, que brotou aos poucos, em quase todas as cidades da Terra. Foi uma era na qual a ecologia — destinada a tornar-se a ciência definidora do século XXI — não foi nada mais que uma obscura disciplina acadêmica. Determinados pela Guerra Fria, tanto o bloco comunista como o Ocidente atuaram como adolescentes intoxicados e armados com metralhadoras e eram tão perigosos quanto estes.

A era nuclear começou em 1905, quando um empregado de um departamento de patentes na Suíça descobriu a relação entre energia e matéria, e a expressou na eloquente equação $E = mc^2$ (E sendo a energia, m a massa, e c a velocidade da luz no vácuo). De modo resumido, a equação nos diz que uma grande quantidade de energia pode derivar de uma pequena quantidade de matéria — 25 bilhões de quilowatts de energia por quilograma, para sermos precisos. Comparem isso com os 8,5 quilowatts produzidos ao queimar-se um quilograma de carvão e poderão ver por que o átomo é atraente.[1] Apenas quarenta anos depois que Albert Einstein fez sua descoberta conceitual, a teoria tornou-se realidade, quando apenas um grama de matéria foi convertido em energia nos céus de Hiroshima. Talvez de modo bastante previsível naquela era tribal, não foi uma estação produtora de energia o que nossa espécie escolheu construir para explorar a nova forma de energia, mas uma bomba, de modo que as palavras "nuclear" e "arma" estão para sempre entrelaçadas em nosso vocabulário.

Algumas pessoas pareciam quase embriagadas com a energia nuclear. Em 1946, o zoólogo britânico Julian Huxley tornou-se o primeiro diretor-

-geral da UNESCO. Ele defendeu que, se os seres humanos usassem armas nucleares para destruir a calota de gelo do Ártico, poderíamos criar tanto um clima mais quente como novas terras habitáveis.[2] O planejamento para uma guerra atômica contra a natureza havia começado e se tornaria tão disseminado e efetivo que todos os seres humanos vivos hoje carregam traços do conflito em seus corpos.

Por volta dos anos 1950, tanto os Estados Unidos como a União Soviética tinham suficiente quantidade de armas nucleares para conseguirem contemplar a possibilidade de usar algumas para "fins pacíficos". A American Richfield Oil Corporation avaliava se a energia nuclear poderia desempenhar um papel na exploração das areias betuminosas de Alberta, no Canadá. Os executivos da companhia pensaram que, se pudessem fazer explodir uma série de bombas de dois quilotons debaixo do depósito de areias betuminosas de 30 mil quilômetros quadrados, o calor das explosões vitrificaria a areia, cobriria a cavidade assim criada com vidro, enquanto uma peculiaridade da estrutura química do alcatrão causaria sua liquefação. Quando esfriado, o alcatrão reteria sua consistência mais corredia e assim preencheria as cavidades. Trezentos bilhões de barris de petróleo cru poderiam tornar-se acessíveis pelo processo, afirmavam os especialistas, sem nenhum risco de radioatividade.[3]

John Convey, do Departamento de Energia Atômica dos Estados Unidos, era um defensor particularmente entusiasta da ideia, que via a bomba atômica como "uma nova forma de mineração", e, quando a Comissão de Energia Atômica dos Estados Unidos conduziu testes com o alcatrão — cujos resultados foram favoráveis —, parecia que a primeira operação de mineração nuclear iria adiante.[4] Mas então, em 1959, funcionários canadenses perderam a coragem. Os políticos começaram a preocupar-se com de que modo anunciar que bombas atômicas norte--americanas seriam detonadas em solo canadense, com o potencial de devastar as áreas selvagens do Canadá. O projeto chegou a um impasse.

Enquanto isso, planos bem mais ambiciosos eram propostos para a energia nuclear, que seguiam os delineamentos sugeridos no início por

Huxley. Em 1962, Harry Wexler, chefe dos serviços científicos do departamento do clima dos Estados Unidos, deu substância à proposta de Huxley ao sugerir que a arma escolhida para destruir a calota de gelo do Ártico deveria ser a bomba de hidrogênio. Dez bombas de hidrogênio "limpas", que explodissem sobre a calota de gelo, iriam, segundo Wexler, reduzir a capacidade do oceano Ártico de perder energia calorífera e assim derreter o gelo.[5] Outras propostas para destruir a calota de gelo incluíam cobri-la com uma camada de substâncias químicas ou plantar algas nela; ambos os processos escureceriam sua superfície e, assim, conservariam o calor. Os russos, que há muito lutavam contra um clima frígido, pareciam atraídos por tais ideias, e a diretoria da Academia de Ciências da União Soviética organizou uma conferência em 1959, em Moscou, para discutir como o gelo poderia ser derretido, e duas conferências subsequentes realizaram-se em Leningrado no começo dos anos 1960.

O decano da destruição da calota polar foi o engenheiro russo de petróleo e gás Petr Mikhailovich Borisov, que publicou seu abrangente plano em um pequeno livro. Depois de uma longa experiência de trabalho no extremo norte, Borisov chegara a acreditar que derreter a calota de gelo ártica traria incontáveis benefícios à humanidade. Afirmava ele que a navegação aumentaria, assim como as chuvas no Saara, ao passo que a tundra se tornaria arável. E a elevação dos mares não era nada para preocupar-se: o derretimento da calota de gelo da Groenlândia, assegurava Borisov, causaria apenas uma elevação de um ou dois milímetros por ano. No núcleo da proposta de Borisov estava a ideia de "dar origem a uma Corrente do Golfo Polar",[6] o que seria conseguido através de obras de engenharia sofisticadas, inclusive a construção de um imenso dique sobre o estreito de Bering. A água quente fluiria na direção do Ártico e a água fria na direção oposta, e o efeito total seria a eliminação do gelo. Borisov concluiu que, se uma quantidade suficiente de água fosse movida desta maneira, a Terra poderia retornar ao estado quente que caracterizou a era dos dinossauros, quando havia, segundo ele, pouca diferença de temperatura entre o equador e os polos. Borisov estimou o custo da proposta em uns meros 24 bilhões de rublos, que poderiam ser bancados por um consórcio global dos países beneficiados. A parte dos Estados Unidos era de 100 bilhões de dólares, o que, segundo Borisov, "significava que as verbas para melhorar o clima global eram razoáveis".[7]

Esses insanos esforços de geoengenharia mostraram estar além da capacidade da humanidade, mas tal era nosso amor pela bomba que pelo menos quinhentas armas nucleares foram detonadas na atmosfera. A energia e a radiação liberadas excediam com frequência todas as estimativas, e alguns desses "testes" eram extraordinariamente crus, poluidores e descuidados — como os ensaios britânicos levados a cabo na Austrália Central, nos anos 1950, uma história de embeber plutônio em óleo diesel e detoná-lo. Tal foi o impacto geral dessas atividades que, pela metade dos anos 1960, a radiação tinha já alterado a atmosfera da Terra de modo notável. Havia agora muito mais carbono-14 no ar. As explosões liberaram partículas atômicas conhecidas como nêutrons que colidiam com átomos de nitrogênio na atmosfera e os transformavam em carbono-14, um isótopo pesado do carbono (um isótopo é um tipo diferente de átomo do mesmo elemento químico) com oito nêutrons, em vez de seis, no núcleo.

Em condições normais, apenas uma parte por trilhão do carbono atmosférico é carbono-14, mas, por volta dos anos 1960, o efeito de acumulação era tão grande que esse número havia duplicado. Apesar do carbono-14 agora haver declinado, evidências de seus altos níveis ainda podem ser detectadas. As plantas usam o carbono para construir seus tecidos e não discriminam entre o carbono-12 (o mais comum dos isótopos do carbono) e o carbono-14. Qualquer organismo que estava vivo nos anos 1950 e 1960 incorporou o excesso de carbono-14 em seus tecidos. As árvores, por exemplo, que possuem anéis de crescimento, têm excesso de carbono-14 nos anéis relativos a esse período.

Em 2005, o biólogo sueco Jonas Frisen decidiu que o excesso de carbono-14, presente nos anos 1950 e 1960, poderia ser útil para determinar o quanto podem viver as células do cérebro de um indivíduo. Se as células do cérebro de pessoas nascidas nos anos 1950 contivessem carbono-14, isso seria evidência de que essas células foram criadas por volta da época do nascimento. No entanto, se as células tivessem menos carbono-14, então poderiam ter se originado em tempos mais recentes, demonstrando com isso que as células do cérebro podem se regenerar.

Resultou da experiência que as células tiradas do neocórtex (as partes ligadas à memória, à fala e à linguagem, entre outras coisas) eram tão velhas como as próprias pessoas e forneciam evidências de que porções principais de seus cérebros não haviam produzido células novas desde o nascimento. Assim, qualquer pessoa nascida nos anos 1950, 1960 ou 1970 carrega um legado nuclear permanente em seus cérebros — na forma de excesso de carbono-14 — que foi criado durante a era dos testes nucleares.[8] Apesar de não haver efeitos conhecidos nocivos à saúde, é uma impressionante ilustração de quão invasivas podem ser as consequências do nosso caso de amor com o átomo.

Assim como um médico pode usar radioisótopos (átomos com um núcleo instável, que produzem radiação enquanto decaem) para determinar as funções internas de nosso corpo, assim também os cientistas podem acompanhar as substâncias radioativas enquanto fluem pelo sistema gaiano. O que eles encontram levanta a questão de quão próximas estiveram as armas nucleares de lançar uma dose fatal de radiação sobre a Terra.

Nunca saberemos com certeza, mas chegou-se a alguma ideia do impacto maciço dos testes nucleares dos anos 1950 e 1960 quando os pesquisadores traçaram o destino de partículas radioativas diminutas e de vida curta criadas durante o derretimento do reator de Chernobyl. No início, as partículas foram injetadas bem alto na estratosfera, onde fortes ventos as transportaram em volta da Terra em apenas 15 a 25 dias. Então, na medida em que afundavam na atmosfera, atingiram a superfície dos oceanos. Os pesquisadores haviam previsto que as partículas ficariam na superfície por vários meses; pensaram que as partículas, por serem pequenas, levariam muito tempo para afundar. De forma inexplicável, no entanto, as partículas se desvaneceram quase no instante de atingir os oceanos. Os pesquisadores analisaram toda a coluna de água em vão.

Apenas quando examinaram pepinos-do-mar, que viviam a profundidades de quase três quilômetros, no solo do oceano, é que encontraram o que procuravam. As partículas tinham chegado ao fundo do oceano e tinham sido ingeridas pelos pepinos-do-mar, menos de uma semana depois de haverem atingido a água.

O trânsito rápido das partículas radioativas só foi explicado quando os pesquisadores começaram a examinar o papel que desempenham o plâncton e o krill. Esses organismos formam a base da cadeia alimentar. Passam a noite alimentando-se de diminutas plantas unicelulares e de outras criaturas na superfície do mar. No entanto, é demasiado perigoso para eles ficarem ali à luz do dia, de modo que, ao amanhecer, retornam às profundezas. As algas absorveram e concentraram as partículas radioativas e, quando foram consumidas pelo krill, a radiação se concentrou outra vez. O krill defeca apenas quando atinge águas profundas, calmas, e seus grãos fecais, enriquecidos de elementos radioativos, desceram com rapidez até o fundo do mar. Lá os esperavam os pepinos-do-mar, que são os sistemas finais de eliminação do lixo no poço coletor das profundezas do oceano.

O nível de radioatividade mais alto jamais registrado em um ser vivo foi detectado em um krill. Depois do acidente de Chernobyl, cientistas que mediam a chuva radioativa no mar Mediterrâneo descobriram que o hepatopâncreas (uma espécie de fígado e pâncreas combinados) de um camarão conhecido como *Gennadas valens* continha polônio-210 em uma concentração de 856 picocuries por grama (um picocurie é um trilionésimo de um curie, que é uma medida de radioatividade). O polônio-210 foi utilizado para matar o dissidente russo e especialista em contraterrorismo Alexander Litvinenko em 2006, e seu corpo continha tanta quantidade desse elemento que os médicos recomendaram que seu caixão não fosse aberto por 22 anos. A concentração no hepatopâncreas do camarão era ao redor de 1 milhão de vezes maior do que a que se podia detectar na água do mar ao redor dele.[9]

Durante os anos 1950 e 1960, os oceanos foram nosso terreno de despejo preferido para o lixo nuclear. O despejo supostamente terminou em 1972, quando as principais nações industriais ratificaram a Convenção de Londres, que bania o despejo de lixo altamente radioativo no mar. Mas, no final de 2008, revelou-se que o lixo nuclear gerado pelos testes britânicos na Austrália em 1978 tinha sido despejado em segredo no oceano e, como não podia deixar de ser, os russos haviam empregado por anos o oceano Ártico como sepultura para seus submarinos nucleares desativados. Dezessete reatores nucleares que uma vez proporcionaram energia a submarinos jazem no fundo do oceano Ártico, e seus elementos radioativos esperam que o tempo, a maré e a corrosão os liberem. Em 1993, a Convenção de Londres foi fortalecida, mas, já então, por volta de 1,24 milhão de curies de radiação já haviam sido despejados em 73 sítios. Só os europeus despejaram 220 mil tambores, que pesavam 142 mil toneladas, em águas do nordeste do Atlântico. Como os submarinos nucleares, os tambores que enferrujam são uma bomba-relógio ambiental.[10]

13

ASSASSINOS DE GAIA

*Um dos grandes paradoxos da condição humana
é que, apesar de sermos quase paranoicos em
nossa vigilância com relação a introduzir toxinas em
nossos corpos, somos quase insensíveis quanto à
possibilidade de envenenar nosso planeta.*
("Introdução", Silent Spring, Linda Lear)

De todas as loucuras humanas do século passado, poucas foram tão ameaçadoras para a vida na Terra quanto os programas de pulverização agrícola, que tiveram início nos anos 1940. Suas origens estão nas armas químicas produzidas pelos nazistas, especificamente os gases neurotóxicos sintetizados por Gerhard Schrader, que então trabalhava para o conglomerado da indústria química IG Farben. Schrader foi colocado à testa do esforço de guerra química nazista e, no final da guerra, havia supervisionado a criação de vastos estoques de armas químicas, tão potentes que até os nazistas temiam usá-las. No fim da guerra, as indústrias norte-americanas tiveram acesso a esses estoques, bem como à tecnologia de Schrader, e logo foi descoberto que, com uma pequena modificação, até a mais mortal das substâncias químicas poderia ser posta a trabalhar como exterminadora de pragas.

A oportunidade comercial que isso apresentava era enorme. Não apenas as companhias norte-americanas se apropriaram de anos de pesquisa subvencionadas pelos nazistas, como os aviões do tempo da guerra podiam ser adquiridos a baixo preço e pilotos treinados que quisessem continuar voando estavam disponíveis. Em outras palavras, o material necessário para outra guerra estava pronto. Só faltava um inimigo, e os alvos óbvios eram os mais antigos adversários da humanidade: os insetos que nos trazem doenças e consomem nossos cultivos. Para tornar a guerra mais lucrativa, seria necessário fazê-la tão global quanto possível e financiada pelas autoridades governamentais. O que se imaginou foi uma espécie de Solução Final, na qual as armas químicas seriam pulverizadas através dos continentes e transformariam hortas e campos em um paraíso fértil, livre de pragas e ervas daninhas. O que aconteceu foi a morte de bilhões de espectadores inocentes, inclusive milhões de seres humanos, e um mundo arruinado, que até hoje carrega um horrendo legado tóxico.

Restou para uma modesta bióloga marinha chamada Rachel Carson documentar as consequências não intencionais desse extermínio em massa. O livro que escreveu, *Silent Spring* (Primavera silenciosa), alterou o curso da história humana e sua síntese sobre a "guerra contra a natureza" nunca foi superada:

> Pequeno no começo (...) o objetivo da pulverização aérea se ampliou, e seu volume aumentou, até tornar-se o que um ecologista britânico mais recentemente chamou de "surpreendente chuva de morte" sobre a superfície da Terra. Nossa atitude em relação a venenos sofreu uma mudança sutil. Houve um tempo em que eram mantidos em contêineres, marcados com uma caveira e ossos cruzados; as infrequentes ocasiões em que eram utilizados eram assinaladas pelo máximo cuidado de que deveriam entrar em contato com o alvo e com nada mais. Com o desenvolvimento dos novos inseticidas orgânicos e a abundância de aviões excedentes depois da Segunda Guerra Mundial, tudo isso foi esquecido. Apesar de os venenos de hoje serem muito mais perigosos do que quaisquer dos que eram conhecidos antes, eles, de modo assombroso, tornaram-se algo a ser lançado dos céus de forma indiscriminada (...). Não apenas florestas e campos cultivados são fumigados, mas aldeias e cidades também.[1]

As substâncias usadas pertencem de modo predominante a duas famílias químicas: os organoclorados, dos quais o DDT é talvez o mais conhecido, e os organofosfatos, que incluem o Malathion. Eu utilizo o termo *assassinos de Gaia* para eles e para algumas outras substâncias discutidas aqui, por causa da maneira pela qual podem se espalhar pelos ecossistemas, desestabilizá-los e envenenar cadeias de alimentação inteiras. Os organoclorados incluem os "gases neurotóxicos", que atuam por igual contra insetos, soldados ou civis, e atacam o sistema nervoso. Como eles se acumulam no corpo, exposições repetidas aumentam o risco de danos severos à saúde. Ao redor de 42 mil casos de envenenamento severo por pesticidas (a maior parte deles organoclorados) são relatados a cada ano nos Estados Unidos. E ainda estamos em processo de aprender sobre possíveis vínculos entre organoclorados e doença. Por exemplo, apesar de não estar provado, acredita-se que a exposição aos organoclorados cause certos tipos de endometriose.[2]

Os organoclorados levam um tempo muito longo para degradar-se, o que significa que, uma vez fora da garrafa, estarão por perto por anos a fio. Também são voláteis, entram com rapidez na atmosfera e assim se espalham de forma ampla por grandes distâncias. Como não podem ser dissolvidos em água, mas são dissolvidos com facilidade em gordura, uma vez que penetram um corpo vivo tendem a permanecer ali e a acumular-se em tecidos gordurosos tais como o cérebro e os órgãos reprodutores. Essas características também significam que suas concentrações aumentam quanto mais se sobe na cadeia alimentar. Esquilos podem ter concentrações baixas, mas, se um falcão comer cem esquilos, ele acumulará cem vezes mais toxina do que a que está presente em um único esquilo. Como os seres humanos estão no topo do que é, com frequência, uma longa cadeia alimentar, correm grave risco com tais compostos. Existem poucos meios de remover essas substâncias químicas de nossos corpos, mas um caminho surgiu quando os pesquisadores descobriram que as mulheres de forma geral apresentam menos concentrações que os homens. Isso pareceu ser uma boa notícia, até que os pesquisadores entenderam que as toxinas estavam presentes no leite materno e que as mães eliminavam os organoclorados de seus corpos ao passá-los para seus bebês.

Os gases neurotóxicos funcionam ao interferir na maneira pela qual o cálcio é usado no corpo. O cálcio é essencial para permitir que as células nervosas se comuniquem umas com as outras, mas também é utilizado para construir ossos e as cascas de ovos dos pássaros. O organoclorado DDT tem um impacto catastrófico sobre a reprodução dos pássaros: os indivíduos afetados por ele produzem cascas de ovos tão finas que os ovos são esmagados pela mãe ao chocá-los. Foi a falha de reprodução das aves, disseminada de forma ampla, que alertou os cientistas sobre o potencial dos organoclorados de assassinar Gaia.

A segunda família de agentes da guerra química são os organofosfatos. Comparados com os obstinados organoclorados, eles têm a virtude de romper-se com relativa facilidade. No entanto, são bem mais tóxicos que os organoclorados — quantidades diminutas podem causar a morte. Muitos foram usados em guerras: o Sarin é talvez o mais conhecido. O contato com inseticidas à base de organofosfatos permanece uma das mais frequentes causas de envenenamento em todo o mundo, e, nas áreas rurais, tais substâncias químicas são, com frequência, ingeridas como forma de suicídio.

Uma apreciação do que ocorreu nos dias da pulverização aérea pode ser obtida através de um incidente documentado com algum detalhe por Carson.[3] Ela relatou que, em 1959, a área de Detroit foi fumigada com Aldrin, o mais mortal organoclorado disponível na época, escolhido só porque era a opção mais barata. O alvo da campanha era uma criatura conhecida como besouro-japonês, que vive em roseiras, resedás, uvas e algumas outras plantas, a quem se creditavam danos menores a jardins e cultivos estimados em torno de 10 milhões de dólares por ano. Por ocasião da campanha, o besouro já estava na área de Detroit há trinta anos, mas era tão raro que um conhecido naturalista de Michigan comentou: "Ainda estou por ver um único besouro-japonês, fora os poucos capturados em armadilhas do governo em Detroit."[4] É difícil resistir à ideia de que o nome do besouro o transformou em alvo ideal dessa nova guerra. Qualquer que fosse o caso, os fumigadores trabalharam com entusiasmo e espalharam tanto a toxina que ela caía do céu como neve e tinha que ser varrida de varandas e pátios.

Horas depois do ataque, o telefone da Detroit Audubon Society, entidade protetora de aves, tocava sem parar. A secretária da sociedade, sra. Ann Boyes, recebeu uma chamada de uma mulher que relatou ter encontrado grande número de pássaros mortos ou moribundos em seu caminho da igreja para casa. Outra não viu nenhum pássaro vivo, mas encontrou uma dúzia deles mortos em seu quintal, assim como esquilos mortos. Cães e gatos adoeceram, e um interno de um hospital local relatou haver tratado em rápida sucessão quatro pessoas que se queixavam de náusea, vômitos, calafrios, tosse e fadiga extrema — todos sintomas de envenenamento por organoclorado. As autoridades que tinham ordenado a pulverização pareciam incomodadas com essas queixas de velhas senhoras e outras pessoas sensíveis. O secretário de saúde afirmou que os pássaros "devem ter sido mortos por algum outro tipo de fumigação", enquanto funcionários asseguraram à população que a "poeira é inofensiva para os seres humanos e não causará dano às plantas ou aos animais de estimação".[5]

Para termos uma noção da abrangência do ataque sobre a natureza lançado naquela ocasião, temos de imaginar eventos como esse, repetidos dezenas de milhares de vezes, por décadas, em todo o território dos Estados Unidos, Canadá e Europa. Algumas vezes, a guerra não era dirigida a pragas de insetos. Em 1959, fazendeiros do sul de Indiana, ao terem conhecimento de que aquelas substâncias químicas eram tóxicas para os pássaros, deliberadamente fumigaram o organofosfato Parathion de forma direta sobre estorninhos e melros que faziam seus ninhos, e mataram 65 mil deles.[6] Incentivada por uma demanda de aparência interminável, a escala de produção de tais substâncias químicas cresceu. Por volta de 1960, cerca de 290 milhões de quilogramas saíam das indústrias químicas dos Estados Unidos a cada ano, constituindo duzentos compostos químicos diferentes, e eram aplicados "quase que de forma universal em fazendas, hortas, florestas e lares". De acordo com um especialista citado por Carson, a quantidade de Parathion utilizada a cada ano naquela época, apenas na Califórnia, era suficiente para matar de cinco a dez vezes a população humana do mundo inteiro.[7]

Como as toxinas se espalham com rapidez e são acumulativas, nenhum ecossistema escapou à sua influência. As vias aquáticas eram vulneráveis de modo particular. Arroios em áreas mais industrializadas foram esvaziados em sua totalidade de peixes e outras formas de vida. Essa foi a época da morte do Tamisa, em Londres, do Yarra, em Melbourne, do Cuyahoga, em Ohio, e de muitos outros rios que foram transformados em esgotos industriais porque tiveram o azar de fluir através de um centro de "civilização" industrializada. Até mesmo rios com relativa limpidez, como o Miramichi, em Nova Brunswick, não escaparam. No final dos anos 1950, lagartas de abeto foram detectadas nas florestas da área, e a fumigação contra elas devastou a rota do salmão da região. No entanto, nem o governo nem as corporações envolvidas mostraram a menor preocupação. Eles continuaram a emitir declarações tranquilizadoras e a repudiar os relatórios de danos como se fossem queixas de amantes da natureza que eram contra o progresso.

No entanto, alguns dedicados naturalistas coletavam evidências das consequências, a longo prazo, do uso de inseticidas. Charles Broley era um banqueiro aposentado de Winnipeg. O que quer que tenha realizado em sua carreira no mundo das finanças há muito foi esquecido, mas seu interesse apaixonado por um hobby proporcionou-lhe um lugar na história. Broley era fascinado pelo pássaro mais majestoso da América, a águia-de-cabeça-branca, e já havia colocado anéis, por uma década, em águias jovens, nos seus ninhos na Flórida, antes de os inseticidas se tornarem de uso comum. Broley registrou que, antes de 1947, colocava anéis em uma média de 150 águias jovens, em 125 ninhos, a cada ano. Por volta de 1958, no entanto, teve que procurar em 160 quilômetros de costa antes de colocar um anel na única águia que encontrou naquele ano. Ao longo da década em questão, o uso de organoclorados tornara-se disseminado e, como as águias estão no ápice da cadeia alimentar, tornaram-se o depósito derradeiro das substâncias químicas. Os pássaros doentes sofreram comprometimento severo da fertilidade e, se conseguiam conceber, punham ovos com cascas tão finas que se quebravam antes que os filhotes fossem chocados. Broley havia flagrado a espécie no ato de desaparecer dos 48 estados continentais dos Estados Unidos. De forma trágica, ele não viveu para ver o regresso delas, pois morreu em 1959. Apenas uma década depois, a águia-de-cabeça-branca alcançou seu nadir, e temeu-se que poderia desaparecer de forma total da região.[8] Graças a pessoas como Broley e Carson, no entanto, ela teve uma segunda chance. Depois da proibição do uso do DDT em 1973, a espécie começou a recuperar-se. No dia 28 de junho de 2007, o US Interior Department a removeu da lista de espécies em risco de extinção, e a águia-careca, como também é conhecida, tornou-se uma das poucas espécies a recuperar-se dessa situação. Cada vez que vejo um desses magníficos pássaros, empoleirado ao lado de um rio ou planando a grande altura, sinto esperança em um mundo melhor.

Talvez o mais assombroso aspecto dessa guerra contra a natureza tenha sido o fracasso de forma manifesta ao não atingirem seu objetivo, pois as pragas tornavam-se mais abundantes do que nunca. Decerto, seu número decrescia logo depois da fumigação, mas esta matava igualmente seus predadores, e, como os insetos eram pequenos e se reproduziam com rapidez, sua quantidade aumentava muito antes que a dos predadores. Pior que isso, elas viriam a adquirir imunidade à fumigação de forma acelerada. Já em 1959, mais de cem importantes espécies de pragas de insetos davam sinais de resistência às toxinas. E os seres humanos responderam com fumigações repetidas das substâncias químicas em concentrações mais altas, que, é claro, só pioraram o problema.

Muito antes do desenvolvimento dos organoclorados, fazendeiros e entomólogos inteligentes já sabiam a solução para a infestação de pragas. Sempre que as pragas eram introduzidas, vindas de outras partes, valia a pena introduzir seus predadores também. Aumentar a saúde dos ecossistemas alternando os plantios, plantar culturas associadas que ajudavam os predadores ou detinham as pestes, e ter tolerância com níveis baixos de pragas eram — todos esses procedimentos — parte de um método de controle, por tentativa e erro que evitava a guerra contra a natureza. O problema é que as grandes empresas químicas não ganhavam dinheiro com isso. Com a ilusão de uma solução rápida e permanente, as companhias de pesticidas nos colocaram em um curso cataclísmico.

Silent Spring foi publicado em 1962, mas só em 1973 os Estados Unidos proibiram a fabricação de alguns dos mais perigosos organoclorados. Hoje em dia, os organoclorados, juntamente com os organofosfatos, continuam a ser utilizados em muitos países em desenvolvimento. Embora exista alguma justificativa para o uso restrito de tais substâncias químicas, a situação em muitas instâncias parece estar tão ruim (se não pior) no mundo em desenvolvimento de hoje do que o era na América do Norte dos anos 1950. Em 2007, o número global de seres humanos mortos ao longo do ano por envenenamento com inseticidas era de quase 220 mil, e cerca de 3 milhões haviam sofrido exposição severa, mas não fatal, a maior parte dos quais no mundo em desenvolvimento.[9] Aqueles que vivem no Ocidente não estão protegidos contra o mau uso dessas substâncias químicas. Basta você olhar as etiquetas que indicam a origem das frutas e dos vegetais em seu supermercado. A verdade é que, apesar de todas as nossas precauções domésticas, estamos todos conectados de forma inextricável, através das redes de alimentos, de outras mercadorias comerciadas e da nossa atmosfera. Qualquer infortúnio que atinja uma parte da Terra será, de maneira inevitável, sentido de forma amplificada.

Existe outra razão, no entanto, para que não nos sintamos a salvo dos tóxicos anos 1950 e 1960. Muitas das substâncias químicas fumigadas naquela época têm estado guardadas na íntegra em nossos corpos por todos os anos subsequentes e são inamovíveis até o momento da nossa morte. Mesmo que você tenha nascido em décadas posteriores, ainda assim é provável que seu corpo contenha algumas dessas substâncias, absorvidas através do leite de sua mãe. As altas taxas de alguns cânceres, em comunidades rurais, podem ter sua origem nas fumigações de cinquenta anos atrás, assim como a diminuição da fertilidade masculina, tal como foi documentada na Dinamarca, que conservou dados precisos dessa pouco estudada área da saúde humana.

Na Dinamarca, em 1940, a ejaculação humana média consistia em 3,4 mililitros de sêmen com 113 milhões de espermatozoides por mililitro. Por volta de 1990, porém, o volume havia declinado para apenas 2,75 mililitros e a concentração de espermatozoides para 66 milhões por mililitro. Tais números poderiam resultar do fato de os dinamarqueses terem mais relações sexuais em anos recentes, mas, como essas reduções são acompanhadas de outras mudanças, parece mais provável que seja um genuíno declínio por causas ambientais. A taxa de câncer testicular aumentou, na Dinamarca, até cinco vezes mais que a taxa da Finlândia, onde há notoriamente menos agricultura.[10] Este não é, ao que tudo indica, um problema apenas dinamarquês. Alguns pesquisadores sustentam que declínios similares ocorreram em muitos países, mas não foram detectados.

Os organoclorados e os organofosfatos não são os únicos assassinos de Gaia. Desde os anos 1940 até os anos 1970, bifenilos policlorados (PCBs) foram usados indiscriminadamente na indústria. Hoje em dia, eles viraram manchete, sobretudo quando velhas instalações industriais são recicladas, pois são muito persistentes e podem permanecer no solo por décadas, séculos ou talvez por mais tempo. O uso dessas substâncias químicas tóxicas era predominante, de modo particular, na indústria eletrônica, mas elas também foram utilizadas como refrigerantes e lubrificantes, como conservantes de pesticidas e na fabricação de papel copiativo sem carbono.

Sabia-se, desde o princípio, que os PCBs mostraram todos os indícios de serem compostos perigosamente tóxicos. São solúveis em gordura e óleos, são absorvidos com rapidez e de forma direta pela pele e são muito estáveis — tentativas de quebrar sua composição molecular com frequência resultam em subprodutos ainda mais tóxicos. Já em 1937, a Harvard School of Public Health hospedou uma conferência sobre os perigos dos PCBs, conhecidos o suficiente naquela época para que uma revista importante de química publicasse um artigo, que os chamava de "objetavelmente tóxicos".[11] Apesar dos avisos, o uso dos PCBs continuou irrestrito, até que o congresso norte-americano proibiu sua produção em território nacional em 1977. Hoje sabemos que os PCBs são carcinogênicos virulentos, que também causam danos ao fígado, que resultam em pobre desenvolvimento cognitivo nas crianças e engendram desordens reprodutivas e malformações de nascença, entre os quais órgãos sexuais pouco desenvolvidos e intersexualidade.

O que torna os PCBs assassinos de Gaia quase arquetípicos é sua capacidade de evaporar com rapidez e entrar assim na atmosfera. Uma vez no ar, são transportados de maneira rápida por todo o globo. Como os oceanos cobrem 70% do nosso planeta, a maior parte dos PCBs termina por cair na água. Em 1971, um relatório da US National Academy of Sciences (Academia Nacional de Ciências dos Estados Unidos) assinalou que, no período de um ano depois de sua fabricação, um quarto dos PCBs terminaria nos oceanos. Esse efeito foi descoberto, de forma acidental, quando os cientistas que estudavam o fitoplâncton verificaram reprodução e metabolismo anormais das amostras em suas garrafas. Afinal, compreenderam que as tampas de látex das garrafas liberavam quantidades quase despercebidas de PCBs nas amostras de dez litros de água que continham. Experimentos subsequentes de laboratório mostraram que partes pequenas, da ordem de uma por 1 bilhão, diminuem pela metade a reprodução das algas e de outras plantas marinhas. Há suficientes concentrações da toxina nas algas selvagens, em todo o mundo, para que os especialistas afirmem "acreditar que tais níveis devem afetar a biota marinha".[12]

O impacto total dos PCBs nos oceanos nunca será conhecido, porque eles se disseminaram muito antes de poderem ser realizados estudos de base que revelassem como eram as coisas antes que eles chegassem. No entanto, aparecem evidências de sérios impactos, mesmo em oceanos remotos; ursos-polares e baleias vieram a padecer dos mesmos tipos de malformações de nascença que os PCBs induzem em seres humanos, inclusive características de ambos os sexos e outras malformações genitais.

É provável que o menos conhecido, porém mais devastador, impacto dos PCBs ocorra nas profundezas dos oceanos. Como os PCBs se concentram nas algas, e se tornam mais concentrados no krill, os níveis alcançados nas fezes do krill podem ser 1,5 milhão de vezes mais altos do que nas águas da superfície do mar. As fezes do krill afundam rapidamente até o solo do oceano, e tão poucos sedimentos caem nas profundezas que as fezes são enterradas a uma taxa de apenas um milímetro por mil anos. Isso significa que as substâncias químicas permanecem disponíveis para seres vivos por milhares de anos.[13]

Mais substâncias químicas de uso disseminado são identificadas como potencialmente tóxicas a cada ano. Dos polifluoretos de alquila ao bisfenol A, do hexabromociclododecano ao fosfato de dibromopropil, nossos ambientes domésticos estão saturados de compostos que, agora se sabe, têm efeitos adversos. Somos, sem dúvidas, a geração mais encharcada de toxinas da história humana e, tão perigosa como qualquer toxina específica, é a carga total de toxinas em nosso ambiente o que mais conta. Nenhum grupo é tão vulnerável a essa chuva de substâncias químicas quanto os jovens. O metabolismo deles tem uma velocidade suicida enquanto crescem e dá rédea solta às toxinas para causarem dano. Em 2000, a Academia Nacional de Ciências dos Estados Unidos estimou que um quarto de todos os problemas de desenvolvimento observados em crianças "eram causados por fatores ambientais, que trabalham em combinação com uma disposição genética" e citou o aumento de bebês nascidos abaixo do peso ou prematuros, com malformações no coração, nos órgãos genitais e com irregularidades no sistema nervoso.[14]

À luz dessa triste história, seria fácil atribuir a culpa da natureza medeiana do período do pós-guerra à irrestrita ingenuidade humana ou a um sistema capitalista violento. Evidências dos países comunistas, porém, sugerem que algo muito mais profundo estava em ação, pois esses países montaram suas próprias guerras contra a natureza, que se revelaram, apesar da falta de armas químicas, tão letais como as do Ocidente. Na China de Mao, o esforço humano bruto foi a ferramenta de escolha que, ao seguir o aforismo *ren ding sheng tian* (o homem precisa conquistar a natureza), em apenas algumas décadas transformou a China em um ambiente destruído, sem esperanças.[15]

A guerra de Mao contra a natureza alcançou o auge entre 1958 e 1960. Em uma famosa campanha relatada de forma ampla, a população foi mobilizada para bater panelas e frigideiras até que os pardais e outros pássaros, assustados pelo barulho, caíssem por terra, mortos de exaustão. A ideia era poupar os cultivos da depredação. Mas, como os pássaros que comiam insetos foram perseguidos de modo tão vigoroso quanto os que comiam grãos, o resultado deixou os campos vulneráveis aos ataques de insetos. A realocação em massa da população durante a era maoísta levou a uma devastação ulterior. As florestas tropicais do sul da China, que antes haviam sido poupadas por conta de suas encostas íngremes e solos pobres, foram habitadas e devastadas, ficando a terra em ruínas. No oeste, delicados ecossistemas de pastagens foram arados, com resultados também espantosos, ao passo que, por todos os lados, as florestas foram abatidas para alimentar inúteis fundições de ferro de fundo de quintal. Muitos destes vulneráveis ecossistemas nunca se recuperaram, e hoje em dia sua destruição continua a engendrar deslizamentos de terra e tempestades de poeira. Para citar um especialista, "a poluição do ar e da água (...) o desflorestamento, a erosão, a desertificação, a destruição do habitat e a diminuição dos lençóis freáticos seguiram na esteira do programa".[16]

Mas, talvez, o legado ambiental mais duradouro tenha sido o encorajamento de Mao ao crescimento da população. No início do período em que Mao esteve no poder, a China tinha cerca de 500 milhões de habitantes, e os especialistas acreditavam que estava à beira de um perigoso superpovoamento. Porém Mao dificultou a obtenção de contraceptivos e exortou as mulheres a terem famílias grandes. Como disse um funcionário chinês do censo, "o presidente Mao tem responsabilidade direta pelo problema da população". Como presidente do partido, a política dependia dele. Quando o presidente afirmou que "com muitas pessoas, a força é maior", isso se tornou a última palavra sobre o assunto.[17]

Uma lição-chave sobre os tóxicos anos 1950 e 1960 é que são nossas crenças sobre nosso relacionamento uns com os outros e com o mundo, mais que nossa tecnologia, que determinam se mostramos uma face medeiana ou gaiana. Outra lição é que, dos polos remotos às profundezas do oceano, e de nossos cérebros às nossas gônadas, nossas ações têm marcado a vida de forma indelével. É uma mancha que será legível ao longo das eras, e lembrará, para todo o sempre, uma época em que a humanidade, com assustadora falta de sabedoria, decidiu empreender uma guerra contra a natureza. Essa guerra continuou quase até hoje; e só agora, no último momento, surgiu a esperança de uma mudança decisiva.

14

O ÚLTIMO MOMENTO?

*Do espaço podemos ver como a raça humana
mudou a Terra... a exploração humana do planeta
está alcançando um limite crítico.*
(STEPHEN HAWKING, 2007)

Em 1989, o bloco comunista de nações entrou em colapso, destruindo o paradigma da Guerra Fria: um mundo dividido em duas imensas alianças, eternamente com a faca na garganta uma da outra. Poucos anos depois, a internet estava sendo usada por centenas de milhões, e descobrimos que podemos comunicar-nos em um instante com pessoas em quase todos os lugares. Ao mesmo tempo, as economias em todo o planeta estavam se tornando mais interdependentes e entrelaçadas. Todas essas mudanças tornaram cada vez mais evidente que as nações que atuavam de forma isolada simplesmente não eram poderosas o suficiente para vencer nossos maiores desafios, e tentou-se estabelecer tratados e acordos internacionais que pudessem assegurar um ambiente seguro, a paz e a dignidade humana. Por volta de 1996, 71 países (inclusive cinco dos oito que, então, tinham capacidade nuclear) haviam assinado o Tratado para a Proibição dos Testes Nucleares, que proibia os testes de armas nucleares em todos os ambientes. No começo de 2009, ele já havia sido assinado por 180 chefes de Estado e ratificado por 148 de seus governos, apesar de Estados Unidos, China, Índia, Paquistão, Israel e Coreia do Norte — todos possuidores de armas nucleares — não estarem entre eles, bem como o Egito, a Indonésia e o Irã. Em maio de 2001, 91 países (inclusive os Estados Unidos) uniram-se para ratificar outro tratado crucial — que põe fora da lei algumas das armas utilizadas na guerra contra a natureza. Chamado de Convenção de Estocolmo sobre Poluentes Orgânicos Persistentes (POPs), esse tratado surgiu a partir de discussões levadas a cabo na Eco-92 no Rio de Janeiro, que, na época, foi o maior encontro ambiental global jamais realizado.

Apesar de ter recebido pouca publicidade, a convenção sobre os POPs talvez venha a revelar-se como uma das mais importantes iniciativas do começo do século XXI. As substâncias químicas banidas por essa convenção possuem características que as fazem singularmente perigosas para a vida: todas são tóxicas, extremamente resistentes à degradação e capazes de espalhar-se rapidamente no ar e na água, de acumular-se em gorduras corporais e óleos, bem como de serem transmitidas de mães para filhos. Tais substâncias químicas são impossíveis de conter; o dano que produzem começa no momento de sua fabricação. "Os doze condenados" reconhecidos pela convenção são: os inseticidas Aldrin (fabricado pela primeira vez em 1949), Chlordane (1945), DDT (1942), Dieldrin (1948), Heptachlor (1948), Mirex (1959) e Toxaphene (1948); o rodenticida e inseticida Endrin (1951); o fungicida Hexaclorobenzeno (1945); os PCBs (bifenilos policlorados), e os subprodutos Dioxinas e Furanos. O tratado sobre os POPs entrou em vigor em maio de 2004 e recorre a palavras e expressões fortes, exigindo a proibição imediata e a destruição dessas substâncias químicas. Também visa a prevenir a aparição de novas substâncias químicas perigosas e empenha os países desenvolvidos na assistência financeira às nações em desenvolvimento para atingir essas metas.[1] Mas podemos com isso estar seguros de que todos os assassinos de Gaia foram identificados e proibidos?

Uma categoria de substâncias químicas que os signatários do tratado estão vigiando, mas ainda não proibiram, é a dos polifluoretos de alquila, ou PFSs. Os PFSs são utilizados em lubrificantes, adesivos e removedores de manchas e de acúmulo de sujeira, como revestimento de papel e em produtos de higiene pessoal. Os POPs se degradam em substâncias químicas persistentes, conhecidas como PFCAs e PFSAs, que podem se acumular, que têm sido detectadas em todos os tipos de vertebrados e que penetram nos tecidos humanos. As pessoas que vivem em regiões industrializadas carregam em seus corpos concentrações particularmente altas desses elementos. Houve um acentuado aumento nessas concentrações durante os anos 1990, na medida em que novos usos foram descobertos para tais substâncias químicas.

Os meios pelos quais essas substâncias químicas encontram o caminho para dentro de nossos corpos são, de certo modo, bastante incomuns. A forma principal provavelmente seja através dos produtos de higiene pessoal, junto com a poeira doméstica. As crianças apresentam concentrações particularmente altas, talvez pelo fato de brincarem em cima de tapetes e na proximidade de móveis tratados com removedores de manchas. Os PFSs têm sido detectados no sangue menstrual, no leite humano e no sêmen, o que indica que estão presentes no sistema reprodutivo e são passados para as crianças.[2] Os efeitos precisos dessas substâncias químicas no corpo humano ainda estão sendo determinados, mas foram recentemente ligados ao peso baixo ao nascer e ao tamanho pequeno da cabeça dos recém-nascidos.[3] Em animais de laboratório, concentrações menores que as frequentemente observadas em seres humanos causaram cânceres e envenenamentos. Indicações anteriores de toxicidade induziram o principal fabricante dos Estados Unidos (a companhia 3M) a efetuar uma eliminação progressiva dos PFSs e, por volta de 2004, a produção global era a metade do que a de quatro anos antes.

Convenções como o tratado sobre os POPs não podem proporcionar a resposta completa para nossos problemas de origem química, porque várias classes de toxinas não podem ser regulamentadas por convenções. Um exemplo intrigante refere-se a substâncias que nos fazem bem, mas que são letais, mesmo em concentrações diminutas, a outras espécies. Os primeiros anos do século XXI anunciaram-se na Índia com a morte em massa de abutres. Apesar de serem criaturas que dificilmente evocam simpatia, os abutres desempenham um papel crítico nos ecossistemas, proporcionando a rápida reciclagem da carniça. Três espécies abundavam outrora no subcontinente indiano: o abutre-de-bico-estreito (*Gyps tenuirostris*), o abutre-de-bico-longo (*G. indicus*) e o abutre-indiano-de-dorso-branco (*G. bengalensis*). De fato, até duas décadas atrás, o abutre-indiano-de-dorso-branco era a grande ave de rapina que aparecia em maior quantidade na Terra. Hoje, porém, já é uma das mais raras, e está na lista das espécies em risco de extinção. Até 2006, ninguém tinha a menor ideia do que estava causando sua destruição. Nem foram muitos os que se preocuparam com isso.

Tendo começado na Ásia Oriental no final dos anos 1990, o extermínio dos abutres rapidamente moveu-se para o oeste, para o subcontinente indiano, onde causou uma matança em tão grande escala desse destemido grupo de pássaros comedores de animais mortos como nunca se vira no mundo. Na verdade, a aniquilação foi ainda mais rápida que a do pássaro dodó, quando este entrou em extinção no final do século XVII. Em apenas 15 anos, a população de abutres caiu 97%. Como era de se esperar, o número de carcaças de gado apodrecidas cresceu, até que se tornaram um risco para a saúde, ao passo que o número de cães ferozes aumentou, dando origem a temores quanto ao surgimento de uma epidemia de raiva. Apesar da escala do desastre ecológico, poucos burocratas indianos pareceram preocupados. De fato, o ministro indiano do Meio Ambiente e Florestas recusou-se, de início, a outorgar licenças aos pesquisadores para que capturassem pássaros que estivessem morrendo, com o fim de averiguar a causa de tais mortes.[4]

Houve um grupo de indianos, no entanto, que ficou profundamente traumatizado pela catástrofe. Os parses praticam uma das religiões mais ecologicamente sustentáveis da Terra, e é costume deles expor seus mortos sobre torres, conhecidas como as Torres do Silêncio, onde os abutres consomem os corpos. Essa prática mortuária data do século XVI e é preferida pelos parses porque eles acreditam que os cinco elementos naturais — água, terra, fogo, ar e céu — são sagrados e não devem ser poluídos. Acreditam que, depois que a alma deixa o corpo, o cadáver deve ser eliminado com o mínimo de dano para outros seres vivos. Transformando o morto em *carne vivente* outra vez, os abutres completam o ciclo da vida de uma maneira ambientalmente saudável. Mas, quando os abutres desapareceram, os corpos deixaram de ser comidos, começaram a se decompor e a emitir odores nauseabundos, poluindo o ar e a água. "Existem histórias de horror de corpos empilhando-se por semanas e meses depois que os abutres deixaram de visitar as Torres do Silêncio", afirmou um ansioso funcionário da prefeitura de Mumbai.[5] Desesperados, os parsis fizeram experiências com espelhos solares, esperando que o calor ajudasse a completar os ritos, mas com pouco sucesso.

Muitos acreditavam que os abutres estavam sendo mortos por um vírus ou algum outro patógeno, mas nenhum sinal de um organismo causador de doença pôde ser encontrado. As autópsias revelaram, no entanto, que os abutres haviam sofrido uma falha aguda dos rins, que é um efeito colateral adverso de alguns remédios. Uma nova e barata droga anti-inflamatória, o diclofenaco, passara a ser fabricada e estava sendo administrada ao gado bovino e aos búfalos. Qualquer pessoa que tenha sofrido de inflamação ou de gota conhecerá o diclofenaco, talvez por seu nome comercial: Voltaren. É muito efetivo na cura de animais e seres humanos, mas extremamente letal para os abutres. É claro que parte do gado tratado com ele não respondeu ao tratamento e morreu empanturrada do remédio. Estudos revelaram que, se apenas uma vaca morta, em cem, tivesse diclofenaco em seu corpo, os abutres seriam levados à extinção. De fato, cerca de 10% das carcaças de gado tomadas como amostra na Índia no auge da matança de abutres continham a droga.

Em 2006, o governo indiano proibiu o diclofenaco para uso veterinário, e as empresas farmacêuticas foram orientadas a fomentar o uso de uma droga alternativa conhecida como Meloxicam, que não tem efeitos adversos sobre os abutres.[6] No entanto, o diclofenaco ainda é amplamente usado por seres humanos, e nada impede que os fazendeiros o apliquem no gado. O grupo ambientalista indiano Centre for Environment Education está tentando impedir isso, favorecendo com descontos parciais no preço os fazendeiros que usam Meloxicam em seu gado, e, lado a lado com as regulamentações governamentais, essa providência lentamente está tendo certo impacto. Mas os abutres da Índia estiveram tão próximos da extinção que hão de se passar décadas até que eles se recuperem. Ainda assim, em abril de 2008 viu-se em Mumbai (onde vive a maior parte dos parses) um quadro que alegrou muitos corações. Depois de uma ausência completa de mais de três anos, um bando de aproximadamente vinte abutres foi avistado perto do zoológico e do hipódromo de Alipore. Se o número de abutres aumentará, até o ponto de fazer reviverem as Torres do Silêncio, só o tempo dirá.

Muitas espécies animais sofrem misteriosas baixas, mas, a não ser que as criaturas sejam relevantes de forma direta para os seres humanos e nossa economia, tais como as abelhas, que em período recente sofreram um colapso populacional ainda inexplicado, raramente ouvimos falar delas. Claro que nem todos os problemas são causados pela atividade humana, mas seremos sábios se mantivermos nossas mentes abertas para essa possibilidade. Um dos mais catastróficos desastres que está ocorrendo justamente agora, no começo do século XXI, é o dos anfíbios. Um terço de todas as espécies de rãs e sapos diminuiu em número em anos recentes, e um grande número dessas espécies se extinguiu. Entre elas, incluem-se lindas criaturas como o sapo-dourado da Costa Rica e duas espécies de rãs da Austrália que incubam as ninhadas no próprio estômago. Entre os culpados identificados, estão as mudanças climáticas e a disseminação global do fungo *chytrid*, que ataca as partes da pele das rãs que produzem queratina.

Estudos genéticos indicam que o fungo *chytrid* se originou no sul da África e que pode ter se espalhado acompanhando os sapos africanos com garras. Essas criaturas marrons, achatadas e mosqueadas, que têm cerca de 12 centímetros de comprimento, são dignas de nota porque não têm línguas nem orelhas externas, desvantagens que, juntamente com suas enormes patas traseiras e cabeças ridiculamente pequenas, as fazem parecer como os mais ineptos dos animais. Mas, com nossa ajuda, elas adquiriram uma distribuição global, pelo menos nos laboratórios médicos, e pela mais estranha das razões. Antes do desenvolvimento de kits de teste domésticos, os sapos africanos com garras eram o melhor método para detectar a gravidez. Um técnico injetava a urina de uma mulher no sapo e, se este pusesse ovos em um período de doze horas, era sinal confiável de que a mulher estava grávida. Infelizmente, o controle dos sapos nem sempre foi rigoroso. Um amigo médico me contou que, quando trabalhava em Papua Nova Guiné, via tais criaturas saltando pelo laboratório de patologia, com as etiquetas com o nome de mulheres presas às suas patas. Se algum deles alguma vez deslizou por uma porta para a noite tropical permanece sendo uma pergunta sem resposta.

O fungo *chytrid* apareceu pela primeira vez entre os anfíbios selvagens em 1988, na época em que os sapos estavam sendo substituídos pelos kits de testagem. Talvez algum técnico de laboratório de bom coração tenha decidido soltar os sapos, em vez de aplicar-lhes a eutanásia, e assim liberou essa cruel pestilência no mundo anfíbio. Ou talvez algum tenha escapado antes disso. Qualquer que seja a causa, o resultado tem sido catastrófico. E, se tais coisas podem acontecer em terra firme e permanecer sem serem detectadas ao longo de anos, imaginem o que pode estar acontecendo na fossa sanitária da Terra, o abismo oceânico, o maior habitat da Terra, onde muitas de nossas substâncias químicas mais tóxicas se acumulam. Biólogos marinhos têm alertado que as profundezas do oceano podem ser o primeiro ambiente biótico global a enfrentar um perigo de contaminação a longo prazo.[7] Mas nosso conhecimento do planeta em que vivemos é tão limitado que, se as profundezas já estivessem nos espasmos de tal crise, nós simplesmente não saberíamos.

O último grupo de toxinas ambientais manufaturadas que devemos considerar não danifica diretamente nenhum ser específico, mas, mesmo assim, ameaça toda a vida na Terra. De longe, as mais importantes são os clorofluorcarbonetos (CFCs). Fabricados pela primeira vez na Alemanha em 1928, logo revelaram-se imensamente úteis e por volta dos anos 1970 estavam em uma ampla gama de produtos, inclusive xícaras de poliestireno, refrigerantes e aerossóis. Aliás, os clorofluorcarbonetos foram, por muito tempo, considerados favoráveis ao ambiente, porque não interagiam com nada na superfície da Terra — e, se não reagiam com seres vivos, como poderiam causar-lhes dano? Porém o dano, na verdade, estava ocorrendo.

Desde o Ano Geofísico Internacional de 1957, medições da atmosfera sobre a Antártida começaram a ser tomadas, e, por volta dos anos 1970, elas indicavam um claro declínio sazonal na concentração de ozônio na estratosfera. O ozônio é uma molécula feita de três átomos de oxigênio, e em sua forma pura é um lindo gás azulado como um ovo de pata. Apenas três de cada 10 milhões de moléculas na atmosfera são de ozônio, e elas estão concentradas a 25 quilômetros acima de nossas cabeças. O ozônio é vitalmente importante para a existência porque bloqueia quase 99% da radiação ultravioleta que se dirige para a Terra. É o protetor solar da Terra, e é um produto tão necessário à vida quanto a forma mais comum de oxigênio, o O_2.

Anos de pesquisa científica finalmente revelaram que os CFCs eram a causa do declínio do ozônio. Isso pareceu surpreendente aos pesquisadores porque existem apenas poucas partes por bilhão de CFCs no ar, tão poucos, na verdade, que não puderam ser detectados até que James Lovelock criou uma máquina especial para fazer isso. Quando os CFCs sobem para a estratosfera, a radiação ultravioleta os quebra, liberando átomos de cloro. Um único átomo livre de cloro pode destruir 100 mil moléculas de ozônio antes de ser preso em alguma outra molécula.

As notícias sobre o declínio do ozônio dispararam alarmes por todos os lados. A radiação ultravioleta é muito perigosa porque penetra nas células, rasgando o DNA e interrompendo os processos metabólicos. O ozônio nos protege de grande parte dos danos, mas não de todos. Deite-se sem protetor solar nas areias de uma praia tropical e, em vinte minutos, provavelmente você terá uma desagradável queimadura de sol. Sem o ozônio, você teria a mesma queimadura em questão de segundos.

O panorama de uma Terra sem ozônio era tão alarmante que em setembro de 1987 as nações do mundo se reuniram em Montreal para proibir a produção de CFCs. O tratado foi executado rápida e efetivamente, uma ação à qual devemos a presente qualidade de nossas vidas. Sabemos quanto está sendo produzido dessas substâncias químicas e podemos determinar o impacto sobre a camada de ozônio se o tratado houvesse fracassado: por volta de 2008 haveria um grande e permanente buraco de ozônio em cima do Polo Sul, um segundo buraco permanente em cima do Polo Norte, e ozônio perigosamente esgotado em outros lugares das latitudes médias. Isso levaria a uma crise mundial, pois a cada 1% de aumento na radiação ultravioleta ocorre um declínio de 1% na germinação de sementes, 1% de aumento da cegueira, aumentos de câncer de pele e desordens metabólicas, e um declínio em nossos sistemas imunológicos e na produtividade oceânica.

Apesar da proibição, por volta da metade dos anos 1990 o buraco na camada de ozônio em cima do Polo Sul tinha crescido até cobrir uma área tão grande quanto a América do Norte, e um segundo buraco, menor, tinha aparecido em cima do Polo Norte. Isso ocorreu porque os CFCs perduram ao redor de cinquenta anos na atmosfera e levam cinco anos para atingir a camada de ozônio, de modo que, por algum tempo depois da proibição, uma quantidade ainda maior de CFCs estava alcançando a camada de ozônio. Mas agora o buraco de ozônio está diminuindo, e talvez algum dia desapareça. Então, espero, os seres humanos proclamarão seu primeiro dia de celebração verdadeiramente global — 16 de setembro, pois naquele dia, em 1987, o Protocolo de Montreal recebeu suas primeiras adesões, e abriu-se uma porta para a salvação de toda a humanidade.

15

DESFAZER O TRABALHO DE ERAS

*Alguns deles logo ficam envenenados por chumbo,
alguns ficam envenenados por chumbo mais tarde,
e alguns, mas não muitos, nunca; e tudo isso de
acordo com a constituição, meu senhor.*

(Reflexão de uma irlandesa ouvida por Charles
Dickens em *The Uncommercial Traveller*, 1876)

Uma atividade humana ameaça nosso futuro mais imediatamente do que qualquer outra. A mineração conduzida sem consideração pelo sistema gaiano pode parecer uma atividade inofensiva, mas, na medida em que recrutamos recursos em qualquer lugar em que os encontramos, seja nas profundezas do oceano, nos polos gelados ou a quilômetros de profundidade na crosta terrestre, começamos a desfazer as concentrações elementares que a vida criou entre os três órgãos de Gaia. Os elementos vêm se movendo no ar, na terra e na água desde tempos imemoriais, mas hoje os estamos escavando em um ritmo e escala sem precedentes.

As freiras que educaram minha esposa nos anos 1970 possuíam uma aguda consciência ambiental, e uma de suas lições deixou uma profunda impressão nela. As freiras falavam de uma terrível tragédia na baía de Minamata, no Japão, que havia ocorrido logo depois que uma bomba atômica foi lançada sobre Hiroshima. Aquilo de que minha mulher se lembrava de forma mais vívida eram a menção à bomba e o destino dos gatos da região, que haviam começado a andar para trás, seus cérebros tendo sido destruídos por uma terrível toxina. Essa lembrança é maravilhosamente ilustrativa do modo pelo qual as crianças (e alguns adultos) veem o mundo: o perigo das armas atômicas (tão imediato e horroroso) substitui o culpado real, que é invisível e atua lentamente. E o foco nos gatos, e não nas pessoas! Mas é também a história de qualquer um, pois, se buscamos explicações para os eventos, tendemos a lembrarmo-nos mal e chegar a conclusões erradas.

Na realidade, a bomba atômica nada tem a ver com o andar para trás dos gatos de Minamata. O incomum comportamento felino foi causado por envenenamento por mercúrio. A baía de Minamata estava sendo usada como lixeira para resíduos de mercúrio pela corporação japonesa Chisso, e os gatos se alimentavam dos peixes dali. Inicialmente uma fábrica de fertilizantes, a Chisso se transformou em indústria petroquímica e depois em indústria de fabricação de plásticos. Entre 1932 e 1968, ela jogou 27 toneladas de mercúrio na baía. Ironicamente, foram os aldeãos de Minamata que em 1907 persuadiram os fundadores da corporação Chisso a estabelecer sua fábrica naquela área. Eles eram pescadores pobres, e a perspectiva de emprego era uma grande atração. No entanto, cedo a poluição começou a afetar a pesca, e, em vez de tornar a produção ambientalmente limpa, a companhia pagou aos habitantes para silenciarem suas queixas.[1]

O peixe é parte importante da dieta dos habitantes de Minamata. Uma rodovia virtual de poluição foi criada entre a fábrica e os corpos dos aldeãos e, nos anos 1950, as pessoas relatavam entorpecimento dos membros, fala incompreensível e problemas de visão. Alguns começaram a gritar incontrolavelmente e pensava-se que haviam ficado loucos. Os aldeãos também observaram o que interpretavam como "suicídios de gatos" e pássaros caindo mortos do céu. Por volta de 1959, os médicos que trabalhavam para a Chisso haviam estabelecido que a poluição por mercúrio da fábrica era a causa disso; um dos médicos chegou até mesmo a demonstrar para gerentes da companhia o efeito produzido sobre os gatos. A companhia respondeu com anos de engano, encobrimentos e ameaças. Só em 1968 ela parou de poluir, mas, já então, mais de 10 mil pessoas, muitas delas crianças, haviam sofrido danos físicos e mentais severos e irreversíveis.[2]

Os seres humanos têm utilizado o mercúrio pelo menos há 6 mil anos. Nos tempos de Roma servia para resgatar o ouro do minério bruto (uso que continua até hoje), e, ao longo dos séculos, foi utilizado para fazer uma variedade de produtos, de remédios a chapéus, matando muitos pacientes e levando inúmeros chapeleiros à loucura no processo. Hoje, o mercúrio continua a ser usado em muitas coisas, de lâmpadas fluorescentes a obturações dentais e baterias. Mas essas fontes são responsáveis por apenas uma pequena proporção do mercúrio no ambiente. De forma surpreendente, cerca de dois terços do mercúrio que circula no ar e nos oceanos da Terra não foram minerados de maneira deliberada, mas vêm da queima de combustíveis fósseis, principalmente do carvão.[3] O carvão é rico em mercúrio porque é uma esponja natural que absorve muitas substâncias dissolvidas nas águas subterrâneas, desde o urânio até o cádmio e o mercúrio. Quando o carvão é queimado para produzir vapor na geração de eletricidade, esses elementos são liberados na atmosfera, depois soprados pelos ventos até o oceano, no qual finalmente caem.

Para impedir a disseminação da poluição por mercúrio, alguns governos têm insistido para que ele seja capturado na chaminé da usina elétrica, e para esse fim são utilizados filtros de carvão ativado. Mas, apesar de o mercúrio ser capturado com bastante eficácia, não se encontrou até agora um meio seguro de dispor do carvão contaminado, e quantidades prodigiosas deste estão se acumulando agora em depósitos e minas profundas. E basta um incêndio para liberar o mercúrio na atmosfera.

As minas de carvão abandonadas são outro depósito de mercúrio. As águas subterrâneas muitas vezes acumulam-se nas minas e depois encontram seu caminho para arroios e rios. Um exemplo é a mina de carvão de Canyon, nas Montanhas Azuis da Austrália. Em 2009, uma década depois de abandonada, descobriu-se que estava filtrando metais pesados, inclusive o zinco, em concentrações mais de duzentas vezes acima do limite seguro para a vida marinha. Como resultado, os peixes foram eliminados por quilômetros rio abaixo, e outras formas de vida foram severamente afetadas.[4]

O mercúrio pode entrar na atmosfera por outros caminhos. Os dentistas vêm utilizando, por décadas, um amálgama que contém mercúrio para preencher cavidades em nossos dentes. Em sua forma elementar, o mercúrio no amálgama é relativamente inofensivo, mesmo se, como eu, você tiver um monte de dentes obturados. Mas, quando morremos, se escolhemos ser cremados, o mercúrio do amálgama é liberado, e se une à fumaça de mercúrio que sai das chaminés das usinas elétricas movidas a carvão, eleva-se até bem alto na atmosfera e provavelmente cai em um mar distante.

O mercúrio permanece em sua forma elementar na superfície do oceano iluminada pela luz solar. Mas, ajudado pelo mesmo plâncton e krill que absorvem as partículas radioativas, ele logo chega às profundezas abissais e lá é transformado em uma forma altamente tóxica conhecida como metilmercúrio.[5] Ninguém sabe ao certo como essa transformação se realiza, mas é provável que as bactérias desempenhem um papel significativo. O metilmercúrio é perigoso porque se introduz com rapidez nos organismos vivos, e em criaturas marinhas tais como peixes, mariscos e camarões ele se bioacumula — penetra nos tecidos delas e fica ali. Se o krill deglutir as bactérias que contêm metilmercúrio, receberá certa dose. Mas, se um peixe pequeno come cem krills, ele ingerirá cem vezes aquela dose. E assim o metilmercúrio sobe pela cadeia alimentar marinha, até que os grandes predadores como os tubarões e os peixes-espada acumulem níveis perigosos de mercúrio. E quem come tubarões e peixes-espada? O predador definitivo do mundo e repositório de tudo o que se bioacumula: o ser humano.

Nem todo o metilmercúrio é criado no oceano profundo. Ele também se forma em lagos profundos e em aterros sanitários, onde jazem incontáveis baterias descartadas que contêm mercúrio. Mesmo assim, é um fato notável que tanto metilmercúrio tenha feito uma jornada através dos três órgãos de Gaia: de sua fonte em uma mina de carvão, para a atmosfera, e para as profundezas do oceano, antes que suba à tona outra vez através da cadeia alimentar e aterrize em nosso prato. É um exemplo perfeito de como tudo está conectado no planeta Terra.

Os níveis de mercúrio nos peixes triplicaram desde a era pré-industrial, e os peixes expostos a quantidades não letais de metilmercúrio possuem um sistema nervoso tão danificado que têm dificuldades para escapar dos predadores, o que significa que o mercúrio que eles contêm possui mais probabilidade de migrar através da cadeia alimentar.[6] Muitos peixes que se come habitualmente (especialmente os espécimes de maior porte provenientes de regiões como o Mediterrâneo) estão aquém dos padrões de saúde vigentes nos Estados Unidos e na União Europeia. E, nas espécies predatórias maiores, tal como o peixe-espada, as quantidades de metilmercúrio que os peixes acumulam podem danificar severamente seus sistemas reprodutivos. Mas o mercúrio é mais perigoso quando penetra nos seres humanos. Nos Estados Unidos, os níveis de mercúrio são quatro vezes mais altos nos comedores de peixe (definidos como aqueles que comeram três ou mais refeições nos últimos trinta dias) do que em outros seres humanos, e níveis altos de metilmercúrio podem causar miríades de sintomas em nossa espécie, desde suores até distúrbios sensoriais e danos aos nervos, rins, fígado e testículos. O mercúrio é particularmente perigoso para os fetos, daí os alertas de saúde contra o consumo de peixes por mulheres grávidas. A extensão do problema do mercúrio nos Estados Unidos só recentemente se tornou evidente. Diz uma estimativa que uma de cada doze mulheres em idade fértil tem um nível de mercúrio no sangue acima do que é considerado seguro pela Agência de Proteção Ambiental dos Estados Unidos (EPA). Pode haver até 4,7 milhões de mulheres com níveis elevados de mercúrio, o que coloca, a cada ano, 322 mil recém-nascidos em situação de risco de danos ao cérebro relacionados ao mercúrio.[7] No governo de Barack Obama, a EPA está se preparando para enfrentar essa ameaça, e tem dito que vai propor padrões para usinas elétricas movidas a carvão em 2011. E agora existe uma ação global, com o aval dos Estados Unidos em 2009, apoiando negociações com vistas à conclusão de um tratado global sobre o mercúrio.

Os chapeleiros foram levados à loucura pelo mercúrio, de que se valiam para remover os pelos das peles de animais. Hoje, por cortesia da mineração, parece que o mundo inteiro está correndo o risco de tornar-se tão louco quanto um chapeleiro. É claro que existem soluções para o problema. Se pararmos de queimar carvão, a parte do leão desaparecerá imediatamente. Se separarmos o lixo, para remover os dejetos que contenham mercúrio, podemos isolar outra fonte de emissão importante. E também seria possível eliminar o mercúrio das cremações com a mais barata das soluções: um alicate. Tais coisas, porém, não acontecerão por si mesmas. Precisamos criar incentivos e desincentivos que permitirão a rápida prevenção de todas as principais fontes de emissão de mercúrio.

Alguns metais tóxicos são úteis em pequenas quantidades; o veneno está no tamanho da dose. Outros não têm utilidade para nós, mas se acumulam em nossos corpos porque são confundidos com elementos que são requeridos como catalisadores para importantes reações no corpo. Com frequência, o metal tóxico se prende aos nossos tecidos com mais força do que o metal útil, fazendo com que seja difícil para nós tirar proveito do elemento benéfico e que seja impossível livrar-nos da toxina. O cádmio, por exemplo, é tão similar ao zinco que é trazido ao nosso corpo por proteínas vinculadas ao zinco. Mas o cádmio se prende à nossa química dez vezes mais firmemente que o zinco, tornando-se extraordinariamente difícil de ser removido. E, como substitui o zinco, o cádmio pode interferir na absorção de ferro e de cálcio, que requer zinco, levando a deficiências que resultam em anemias e doenças ósseas.

Embora a maior parte do cádmio entre em nossos corpos através do estômago, ele é absorvido mais eficientemente pelos pulmões. As plantas de tabaco acumulam cádmio em suas folhas, o que significa que fumar é uma importante causa de altos níveis de cádmio.[8] Qualquer um suficientemente infortunado para absorver uma dose fatal de cádmio (apenas 250 miligramas matam em dez minutos), se sobrevivesse ao envenenamento inicial, sucumbiria por uma falência renal. As consequências da ingestão contínua de pequenas quantidades, no entanto, são muito mais variadas, e incluem enfraquecimento dos ossos (algumas vezes até o ponto em que quebrem pelo mero peso do corpo), doenças do pulmão e possivelmente câncer.

A morte por envenenamento crônico de cádmio é extraordinariamente dolorosa. Uma tragédia ocorreu na prefeitura de Toyama, no Japão, na primeira metade do século XX. A fonte de emissão do cádmio era a mineração mal controlada, e aqueles que sofriam o envenenamento o chamavam de *itai itai* (que significa "ai, ai"). Predominante entre mulheres que haviam passado a menopausa (e, portanto, já corriam risco de osteoporose), o envenenamento por cádmio causava dores excruciantes nos ossos dos membros e na coluna, que se tornavam ainda mais quebradiços. As mulheres atingidas também ficavam muito anêmicas, tossiam bastante (devido ao dano a seus pulmões) e sofriam de insuficiência renal. Apesar de seus horrendos sintomas, o envenenamento foi pouco investigado ou compreendido, e até 1946 pensava-se que era uma doença regional ou uma infecção bacteriana específica. Só no final dos anos 1960 o governo japonês deu a conhecer a ligação entre o cádmio e as práticas predadoras de mineração.

O chumbo é similar ao cádmio pela maneira como nos envenena. Ele também pode imitar o cálcio, o zinco e o ferro e, apesar de desempenhar um papel útil em nosso corpo (por exemplo, ao ajudar a produção das células vermelhas e brancas do sangue), quando o absorvemos em demasia ele impede que outros elementos benéficos façam seu trabalho. Se as concentrações estão suficientemente altas, o chumbo pode inibir reações enzimáticas vitais, causando assim danos severos ou morte. O envenenamento por chumbo é particularmente horroroso porque pode afetar profundamente o cérebro em crescimento. Dois estudos dignos de nota, apesar de controversos, sobre as ramificações das consequências do envenenamento por chumbo nas crianças, tornaram claras algumas das possibilidades. Um estudo de 2007 em nove países revelou uma correlação "muito forte" entre altos níveis de chumbo nas crianças em idade pré-escolar e subsequentes taxas de crimes, com o assassinato mostrando uma correlação particularmente forte com os mais severos casos de envenenamento por chumbo na infância.[9] Em um segundo estudo, Ezra Susser e colegas da Universidade de Columbia analisaram 12 mil crianças nascidas em Oakland, no estado da Califórnia, entre 1959 e 1966, cujas mães haviam cedido amostras de sangue quando estavam grávidas. Descobriu-se que crianças expostas a altos níveis de chumbo no útero tinham mais que o dobro de possibilidades de tornarem-se esquizofrênicas.[10]

O chumbo foi proibido na gasolina, nas tintas e em outros produtos, mas o envenenamento por chumbo ainda ocorre. O modo pelo qual penetra nos fetos é insidioso. A maior parte do chumbo que chega a nossos corpos é incorporada aos ossos, e uma mulher que sofreu envenenamento por chumbo quando bebê guardará a toxina em seu corpo até que ela mesma fique grávida. Então, ela recorre às reservas de cálcio e fósforo que possui em seus ossos, para fazer crescer o esqueleto de seu bebê e, nesse processo, o chumbo é lançado em sua corrente sanguínea e incorporado ao feto.

O chumbo, o cobre, a prata e o zinco têm sido minerados e processados por décadas no monte Isa, na região de Gulf Country, em Queensland. O processo resulta em grandes emissões de elementos tóxicos: somente em 2005 e 2006, foram liberados na atmosfera, estimadamente, 400 mil quilogramas de chumbo, 470 mil quilogramas de cobre, 4.800 quilogramas de cádmio e 520 mil quilogramas de zinco.[11] Levadas a efeito em laboratórios norte-americanos, análises de sangue da pequena Stella Hare, de 6 anos, que vivia no monte Isa, revelaram níveis perigosamente altos de chumbo e de dez outros metais no sangue da menina. Ela sofre dificuldades comportamentais e de aprendizado, e sua família agora está processando a companhia de mineração Xstrata. Esse não é um caso isolado: de quatrocentas crianças cujo sangue foi analisado pela Queensland

Health,* 45 contavam com níveis de chumbo acima do perigoso limiar de dez microgramas, com nove delas acima de 15, duas acima de vinte e uma que registrava 31,5 microgramas.[12] Isso significa que mais de 10% de todas as crianças consideradas apresentavam níveis perigosos de envenenamento por chumbo, em uma população que, em virtude da mobilidade gerada pelos altos e baixos da mineração, pode ser assumida como razoavelmente passageira. Algumas pessoas na companhia Xstrata negam que o chumbo encontrado nas crianças venha da mina, argumentando, em vez disso, que ele vem de fontes naturais.[13] Os níveis de chumbo do solo nas áreas residenciais do monte Isa são 33 vezes mais altos do que os limites federais, ao passo que o chumbo depositado nas piscinas naturais localizadas perto da cidade excede esses limites várias centenas de vezes.[14] Em um artigo recente, pesquisadores argumentaram que a indústria e as autoridades governamentais minimizam o risco de que uma crônica exposição ao chumbo a um baixo nível esteja em curso.[15] Em um anúncio de jornal, a Xstrata afirmou que "poucos passos simples, relacionados com a higiene e a nutrição, podem assegurar (...) que os níveis de chumbo permaneçam abaixo dos padrões da Organização Mundial da Saúde".[16]

A lista de metais tóxicos é interminável. O arsênio se insinua em nossos corpos por ser muito similar ao fósforo, ao passo que o lítio imita o potássio, o cálcio e o sódio. O lítio pode ser importante para a medicina (no tratamento de várias desordens psiquiátricas tais como a mania e a depressão), mas a diferença entre uma dose medicinal e uma dose tóxica é pequena. O arsênio também vem sendo usado como remédio (na verdade, atualmente se investiga sua utilidade no tratamento de algumas leucemias raras). E era popular no século XVIII como estimulante. No entanto, em excesso seus efeitos podem ser catastróficos. A região em volta de Zloty Stok, na Polônia, há muito tem sido minerada em busca de ouro e prata. O arsênio foi usado no processo de mineração e filtrou-se para os canais de água locais. Por séculos os habitantes da cidade, então chamada

---

*Equivalente à Secretaria de Saúde de Queensland. [N. do T.]

Reichenstein, sofreram da "doença de Reichenstein", que se caracterizava por tumores malignos, desordens do fígado, problemas da pele e doenças do sistema nervoso.

Metais que não são ordinariamente tóxicos para os seres humanos podem mostrar-se muito perigosos para outros seres vivos. Em primeiro lugar, entre eles estão o estanho e o cobre, ambos usados como anti-incrustantes nos cascos dos navios. Um anti-incrustante à base de estanho, conhecido como *tributyltin*, muito usado nos anos 1960, foi descrito como "a substância mais tóxica jamais introduzida na água natural".[17] Seu efeito mais severo é a esterilidade em moluscos através da imposição de características sexuais dos machos, um fenômeno conhecido como impossexo, que resulta da ruptura do sistema endócrino dos moluscos. Apenas meio nanograma por litro de água fará com que comecem a crescer pênis nas fêmeas dos gastrópodes predadores.

Imaginem, se puderem, a vida de um pepino-do-mar das profundezas. Seu papel no sistema gaiano é dragar através dos sedimentos do chão do oceano, muitos quilômetros abaixo da superfície. Seu mundo é eternamente escuro e frígido, e a chuva de sedimentos que cai é tão escassa que leva mil anos para acumular uma espessura de um milímetro no fundo do oceano. Mas, então, navios começaram a arar o mar — navios cujos cascos estavam cobertos por *tributyltin*, que é projetado para descascar. A chuva de flocos debaixo dos canais de navegação logo se assemelha a um aguaceiro de neve em câmera lenta, e o chão do oceano é transformado para sempre. Muito embora a proibição total do uso de *tributyltin* nos cascos dos navios tenha começado a vigorar em 2008, seus efeitos ficarão conosco por um longo tempo, pois os flocos agora estão disseminados em sedimentos marinhos por todo o mundo e provavelmente influenciarão os organismos que vivem nos sedimentos por uma eternidade humana.

Como os metais que nos podem envenenar, alguns dos perigos da radiação vêm de uma redistribuição de elementos que nós, seres humanos, criamos entre os três órgãos de Gaia. Hoje em dia o Sol é nosso reator nuclear natural mais próximo, e ele provê a maior parte de nossa energia (inclusive nossos combustíveis fósseis, que são produto de antiga luz solar capturada). Mas há cerca de 1,8 bilhão de anos a concentração de elementos radioativos sobre a Terra era suficiente para que o planeta desenvolvesse reatores nucleares naturais. A melhor evidência que temos deles vem das regiões Oklo e Bangombé, do Gabão, na África Centro-Ocidental, onde 16 reatores nucleares naturais foram escavados. Eles se diferenciam dos modernos reatores usados para gerar eletricidade porque queimam mais lentamente — mas, no entanto, continuaram a operar por milhões de anos.

Esses antigos reatores nucleares foram descobertos quando o Comissariado de Energia Atômica da França deu início à mineração na área. O urânio que foi ali recuperado consistia principalmente em urânio-238: urânio empobrecido. Os franceses encontraram pouco urânio-235, o tipo necessário para os reatores nucleares. Primeiramente, suspeitaram de que terroristas tivessem de alguma maneira roubado o minério e o substituído por urânio usado originário de reatores nucleares modernos. Mas estudos mostraram subsequentemente que o urânio-235 tinha sido usado há mais de 1,8 milhão de anos.[18] Ele havia se acumulado em tapetes de algas no estuário de um antigo rio que fluía sobre rochas que continham urânio. As algas absorviam o urânio, assim como o plâncton absorve e concentra os elementos radioativos hoje em dia. Às vezes, a concentração era suficiente para começar uma reação nuclear, que usava o urânio-235 e matava as algas.

Por que, então, não há reatores nucleares naturais na Terra hoje? Os elementos radioativos decaem em um ritmo específico. A meia-vida do urânio-238 (o tempo que leva para que metade de sua quantidade se transforme em tório-234) são 4,5 bilhões de anos. De modo que só existe sobre a Terra, hoje em dia, a metade de urânio-238 que havia quando nosso planeta se formou há 4,5 bilhões de anos. A meia-vida do urânio-235, no entanto, é de apenas 713 milhões de anos. Quando a Terra se formou, o urânio-235 representava cerca de 33% de todo o urânio físsil, mas hoje ele corresponde a apenas 0,7%. Assim, nossa Terra está exaurida de urânio-235 a um ponto tal que os processos naturais não podem concentrar uma quantidade suficiente dele para disparar uma reação nuclear. Os seres humanos, no entanto, ao escavarem a terra, podem recuperar e concentrar o urânio-235, e reviver um processo que há muito desapareceu do nosso planeta.

Se é fato que os perigos dessa nova era nuclear permanecerão conosco por longo tempo, com seus problemáticos desperdícios e seu potencial para acidentes, existe outro legado mais preocupante que é menos frequentemente considerado: as estimadas 1.740 toneladas de plutônio-239 que foram fabricadas para uso em armas nucleares.[19] O plutônio-239 quase não tem utilidade, exceto em armas nucleares. Seu principal objetivo é destruir pessoas. Como tem uma meia-vida de apenas 24 mil anos, antes de 1945 não havia plutônio-239 sobre a Terra desde os dias dos reatores nucleares naturais da África Ocidental, há quase 2 bilhões de anos. Sua súbita reaparição, como resultado do programa da bomba atômica, é tão assombrosa e perturbadora como seria a ressurreição de um dinossauro há muito extinto. E, como alguns monstros de cinema ressurrectos, o plutônio-239 continua a crescer e se multiplicar na obscuridade criada pelo sigilo nacional. Não sabemos com precisão alguma quanto existe desse elemento, ou exatamente quem o possui. E, se não houver uma forma de responsabilizar-se por ele, temos pouca esperança de nos livrar dele com segurança.

Porém existem meios de lidar com o problema. Uma pequena porcentagem do plutônio-239 produzida em reatores nucleares é queimada como combustível, mas atualmente este é um processo caro. Uma descoberta recente, segundo a qual o plutônio-239 é misturado com óxido de urânio para formar um combustível óxido misto, pode oferecer uma alternativa mais barata, mas, no presente, parece que a única opção realista é armazená-lo em depósitos seguros. E aqui o problema se torna político, tanto quanto econômico ou tecnológico. Precisamos de um tratado global que obrigue a guardar em depósitos todo o plutônio-239, o que seria muito mais seguro do que tê-lo espalhado por países tais como o Quirguistão, a Rússia, Israel e possivelmente a Coreia do Norte. Enjaular com segurança o dinossauro de plutônio custaria bilhões, mas o dinheiro é um obstáculo menor do que a vontade política.

Em abril de 2010, o mundo ficou mais perto desse objetivo. O presidente Barack Obama convocou uma reunião da Cúpula de Segurança Nuclear, da qual participaram mais de quarenta líderes mundiais, em que se definiu que as nações que possuam materiais nucleares devem torná-los seguros no prazo de quatro anos. Claramente, isso é apenas um começo, se bem que ambicioso, na direção da erradicação do plutônio-239 e, assim, do término da ameaça de guerra nuclear.

Como esse tratado sugere, podemos estar entrando agora em uma era na qual a regulação dos elementos perigosos seja inevitável, e não apenas do plutônio-239, mas do urânio, do chumbo, do cádmio, do mercúrio e do carvão, para mencionar apenas alguns deles. Nossa maior esperança para lidar com muitos desses elementos é a imposição da responsabilidade "do berço ao túmulo", uma ideia que vimos em outras indústrias, tais como o setor automotivo. Os interesses da mineração hão de opor uma feroz resistência a tais regulações, pois os mineiros nasceram na fronteira selvagem e o espírito de *laissez-faire* da corrida do ouro ainda está bem vivo entre eles. Civilizar tais interesses poderosos, profundamente enraizados na cultura liberal, é um desafio extraordinário. E um desses elementos já parece pronto para servir de plataforma de ensaio para definir se a humanidade pode vencer tais interesses suicidas. Tal elemento, claro, é o carbono.

Nos últimos duzentos anos, os seres humanos aumentaram a concentração de CO_2 na atmosfera em descomunais 30%.[20] Esse aumento faz os anteriores impactos humanos sobre a nossa atmosfera parecerem triviais. O excesso de carbono veio de duas fontes: cerca de 40% da destruição das florestas e dos solos da Terra, e o resto de escavações e de queimar os mortos — carbono fossilizado na forma de carvão, petróleo e gás. Esses combustíveis fósseis começaram como plantas, cujos restos foram enterrados na crosta da Terra quando pântanos e sedimentos do chão do oceano foram sepultados profundamente no subsolo. O carbono que continham foi mineralizado e teria continuado sequestrado em segurança não fosse pela mineração, pela perfuração e pela queima. O grande fluxo de carvão da crosta terrestre para a atmosfera, que resultou dessas atividades, criou o mais urgente desafio ambiental que enfrentamos. Como sabemos, desde 1859, quando John Tyndall inventou uma máquina capaz de medir a quantidade de calor radiante absorvida por vários gases na atmosfera, e assim demonstrou a capacidade do CO_2 de absorver calor, a humanidade está interferindo no sensível termostato da Terra. Quase todas as academias científicas nacionais sobre a Terra apoiam esse ponto de vista — a chinesa, a russa, a norte-americana, a indiana, a canadense e a Royal Society da Inglaterra.

A concentração de carbono na atmosfera continua a crescer em um ritmo ainda mais rápido. Há duzentos anos a concentração atmosférica de carbono (como CO_2) era de cerca de 2,8 partes por dez mil. Hoje é de 3,9 partes — um nível nunca visto, pelo menos nos últimos 3 milhões de anos — e, mesmo que parássemos de queimar combustíveis fósseis hoje, se passariam vários séculos antes que a vida, os oceanos e a crosta terrestre reabsorvessem o excesso. Mas isso não acontecerá. Em vez disso, estamos a caminho de, se não fizermos nada, aumentar a concentração para pelo menos 7 partes por 10 mil até o fim do século.

Desde o primeiro relatório do Painel Intergovernamental sobre Mudanças Climáticas (IPCC) em 1988, sabemos que essa taxa de aumento representa um grave perigo e, com cada novo relatório, mais ramificações têm sido descobertas. O mais recente, publicado em meados de 2009, foi baseado nas descobertas de uma conferência da qual participaram 2.500 cientistas, em março desse ano, e é uma leitura realmente alarmante. Esse relatório procurou realizar uma atualização ao quarto relatório de avaliação do Painel Intergovernamental, que foi publicado em 2007 (mas baseado em observações científicas registradas até apenas 2005). Com quase quatro anos de novos dados, a conferência foi capaz de reexaminar algumas das descobertas do painel e testar suas projeções. Entre suas descobertas-chave, havia uma evidência avassaladora de que a queima de combustíveis fósseis agora ameaçava o desenvolvimento e o bem-estar das sociedades humanas — uma afirmação muito mais forte do que qualquer coisa produzida até então pelo Painel. Os cientistas também concluíram que as projeções médias do quarto relatório de avaliação subestimavam o ritmo da mudança do clima.[21] Os oceanos são uma espécie de termômetro global. Tal qual o mercúrio em um termômetro de vidro, a água nos oceanos se expande na medida em que absorve o calor capturado pela atmosfera. Água adicional é fornecida pelas geleiras e calotas de gelo, que derretem como resultado da atmosfera aquecida. Além disso, como os oceanos são muito grandes, possuem muita inércia — são lentos para responder. A atmosfera, ao contrário, responde rapidamente a fatores de mudança de temperatura, e assim há muita variação de ano para ano. A temperatura média da superfície do oceano é um guia mais confiável da tendência de aquecimento. É preocupante dar-se conta de que a elevação do nível do mar está chegando ao limite superior das projeções do Painel de 2007: mais de 1 metro em noventa anos. Isso seria uma catástrofe para grande parte da Ásia Meridional e Oriental, para a costa leste dos Estados Unidos e para certas regiões da Europa, que são terras baixas. E as coisas poderiam ficar bem piores do que isso se uma grande plataforma de gelo entrasse em colapso e se derretesse, pois o mar poderia subir ainda mais.

O Painel Intergovernamental foi mais preciso ao projetar a temperatura média da superfície da Terra, que continua dentro do escopo das projeções de 2007. Mas ele subestimou o ritmo da acumulação de CO_2 na atmosfera — as emissões reais de 2005, 2006 e 2007 excederam seu pior cenário. A incidência de eventos climáticos extremos, o derretimento das calotas de gelo do Ártico e da Groenlândia, e a acidificação dos oceanos (causada pela absorção do CO_2 pela água do mar) estão se processando em ritmos não previstos. Na verdade, a situação agora é tão severa que o relatório observa que "é improvável que a temperatura média global da superfície caia nos primeiros mil anos depois que as emissões de gases causadores do efeito estufa sejam reduzidas a zero".[22]

Hoje em dia, as causas mais importantes dessas mudanças são, de longe, a mineração e a queima de combustíveis fósseis, que continuam a aumentar e agora são responsáveis por cerca de 80% de todas as emissões. Nos primeiros duzentos anos depois da Revolução Industrial, as emissões cresceram em uma média de 2% ao ano, mas, desde 2000, elas têm aumentado em uma média de 3,4% ao ano, um ritmo que está levando os níveis de CO_2 atmosférico para além do pior cenário das projeções do Painel Intergovernamental.

Um dos aspectos mais preocupantes do novo relatório é a confirmação de que tivemos um amplo alerta, mas não respondemos a ele. A partir da diminuição da espessura da concha do plâncton microscópico no oceano Ártico, devida à acidificação dos mares, passando por um aumento do nível do mar e pelas temperaturas crescentes no mar e na terra, observadas até 2009, os cientistas previram o que ia acontecer, mesmo que houvessem subestimado a velocidade da mudança. E as previsões para o futuro são ameaçadoras. Se continuarmos como estamos por algumas décadas mais, especialistas como James Hansen acreditam que provavelmente provoquemos uma mudança para uma Terra livre de gelo, que eventualmente elevará o nível do mar em dezenas de metros. Em seu livro *Storms of My Grandchildren*, Hansen explica como estamos próximos de causar um aumento dramático do nível do mar e o que isso implica. Argumenta que o desequilíbrio térmico da Terra — atualmente de meio watt por metro quadrado — é quase suficiente para desestabilizar os mantos de gelo da Antártida Oriental e da Groenlândia.[23] A elevação inicial causada por um colapso parcial pode ser pequena, mas não temos ideia de como os níveis continuarão a subir ou onde isso acabará — com uma subida de 1, de 4 ou de 14 metros.

O efeito sobre a biodiversidade é igualmente ruim. Se continuarmos como estamos, dentro deste século estaremos em risco de exterminar até seis de cada dez espécies vivas. Embora nós, como espécie, não venhamos a nos extinguir, é provável que boa parte dos seres humanos acabe sofrendo muito. James **Lovelock acredita** que nove entre cada dez de nós que vivemos neste século morreremos por causa de impactos climáticos, restando uma população de apenas algumas centenas de milhões, abrigada em refúgios em lugares como a Groenlândia e a Nova Zelândia. É claro que isso haveria de destruir nossa civilização global.

No final deste livro, examinaremos como a humanidade está enfrentando o problema da mudança climática. Agora, no entanto, devemos retornar ao exame do superorganismo humano e de como ele existe hoje em dia.

PARTE 5
NOSSA SITUAÇÃO ATUAL

16

AS ESTRELAS DO CÉU

*Lembra-te de Abraão, de Isaque e de Israel, teus servos,
aos quais por ti mesmo tens jurado e lhes disseste:
Multiplicarei a vossa descendência
como as estrelas do céu...*
(ÊXODO, 32:13, BÍBLIA DO REI JAMES)

De acordo com Thomas Malthus, o superpovoamento era inevitável, porque o crescimento da população é potencialmente exponencial, ao passo que os meios de alimentar as pessoas aumentam apenas de forma aritmética. O resultado, escreveu ele em 1798, seria que:

> Epidemias, pestilências, e a peste avançam em ordem inexorável, e varrem milhares e dezenas de milhares. Se o sucesso ainda for incompleto, uma gigante e inevitável escassez espreita na retaguarda e, com um poderoso golpe, nivela a população com a comida do mundo.[1]

Não há dúvida de que a lógica malthusiana governa o mundo animal, pois, a não ser que as populações sejam mantidas em xeque pela doença, por predadores ou pela fome, elas continuam a crescer até que entrem em colapso abruptamente. Pensem nos coelhos que comeram a Austrália. Eram algumas dúzias quando foram importados da Europa em meados do século XIX, mas seu número chegou aos bilhões. Tendo devastado todo o interior no começo do século XX, eles migraram desesperadamente em busca de alimento. O governo australiano construiu uma "cerca para coelhos" para manter as hordas longe das terras cultivadas, mas os coelhos mortos logo se empilhavam tão alto contra a cerca que formavam uma rampa, permitindo que multidões de animais famintos passassem para os pastos virgens além da cerca. Mas mesmo essa prorrogação não pôde atrasar o inevitável colapso.

Superorganismos tais como as formigas parecem ter, à primeira vista, evitado o destino malthusiano, ao tornarem a reprodução privilégio de poucos. Nas sociedades de formigas mais evoluídas, como as das formigas-cortadeiras, a reprodução é feita por uma única rainha. Mas isso não permite que as formigas escapem da armadilha malthusiana. Se as colônias não fossem restringidas por doenças, por predadores ou pela falta de alimento, também elas haveriam prontamente de cobrir toda a Terra, para depois entrar em colapso como aconteceu com os coelhos da Austrália. Assim é que os superorganismos estão restringidos pelas mesmas forças evolutivas que nos constrangem enquanto indivíduos. É essa propensão da vida a multiplicar-se e a destruir-se, pelo visto inexorável, que está no cerne da Hipótese de Medeia, a qual afirma que a própria vida, em forma periódica, acarreta a destruição da vida, e que a estabilidade ecológica a longo prazo é impossível.

Existe um aspecto medeiano na forma pela qual a reprodução, em nossa própria espécie, opõe os interesses da economia, da religião e do Estado contra o indivíduo. Nos países desenvolvidos a maior parte dos governos desencoraja as populações estáveis ou em diminuição, porque estas ameaçam a base de impostos e o prestígio nacional. Os governos estendem um leque de incentivos para influenciar nossa reprodução, que variam desde o acesso limitado à interrupção da gravidez até a proibição de tratamentos como a droga RU486, para abortos em estágio inicial de gravidez, ao pagamento em dinheiro por nascimentos e medidas que visam à redistribuição de renda em favor de famílias numerosas. Os lobbies do mundo dos negócios também desdenham as baixas taxas de crescimento da população porque estas ameaçam os lucros, e a religião também permanece uma importante influência, pois, quanto mais adeptos uma fé possua, maior é o prestígio de seu papa ou de seus mulás. A política populacional da Igreja Católica é bem conhecida, mas um exemplo muito diferente é dado pela Arábia Saudita. Um dos países mais ricos do mundo, ela demonstra que a riqueza nem sempre induz a um tamanho menor da família. Os sauditas têm uma taxa de fertilidade de 5,5 crianças por mulher (comparada com a de 2,7 na Terra como um todo, e a de 3,5 no Oriente Médio e no norte da África), o que presumivelmente reflete a educação e a escolha limitadas que o reino saudita permite às suas mulheres, bem como o fato de que os homens têm um domínio desproporcionado e podem forçar as mulheres — sem nenhum custo para si — a sofrer as consequências do desejo masculino de maior fertilidade. Tais anomalias, no entanto, são cada vez mais raras, e existe pouca chance de que venham a afetar o futuro demográfico da humanidade em geral.

Se tudo o mais falhar no sentido de levar uma nação a aumentar a reprodução, sempre existe a imigração. Algumas poucas nações muito ricas, entre as quais os Estados Unidos, a Austrália e o Canadá, continuaram a crescer através do recrutamento de novos cidadãos, até muito depois que suas populações houvessem escolhido taxas menores de fertilidade. Esses países compartilham uma história comum. Todos são culturas de fronteira onde, até recentemente, o destino nacional parece ter consistido na busca de povoamento de uma fronteira eterna — uma situação na qual, como vimos, nossa face medeiana brilha com mais força. Mas aquela fase do desenvolvimento delas terminou, e é criticamente importante para o futuro da Terra que essas nações entendam isso.

A imigração traz muitos benefícios, entre eles o estabelecimento de uma identidade global compartilhada — e, se as políticas de imigração em lugares como os Estados Unidos, o Canadá e a Austrália estão atadas a fortes esforços para reduzir os impactos ambientais, não haverá problema algum. Lamentavelmente essas nações são, na verdade, as que possuem os piores recordes em termo de emissões de gases causadores do efeito estufa e consumo de recursos. Para aqueles que defendem o aumento da imigração, a sustentabilidade não é opcional: é imperativa. No entanto, muitas vezes são os próprios indivíduos que se opõem a iniciativas ambientais que também dão as boas-vindas ao crescimento populacional. Eles querem tudo.

O homem que primeiro viu os perigos do superpovoamento, Thomas Malthus, viveu em uma época em que as inovações na Europa Ocidental estavam vencendo as causas da morte prematura (principalmente na infância), e, contudo, as mulheres continuavam a ter tantos bebês como antes. Se as coisas tivessem continuado daquela forma, uma catástrofe malthusiana realmente teria sido inevitável. O que aconteceu, no entanto, foi que a ciência médica e a sociedade continuaram a mudar e a evoluir, facultando-nos limitar a reprodução com facilidade. Mas a mudança foi rápida o suficiente para livrar-nos do pesadelo de Malthus? A cada dois anos a divisão de população do Departamento de Assuntos Econômicos e Sociais das Nações Unidas publica uma projeção da população global, a última das quais foi completada em 2008 e publicada em 11 de março de 2009. Em cada uma das publicações anteriores das Nações Unidas, a população da Terra estava projetada, até 2050, para ser maior do que na estimativa anterior. Em 2008, todavia, algo de notável se produziu: a estimativa da população era menor do que a da projeção anterior (2006) em cerca de 40 milhões.[2] Como isso ocorreu? É uma pergunta importante, pois, se a fome e a doença tivessem sido as causas, então estaria evidenciada a lógica malthusiana. Mas, se não fosse assim, outra coisa deveria estar agindo.

Os detalhes do relatório são intrigantes. Por causa de uma pequena elevação na taxa de fertilidade de alguns países ricos, a fertilidade humana total, na projeção de 2008, é, na verdade, maior do que a de 2006 — até 2,56 crianças por mulher, partindo de 2,55. E o relatório presume que a humanidade será substancialmente bem-sucedida em sua batalha contra a AIDS, prevendo que menos 30 milhões de pessoas morrerão dessa doença do que antes havia sido estimado. É lógico pensar que esses fatores resultariam em uma projeção maior da população, de 2008 para o ano 2050, do que a projeção de 2006. Mas outra tendência os anula: um agudo declínio da fertilidade nos 49 países mais pobres do mundo, trazido pelo aumento da riqueza, por melhoras da educação e pelo acesso ao planejamento familiar.

Como ocorre com qualquer projeção, o relatório das Nações Unidas lida com probabilidades, não com certezas. O resultado mais provável é uma taxa de fertilidade global total (o número médio de crianças nascidas por mulher), em 2050, um pouco acima de 2 crianças por mulher (abaixo da atual taxa de 2,56), o que faria a população humana chegar ao pico de 9,15 bilhões na metade do século. Existe uma chance menor de que, por volta de 2050, as mulheres terão (em média) apenas 1,5 criança, caso em que nossa população atingirá apenas 8 bilhões. Existe também a possibilidade de que a taxa de nascimentos permaneça inalterada em 2,5 crianças por mulher, em cujo caso seremos 10,5 bilhões em 2050 e nossa população continuará a crescer por várias décadas mais.

Existe ampla evidência nos países mais pobres de um desejo de planejamento familiar, assim como uma colossal falta de capacidade para consegui-lo. Nosso futuro comum descansa na realização dessas aspirações, e, se tivermos sucesso, em um período de apenas 150 anos toda a humanidade terá passado por uma transição demográfica nunca antes vista na história humana e sem paralelo em qualquer outra espécie.

O que é transição demográfica? Em sua forma mais básica, ela explica como a taxa de mortalidade, assim como a de natalidade, declina quando um país se industrializa e sua população se torna mais rica e educada. A ideia foi desenvolvida em 1929 pelo demógrafo norte-americano Warren Thompson, que baseou sua teoria em dois séculos de estatísticas populacionais dos países mais desenvolvidos. Os demógrafos modernos dividem a transição demográfica em quatro estágios. Primeiro, as taxas de natalidade e mortalidade são altas, pois as pessoas estão vulneráveis a inúmeras ameaças e têm pouco controle sobre sua fertilidade. Depois, na medida em que o país se desenvolve, a taxa de mortalidade cai porque a doença é controlada e a saúde melhora. Este é o estágio em que Malthus viveu, no qual o crescimento populacional era feroz. No terceiro estágio, no entanto, a taxa de natalidade também cai — por causa do acesso à contracepção, do aumento dos custos da educação e da diminuição do valor das crianças como operárias (tornando mais caro manter famílias numerosas). No quarto estágio, que é característico de países altamente desenvolvidos, a taxa de natalidade cai abaixo do nível de substituição da parcela da população que morre e, na ausência da imigração, a população talvez diminua.

Não há garantia de que a transição demográfica, no mundo em desenvolvimento, há de ser parecida com a do Ocidente. A transição demográfica da China, por exemplo, foi muito diferente. Ao obedecer ao encorajamento de Mao a que se constituíssem famílias numerosas, a nação enfrentou um desastre, e a política do filho único foi implementada na maior parte do país. Isso causou uma transição demográfica extremamente rápida — a China hoje em dia tem uma taxa de natalidade média de 1,6, mas apenas ao custo de políticas altamente restritivas que envolvem até a imposição de abortos tardios. O desejo de ter filhos homens fez com que a política populacional da China também criasse uma significativa orientação de gênero nas gerações recentes. Uma análise dos nascimentos registrados nos anos 1985-1986, por exemplo, mostrou que nasceram 10% mais homens do que mulheres, o que indica que, somente naquele ano, meio milhão de crianças do sexo feminino ficaram faltando na população.[3] Segundo sugerem esses fatores, nas próximas décadas, a China vai experimentar um dramático envelhecimento de sua população.

Os demógrafos debatem a possibilidade de haver um quinto estágio na transição demográfica, para uma taxa de reprodução ainda menor do que a que é encontrada hoje em dia nos países desenvolvidos. Na Federação Russa a população está encolhendo significativamente — tendo ido de 146.670.000 em 2000 a 140.367.000 em 2010 —, e há uma projeção de que venha a cair para apenas 128.864.000 por volta de 2030.[4] Porém alguns países com taxas de natalidade muito baixas, como a Itália, continuarão a crescer por várias décadas por causa da imigração. Ao comparar a Itália com o Japão (onde as taxas de fertilidade são de 1,31 e 1,34, respectivamente), pode-se ver a diferença que faz a imigração: a Itália (que tem imigração) continuará a crescer por uma ou duas décadas mais, ao passo que o Japão (que não tem quase nenhuma) está projetado para ter menos cerca de 10 milhões de habitantes por volta de 2030.

De uma perspectiva evolucionista, a transição demográfica é um profundo enigma. A maior parte das pessoas poderia, claramente, mesmo que lhes custasse algum trabalho, ter famílias maiores, mas elas escolhem não fazê-lo. A evolução pela seleção natural deveria fazer com que otimizássemos nosso potencial reprodutivo, como a maior parte dos seres humanos e dos outros animais vem fazendo ao longo da história. Se nossos genes ainda comandassem totalmente nossos corpos, isso é o que a seleção natural certamente nos impeliria a fazer. Mas uma nova força entrou em cena — o mneme (ou crença) — e é mais poderoso do que qualquer coisa que tenha existido antes. Um dos mais importantes mnemes dos séculos XX e XXI é que os indivíduos, tanto machos como fêmeas, são importantes e têm o direito de melhorar as próprias vidas. Nessa instância, nossos interesses pessoais e aqueles do ambiente coincidem, paradoxalmente beneficiando Gaia.

Com uma contracepção conveniente e barata amplamente disponível, os mnemes de uma grande porção da humanidade têm imenso poder, e parece que eles promoverám uma profunda inversão do princípio evolucionista como é entendido em termos rudemente neodarwinianos. Em sua essência, a transição demográfica representa o triunfo do indivíduo sobre a tirania do gene egoísta. Uma estabilização, seguida por um declínio da quantidade de seres humanos, torna possível um futuro sustentável e, se o alcançarmos, então a noção de Wallace da perfeição do espírito humano talvez venha a realizar-se.

Muitos argumentam, porém, que o planeta já está superpovoado. É razoável perguntarmos se a Terra pode, sustentavelmente, fornecer recursos para 9 bilhões de pessoas. Os 6,8 bilhões de nós que vivemos hoje em dia consumimos 30% mais recursos do que a Terra pode prover com sustentabilidade, e isso com muitos vivendo na pobreza.[5] Creio que a Terra pode sustentar 9 bilhões, pelo menos por algumas décadas, e logo lhes direi por quê. Mas, e se eu estiver errado? Nós podemos, e devemos, apressar a transição demográfica tanto quanto possível, de modo compatível, decerto, com a dignidade e com os direitos humanos. Mas podemos fazer mais que isso? A quem você pediria para sair do planeta se surgisse a necessidade? A verdade é que, se desejamos atuar moralmente, só podemos reduzir nossa população de forma lenta. Portanto, muito embora seja importante considerar a população como um elemento crítico na solução a longo prazo de nossos problemas, não podemos fazer dela nosso único foco quando buscamos lidar com desafios imediatos, tais como o nosso clima desestabilizado.

17

DESCONTANDO O FUTURO

*Em cada estágio existe a ameaça
do motim, do individualismo rebelde que
poderia destruir o espírito coletivo.*
(MATT RIDLEY, 1996)

Chegamos agora ao que muitos creem ser, depois da população, o maior obstáculo em nosso caminho rumo à sustentabilidade. Não é um dos sete pecados capitais, apesar de que, como estes, nos tenha sido instilado ao longo da evolução pela seleção natural. Mas é tão pouco reconhecido que nem temos uma palavra para descrevê-lo. Entre os sociólogos é conhecido como "desconto do futuro": aceitar ganhos a curto prazo mesmo que, ao fazê-lo, tenhamos custos imensos a longo prazo. Em sua forma mais extrema, manifesta-se com mnemes expressos em ideias como "Não tenho nada a perder" ou "Não tenho futuro". Embora esses sentimentos possam levar a uma espécie de paralisia moral, nossos genes não desistem. Em vez disso, em sua busca de imortalidade, eles procuram obter o que for possível de nós antes de irmos de vez para o brejo. E isso pode ser muito ruim para nós, para a nossa sociedade e para o nosso planeta.

Estamos familiarizados com as fotos dos noticiários: jovens com toucas ninja flagrados por câmeras de vigilância assaltando postos de gasolina para conseguir alguns trocados; jovens esfaqueados ou mortos a tiro por alguma questão aparentemente menor. Por que alguns de nós fazemos coisas arriscadas que podem custar nossos futuros? Os psicólogos Margo Wilson e Martin Daly, da Universidade McMaster do Canadá, passaram toda a sua vida acadêmica estudando o problema e pensam que a resposta está nas taxas segundo as quais os indivíduos descontam seu futuro. Não precisamos empreender rigorosos estudos para compreender alguns aspectos deste problema. A mãe de um de meus amigos tem mais de 90 anos e um agudo interesse pelo mercado de ações. Quando seu filho sugeriu-lhe que comprasse uma ação específica, com perspectivas de lucro a médio prazo, a mãe olhou para ele com desdém antes de lhe dizer que, na idade dela, não comprava nem bananas ainda verdes. Mas nossas respostas são, muitas vezes, bem mais complexas do que isso. Em anos recentes, os psicólogos criaram testes engenhosos para determinar como varia a nossa "taxa de desconto", e alguns dos resultados são verdadeiramente surpreendentes.

Os testes mais comuns perguntam a voluntários quanto estariam dispostos a esperar por uma recompensa maior. Um entrevistador poderia propor, por exemplo, uma opção ao voluntário: receber 100 dólares agora, ou designar uma quantia que estaria disposto a aceitar se tivesse que esperar um ano pelo pagamento. A espera, é claro, envolve riscos: o entrevistador pode falir, por exemplo, ou o voluntário talvez venha a morrer antes de ser pago. Os resultados indicam que a quantia requerida para induzir as pessoas a esperarem varia com a idade e o sexo. Os homens, em média, pedem uma quantia maior que as mulheres. Mas, em geral, o pagamento pela paciência é alto: quase 500 dólares — cinco vezes o pagamento imediato.[1] Em comparação, esse pagamento imediato de 100 dólares, investido em um banco por um ano, renderia dez dólares ou menos de juros, o que mostra que nossa "taxa de desconto" é realmente alta.

A conclusão que a maioria de nós tiraria desses estudos é que, ainda que a humanidade seja impaciente, os homens são mais impacientes que as mulheres. Os cientistas sociais, no entanto, olham as coisas em termos evolucionários, mais que em termos morais. Não só os seres humanos têm uma taxa de desconto do futuro naturalmente alta. Testes com pássaros, engenhosamente elaborados, revelam que também é necessário oferecer-lhes grandes estímulos para que esperem pelas recompensas. Visivelmente, tanto os nossos cérebros quanto os dos pássaros foram forjados em um ambiente no qual a sobrevivência era incerta, e, se não é provável que você veja o amanhã, por que não pegar o que você pode hoje, mesmo que isso signifique renunciar a uma recompensa muito maior no futuro?

Os testes descritos acima são exemplos da teoria dos jogos que, em décadas recentes, tornou-se imensamente importante nas ciências sociais e políticas, assim como na economia e na biologia. Na verdade, alguns pesquisadores agora se referem a ela como a linguagem universal das ciências sociais.[2] Um exemplo típico dos problemas investigados é aquele delineado em 1651 por Thomas Hobbes, em seu livro *Leviatã*. Ao escrever na época da Guerra Civil Inglesa, Hobbes estava interessado em demonstrar o que acontece quando indivíduos livres interagem. Muitos chegam a cooperar, pensou ele. Mas sempre haverá alguns que buscam tirar vantagem. Assim, por exemplo, uma pessoa poderia conseguir que outras a ajudassem a construir sua casa, e depois recusar-se a ajudá-las por sua vez. Isso faria com que o infrator se preocupasse com uma eventual vingança. Ele poderia antever que alguém queimaria sua casa. Assim, o medo levaria o infrator a antecipar-se a isso, matando a pessoa a quem enganara. Desta maneira, nasce o caos. A única alternativa, argumenta Hobbes, é o surgimento de um ditador, que punirá o mau comportamento.[3] Ao permitir-nos investigar a natureza da cooperação sob várias circunstâncias, a teoria dos jogos lança luz sobre a validade da hipótese de Hobbes.

Nas ciências sociais, experimentos da teoria dos jogos com frequência são de tipo laboratorial e, de forma típica, tomam como sujeitos estudantes que querem ganhar alguns dólares. O Santo Graal de alguns teóricos dos jogos tem sido a demonstração do altruísmo. Até agora, ainda está por decidir-se se é possível confiar em que os seres humanos sejam verdadeiramente altruístas em relação a membros não familiares, mas a teoria dos jogos nos ensinou, tanto quanto qualquer experiência de laboratório pode fazer, sobre as circunstâncias em que os indivíduos cooperam e tratam bem uns aos outros. Um desses experimentos envolvia dar, a diversas pessoas, somas de dinheiro e instruir cada uma delas a dividir o dinheiro com alguém que não conhecesse. Se o desconhecido recusasse a quantia oferecida, ambos voltariam para casa de mãos abanando; no caso contrário, ambos ficariam com a quantia dividida. Geralmente, o sujeito que dá o dinheiro oferece por volta de um terço da quantia total, e isso costuma ser aceito. Mas, se a quantia cair para um sexto do total, a oferta muitas vezes é recusada, deixando ambos sem nada.

Tais jogos são importantes para aqueles que procuram modelar sociedades melhores. Entre os muitos aspectos do comportamento humano elucidados pela teoria dos jogos, está a noção de que odiamos mais perder dinheiro do que nos alegramos ao ganhá-lo. Uma ideia importante para aqueles que promovem o uso eficiente de recursos, por exemplo.[4] Como veremos, a teoria dos jogos também tem sido aplicada às nações que procuram intermediar um tratado sobre o clima, revelando comportamentos interessantes. Mas quais são os fatores que nos influenciam para descontar do nosso futuro?

Geralmente, quanto menos segurança temos, mais pesadamente descontamos dos nossos futuros. Os viciados em heroína (que vivem com o risco diário de morte por overdose ou doença) trabalham com taxas de desconto do futuro duas vezes mais altas do que aquelas de que se valem pessoas similares não viciadas, o que pode explicar a complacência dos primeiros quanto a participar de atividades de alto risco, tais como a prostituição e o crime.[5] Mas o exemplo mais forte de como as circunstâncias influenciam a taxa de desconto refere-se às taxas de homicídio entre homens jovens. Como afirmou a equipe de pesquisa canadense composta por Martin Daly e Margo Wilson:

> As taxas de homicídio alcançam seu nível mais alto entre homens que nada têm a perder... Em nossa pesquisa sobre homicídio nos bairros de Chicago, a desigualdade de renda era, como de costume, uma excelente

previsão sobre as taxas de homicídio, mas encontramos um indicador ainda melhor: a expectativa de vida local (com os efeitos da mortalidade por homicídio excluídos, para evitar a circularidade)... O que isso nos sugere é que o comportamento competitivo perigoso, que ocasiona um desdém implícito pelo futuro, é exacerbado por indicações de que se vive no tipo de meio social em que o futuro de cada um pode ser abreviado... Em vez de estigmatizar aqueles que descontam do futuro, como míopes ou incapazes de exercer o autocontrole, pensamos que é mais acurado e mais frutífero lançar a hipótese de que o desconto agudo caracteriza aqueles que contam com pequena expectativa de vida, aqueles cujas prováveis causas de mortalidade são independentes de suas ações e aqueles para quem os esperados ganhos de oportunidade através do esforço presente são positivamente acelerados, em vez de mostrarem ganhos marginais decrescentes.[6]

O que Daly e Wilson estão dizendo é que jovens desfavorecidos matam outros jovens por causa de pequenas quantias de dinheiro e por insultos menores porque têm uma grande chance de morrer, de qualquer maneira, no futuro próximo. Com nada mais que seu status social e alguns dólares malganhos para gastar e impressionar uma moça, fazer isso bem, e agora, torna-se a coisa mais preciosa do mundo. Em termos evolutivos, vale a pena arriscar-se a morrer em uma luta de faca, ou a passar a vida na prisão, para engravidar uma mulher. A evolução é, como a descreve Richard Dawkins, um relojoeiro cego, que não se importa minimamente conosco enquanto indivíduos — não passando a gravidez de mero passaporte para a imortalidade potencial dos genes egoístas.

As mulheres jovens também podem descontar do futuro arrojadamente. Garotas adolescentes que são portadoras de doenças terminais exibem taxas acima da média de gravidez e de incidência de doenças sexualmente transmissíveis (DST), o que sugere o quanto, apesar de sua má saúde, elas estão tomando parte em atividades sexuais de risco. Outra vez, o corpo está maximizando a chance de imortalidade para seus genes egoístas. De fato, um dos efeitos mais bem documentados de viver com a constante ameaça da morte, em tempo de guerra ou de peste, é o aumento da atividade sexual fortuita. O diário de Samuel Pepys, que documenta suas aventuras no século XVII em Londres, foi escrito durante um período em que o grande incêndio, a peste e os holandeses ameaçaram a cidade. E, quanto piores se tornavam as ameaças, mais Pepys desfrutava do sexo, pois tanto a sua libido, como as de incontáveis mulheres que menciona, pareciam atiçadas pelo perigo.[7] Em tempos mais recentes, durante a Primeira Guerra Mundial, essa tendência foi causa de preocupação para as autoridades britânicas, que se queixavam da disseminação de doenças venéreas durante o período de combate, e forneciam preservativos e educação para combater a ameaça.[8] Parece que, na medida em que nossas expectativas diminuem, aumenta o poder de nossos genes egoístas sobre nossos mnemes.

A tendência a descontar do futuro ajuda a explicar por que as pessoas, algumas vezes, atuam para destruir seu ambiente, seja deitando abaixo as florestas tropicais, seja continuando a poluir a atmosfera, seja arrasando a biodiversidade. E pessoas sem expectativas são produzidas de várias maneiras: trituradas pela pobreza, pelas sociedades muito desiguais, pela guerra, pela fome e por outros infortúnios. Se vocês estão preocupados com o nosso futuro, não é apenas desejável que erradiquemos a pobreza no mundo em desenvolvimento, que criemos sociedades mais igualitárias e que nunca mais nos deixemos embarcar em outra guerra; é imperativo, pois o fator de desconto do futuro nos diz que, se falharmos em fazê-lo, isso pode nos custar a Terra.

18

A COBIÇA E O MERCADO

*Negócios são "apenas negócios": uma competição renhida
pelo lucro. Correto? Isso bem poderia descrever o crime;
certamente não descreve os negócios.
A ética não é apenas importante nos negócios.
Ela é a própria essência dos negócios.*
(RICHARD BRANSON, 2008)

Os economistas neoclássicos acreditam que os sistemas econômicos são guiados por uma trindade formada pela racionalidade, pela ganância e pelo equilíbrio dos seres humanos. Muito embora as pessoas nem sempre atuem racionalmente na tomada de decisões econômicas, ou por mera cobiça, não há dúvida de que a ganância e seu vizinho, o egoísmo, são características humanas quase universais.[1] Isso significa, então, que os seres humanos e seus sistemas de mercado devem, inevitavelmente, como Medeia, pôr o planeta em perigo? Os cérebros são notoriamente órgãos egoístas. Eles se concedem tudo de que precisam — do fluxo de sangue até ao calor, aos nutrientes e ao oxigênio. Em situações de estresse corporal, nossos cérebros tratarão de desligar um órgão depois do outro, até o ponto de danificá-los — antes de se privarem de qualquer coisa. Os cérebros também são gananciosos. Representam apenas 2% do peso de nosso corpo, mas apoderam-se de 20% da energia que usamos.

A cobiça e o egoísmo podem ser considerados como características essenciais de sistemas de comando e controle: o Controlador Gordo* não é meramente um personagem de uma história para crianças; ele é gordo precisamente porque controla. E, no entanto, nem controladores gordos nem cérebros destroem os sistemas de que fazem parte. Na medida em que cresce nossa influência sobre os sistemas da Terra, devem ser feitos ajustes que nos permitam, a nós, seres cobiçosos e egoístas, viver em equilíbrio com o resto da natureza. E isso inclui o nosso sistema de mercado.

Os mercados são essenciais para a prosperidade e o dinamismo da sociedade, mas, sem controle, podem se transformar em monstros destruidores capazes de esmagar a humanidade. Na Europa do século XVIII, esposas e filhos eram comprados e vendidos em leilões, e os pobres podiam vender seus dentes para serem postos nas bocas de homens ricos. Certos padrões da sociedade podem ter mudado desde então, mas ainda permitem que alguns se comportem de maneira tal que venham a prejudicar nosso futuro comum.

As justificativas dos presidentes de empresas, em busca do lucro à custa dos outros, são, segundo a minha experiência, notavelmente uniformes, no estilo "todo mundo faz isso, por que é que eu não vou fazer?". Formulação que, o mais das vezes, se faz seguir de coisas como "bem, então tente me parar". E a verdade é que algumas de suas atividades mais prejudiciais, inclusive as emissões irrestritas de gases causadores do efeito estufa, permanecem legais em várias jurisdições e são difíceis de interromper. Além disso, suas atividades ganharam um verniz de respeitabilidade, graças a outras filosofias tais como o pensamento neoclássico da Escola de Economia de Chicago, que propõe um papel mínimo para a regulamentação governamental do mercado. Incidentalmente, vale dizer, existem mais que uma similaridade passageira entre a economia neoclássica e a teoria

---

*O senhor Topham Hatt, mais conhecido como o Controlador Gordo, dirige a estrada de ferro na série inglesa *Railway*, escrita pelo Rev. W.V. Awdry. [N. do T.]

do gene egoísta de Dawkins. Ambas descrevem uma estrutura idealizada que pode ser poderosamente explicativa. Mas, quando se tornam universalmente dogmáticas, as ideologias têm o poder de erodir nossa capacidade de valorizarmos uns aos outros e, assim, ameaçam destruir o empreendimento comum que é nosso superorganismo global.

O pesquisador Robert Frank e seus colegas descobriram uma coisa notável sobre pessoas formadas pelo pensamento da economia neoclássica. Tendo recorrido a vários testes, inclusive a um baseado na teoria dos jogos que ficou conhecido como "o dilema do prisioneiro" (que mede a propensão de uma pessoa a confiar em outras pessoas e cooperar com elas), esses pesquisadores descobriram que os economistas neoclássicos mostram-se mais propensos que outros indivíduos submetidos ao teste a trair seus parceiros.[2] Frank também produziu evidências de que "as diferenças na cooperação são causadas em parte pela formação em economia".[3] Será o caso de pretender-se que aqueles que aderem a teorias de egoísmo absoluto como um imperativo evolucionário tornam-se mais egoístas? Comenta o escritor de ciência Matt Ridley:

> As virtudes da tolerância, da compaixão e da justiça não são políticas pelas quais lutamos, conhecendo as dificuldades do caminho, mas compromissos que assumimos e esperamos que outros assumam — são deuses que buscamos. Aqueles que criam dificuldades, como os economistas que dizem que o interesse próprio é nossa principal motivação, devem ser temidos por não adorarem os deuses da virtude. O fato de assim proceder sugere que eles próprios possam não ser crentes. Na verdade mostram, por assim dizer, um interesse doentio na questão do interesse próprio.[4]

Como já vimos, o egoísmo nem sempre é negativo. Certo tipo de egoísmo impulsiona a transição demográfica. E, se fôssemos inteiramente altruístas, nossas sociedades seriam pouco diferentes da sociedade das formigas. Ridley comenta aqui o tipo de egoísmo que destrói nossos laços e futuros comuns, e que desgasta o valor que atribuímos ao fato de que nossas interconexões são complexas.

Como podem os economistas neoclássicos tornar-se egoístas de maneira tal que os endureça diante das necessidades das sociedades em que vivem? Além disso, parece-me possível que a influência da formação que recebem, identificada por Frank, possa vir a corromper seu senso moral por conta do seu próprio trabalho — por mnemes passados adiante por professores e colegas. Tal como os presidentes de empresas, cujas atividades prejudicam os outros, os economistas, por meio da seleção de amigos que acabam fazendo, podem chegar a acreditar que todos (ou, pelo menos, todos os que valem a pena) pensam exatamente como eles. Cria-se, assim, um círculo para o qual são selecionados indivíduos egoístas. E isso chega a influenciar o governo e a sociedade em geral, porque nossa civilização requer planejamento econômico e esse planejamento deve estar assistido pela teoria econômica. Ao escrever antes do advento da economia neoclássica, Adam Smith tinha o seguinte a dizer sobre os interesses comerciais:

> A proposta de qualquer lei ou regulação do comércio que venha da (comunidade dos negócios) deve sempre ser ouvida com grande precaução e nunca deve ser adotada até que tenha sido examinada longa e cuidadosamente, não só com o maior dos escrúpulos, mas com a mais suspeitosa atenção. É que tal proposta vem de um grupo de homens cujo interesse nunca é exatamente o mesmo que o do público, que têm geralmente certo interesse de enganar e até mesmo de oprimir o público, e que, consequentemente, em várias ocasiões, tanto o enganaram como o oprimiram.[5]

Os economistas, bem como os cientistas sociais, valem-se de um fator de desconto. Nos negócios, esse fator é usado para comparar custos e benefícios de decisões sobre investimentos, de modo a determinar se tais decisões são oportunas: por exemplo, uma empresa que precisa substituir uma peça de maquinaria dentro de alguns anos indagará se há maior custo-benefício em fazer a compra agora ou dentro de dois anos. Para avaliar isso, a empresa há de analisar vários fatores, inclusive a taxa de inflação e se a peça tende a tornar-se mais barata ou mais cara. Se o fator de desconto assim determinado for alto, o investimento será diferido.

Esse é um exercício perfeitamente razoável e aceitável. Mas, quando um fator de desconto é aplicado a problemas com consequências ambientais ou que afetem seres humanos, as coisas não são tão claras. O fator de desconto econômico (que representa a quantia pela qual os fluxos de caixa se desdobram ao longo do tempo), para objetivos normais de negócios, é quase invariavelmente ajustado para cima. Como diz o professor Darren Lee, da Universidade de Queensland, as consequências de aplicar um fator de desconto alto são que "ameaças ambientais de longo prazo não são consideradas pelos mercados, em parte porque, a partir de uma perspectiva financeira, 'qualquer coisa' que aconteça tão longe no futuro simplesmente não tem um valor tangível em termos do dólar de hoje".[6] Os economistas que sustentam que devemos aplicar uma alta taxa de desconto à análise dos gastos com a mudança do clima estão, em essência, argumentando que é melhor deixar que as futuras gerações se defendam por si mesmas, porque as despesas no futuro hão de combater as ameaças com um custo-benefício muito maior do que nada que possamos fazer hoje.

Lorde Nicholas Stern recorreu a um fator de desconto próximo a zero (equivalente a não usar fator de desconto) em sua análise de custo-benefício para enfrentar a mudança climática. Em parte como resultado disso, defendeu que grandes quantias de dinheiro precisam ser gastas agora para conseguirmos uma ação efetiva.[7] Ele foi muito criticado por isso. Mas estava certo? Uma maneira de entender as terríveis consequências de aplicar um alto fator de desconto a tais problemas é imaginar que o estamos aplicando em nós mesmos, por exemplo, em uma questão médica. Imagine que você tem câncer, e o médico lhe diz que lhe restam cinco anos de vida, mas que um novo e caro tratamento provavelmente pode salvar sua vida. Um economista que aplicasse um alto fator de desconto e considerasse o tratamento como um investimento poderia decidir esperar antes de autorizar o gasto, com o argumento de que o custo do remédio poderia decrescer enormemente, de modo que você só estaria desperdiçando dinheiro ao comprá-lo agora.

As projeções climáticas e os diagnósticos médicos são, ambos, probabilísticos por natureza. Quando o médico diz que o paciente tem cinco anos de vida, pretende dizer que, em média, pessoas com condições similares vivem por cinco anos depois do diagnóstico. Algumas, no entanto, morrem muito antes, ao passo que outras podem sobreviver por décadas. Quando os cientistas do clima dizem que, a não ser que algo seja feito, um impacto climático catastrófico provavelmente ocorrerá por volta de 2050, querem dizer que esse é o resultado mais provável — mas existe uma chance menor de que o impacto venha a ser sentido já nos próximos anos, ou talvez só depois de 2050.

Uma objeção específica à taxa de desconto próxima a zero utilizada por Stern foi a de que, embora os impactos climáticos possam não ser sentidos por décadas, o dinheiro precisa ser gasto agora, e isso envolve uma transferência de riquezas da geração atual para uma geração futura. No caso de nossas projeções climáticas atuais, no entanto, precisamos ter em mente a possibilidade de resultados catastróficos em um futuro próximo — que afetará a atual geração. Também precisamos reconhecer o fato de que, uma vez que a mudança climática tenha avançado além de um ponto de inflexão, dinheiro algum há de detê-la. Tais possibilidades exigem ação imediata, uma espécie de pagamento de seguro, e parecem justificar a taxa de desconto mínima de Stern.

A saúde e o ambiente não são as únicas circunstâncias em que os fatores de desconto normais (altos) podem se revelar perigosos. Se o fator de desconto íngreme que prevalece na maior parte das decisões de negócios guiasse nossos gastos a longo prazo, em educação, por exemplo, poderíamos decidir investir menos em nossas crianças — digamos, podando alguns anos de escola — com base em que a massa dos estudantes seria minimamente prejudicada, e, de qualquer modo, o investimento tem um período de recuperação longo e um retorno incerto. Mesmo na construção civil e na agricultura, um alto fator de desconto pode levar a pobres resultados. Não teríamos o Panteão de Roma, por exemplo, nem nenhuma das construções da Antiguidade, se nossas taxas de desconto típicas tivessem sido aplicadas pelas civilizações anteriores; nem teríamos fertilidade do solo a longo prazo, porque não investiríamos o suficiente para renová-lo. Ao aplicar um alto fator de desconto em tais circunstâncias, arriscamo-nos a deixar para trás um mundo ignorante e apodrecido, porque, assim aplicado, esse desconto faz conosco coletivamente o que descontar do futuro faz aos indivíduos — ele nos induz a obter ganhos de curto prazo ao custo de infligir dores a longo prazo, enormes e possivelmente terminais, ao nosso superorganismo global.

A crise econômica global colocou a natureza de curto prazo dos mercados sob a lupa. Um resultado parcial pode estar na atual atenção colocada na remuneração dos presidentes de grandes companhias, que ganham bônus estupendos apesar de causarem perdas importantes a suas empresas. Uma solução para essa cultura da ganância é o pagamento de bônus e salários com base no desempenho da companhia durante um período de vários anos, afastando assim o foco em lucros de curto prazo. A Generation Investment Management (GIM), criada por Al Gore e David Blood (com seu apelido de Blood & Gore),* investe capital de maneira que beneficie as futuras gerações. Ao fundar a GIM em novembro de 2004, Gore disse que:

> Transparência, inovação, ecoeficiência, investir na comunidade, nutrir e motivar os funcionários, gerenciar riscos a longo prazo e aproveitar oportunidades de longo prazo são partes integrantes da capacidade contínua de uma companhia de criar valor. Líderes de negócios que alinhem sua estratégia de negócios e o desenvolvimento técnico com sustentabilidade e responsabilidade social entregarão aos acionistas resultados superiores a longo prazo.[8]

---

*Jogo de palavras com *blood and glory* (sangue e glória). [N. do T.]

Blood e Gore fazem o que dizem, pois os sócios da GIM são pagos de acordo com o resultado dos investimentos em um período de três anos.

A concessão de ações restritas como parte da remuneração dos presidentes de empresas também tem sido usada para assegurar um período mais longo para o cálculo da rentabilidade. Em outros casos, restrições adicionais têm sido aplicadas, entre as quais o confisco das ações se o preço delas cai abaixo do seu valor inicial depois de três anos.[9]

A nova forma de pensar também está voltada para o problema das externalidades. Uma externalidade é um efeito ou subproduto não contabilizado nos custos daquele ramo de negócios. Um bom exemplo são as emissões produzidas por uma usina elétrica movida a carvão. Como dizem Steven Levitt e Stephen Dubner em seu livro *SuperFreakonomics*, uma externalidade é "uma versão econômica de uma tributação sem contrapartida".[10] Experimentamos uma externalidade cada vez que respiramos ar poluído ou sofremos os efeitos da mudança climática. Um grande problema com as externalidades é que qualquer empresa que se beneficie com elas (ao não pagar por elas) provavelmente será mais lucrativa do que uma companhia similar que delas não se aproveite. Isso significa que um investidor antiético provavelmente terá um lucro maior do que o de um investidor ético, pelo menos a curto prazo. Quando as externalidades têm graves consequências ambientais, tais investimentos podem custar muito à humanidade. Só há duas soluções para esse problema: regulamentação governamental (que faça com que as empresas não produzam externalidades ou paguem um preço por produzi-las) ou um modelo de investimento diferente. Ambas as soluções encontram imensos obstáculos, mas os novos modelos de investimento estão conseguindo modestos avanços.

Uma forma baseada no mercado de lidar com externalidades evoluiu da velha filosofia do "bônus de guerra": recorrer à poupança para ajudar a combater um inimigo comum. Na Suécia, o Skandinaviska Enskilda Banken uniu-se ao Banco Mundial na emissão de "títulos verdes" destinados a mitigar a mudança climática e a financiar trabalhos de adaptação a ela. Os títulos, com avaliação AAA, têm seu vencimento em seis anos, e a taxa de juros é de 0,25% acima da taxa paga pelos títulos do governo sueco. Em meados de 2008, 350 milhões de dólares norte-americanos tinham sido levantados por investidores institucionais suecos — um começo pequeno, mas promissor.

Uma segunda iniciativa é a criação de um Banco de Energia Limpa. Apoiada no Export-Import Bank dos Estados Unidos, essa instituição proporcionaria financiamento a longo prazo destinado à provisão de infraestrutura para energia limpa. Recentemente, um plano ainda mais ambicioso foi sugerido: a criação de um fundo global cujo único objetivo fosse o financiamento de projetos destinados a proteger nossos bens comuns globais.[11] Ao operar segundo um modelo similar à Reserva Federal dos Estados Unidos, tal fundo asseguraria suficiente liquidez de capital para não termos que nos desviar de uma trajetória de redução de emissões pensada para evitar perigosas mudanças climáticas. Os recursos desse fundo viriam dos governos e a agência operaria como um corpo multilateral. Ao sumarizar o tipo de mercado de capital que se mostrasse capaz de enfrentar a mudança climática, James Cameron, da Climate Change Capital (uma companhia de gerenciamento de investimentos), e David Blood, da GIM, listam os seguintes princípios: perspectiva de longo prazo, boa governança, transparência e cooperação, que são exatamente os mesmos princípios requeridos pelos mercados, se é que queremos melhorar a qualidade de nossa administração da Terra.[12]

Um caso especial de externalidade refere-se à destruição da biodiversidade. Não são jovens com toucas ninja que estão transformando nosso mundo em lixo, mas senhores calculadores com pranchetas e computadores. Imaginem uma empresa dona de uma floresta. Ela pode resolver que certo lucro pode ser conseguido com a floresta se esta for gerenciada com sustentabilidade, mas que um retorno financeiro maior será obtido com a destruição do bioma e com o investimento desse dinheiro no mercado. Nesse caso, o impacto da destruição da floresta sobre nossa Terra viva não é levado em conta na transação — é uma externalidade. Mas uma estranha apreciação do valor, relacionada com o fator de desconto, também está envolvida nisso. Basicamente, o valor de uma floresta aumenta de forma demasiado lenta com relação a retornos de investimentos no mercado para que possa ser considerado rentável. Assim, a decisão de destruir a floresta é inteiramente racional em sentido econômico, mas, se todos aceitassem tais conclusões, não haveria mercado, pois nossa sociedade sucumbiria completamente às rupturas causadas no clima da Terra e em outros sistemas. Uma forma de lidar com um fracasso de mercado tão abrangente é remover de modo total as florestas de alto valor ao domínio econômico, que é o que procuram conseguir aqueles que defendem a proibição da derrubada de árvores de florestas antigas. Outra forma é legislar para que os donos das florestas apenas possam usá-las de forma sustentável.

Os investidores podem ajudar a civilizar os mercados. O acionista e ativista Robert Monks desenvolveu a teoria do investidor universal, a qual defende que, como os maiores fundos de investimento possuem ações em uma ampla diversidade de negócios, sua estratégia ideal é conseguida se a sociedade e o meio ambiente que a sustenta estiverem bem de saúde.[13] Em outras palavras, os interesses dos maiores fundos (investidores universais) estão alinhados com os interesses da sociedade e do meio ambiente como um todo. Em 2007, os investidores institucionais (grandes investidores que possuem muitos tipos de bens e assim provavelmente serão investidores universais) possuíam 76% das mil maiores empresas dos Estados Unidos e, dessa forma, estão em uma posição extremamente poderosa para influenciar a infraestrutura e o comportamento futuros das corporações.[14]

Por ocasião de seu quinquagésimo aniversário, Monks deu um presente à Universidade de Harvard, sua *alma mater*. Era uma carta, que dizia, entre outras coisas, que:

Harvard tornou-se, talvez mais que nenhuma outra instituição, uma "proprietária" de quase todos esses empreendimentos cujo funcionamento coletivo tem impactos sobre a vida na Terra. A questão é a extensão da responsabilidade de Harvard como proprietária. O que Harvard está fazendo agora? Ela assegura um valor ideal? O que deve fazer no futuro?

Ao responder à sua própria pergunta retórica, Monks continuou, assinalando que:

> Harvard desenvolveu uma competência mundial para aumentar o valor patrimonial de seus investimentos. Podemos seriamente objetar que ela assuma responsabilidade mundial por algumas das consequências de seus investimentos? Afinal de contas, Harvard é uma das maiores proprietárias de corporações públicas; ela não é estranha ao impacto destas sobre a sociedade. As instituições não podem simplesmente definir os problemas como externos às suas missões; em algum lugar "a bola para", e algumas instituições precisam começar a aceitar responsabilidades. A alternativa é o caos, quando os problemas mais difíceis são simplesmente ignorados pelos mais qualificados para ajudar e deixados para supurar na certeza de que se tornarão tóxicos. Harvard deve enfrentar a realidade. Nossa grande universidade não vive em uma torre, mas no mundo real — onde os negócios têm um impacto muito oneroso.[15]

Ocasionalmente me pedem que fale para gerentes de fundos de aposentadoria e pensão sobre os futuros riscos que a mudança climática pode trazer. Começo por explicar que a principal causa da poluição pelos gases causadores do efeito estufa é a queima de carvão e que, se nada for feito quanto a isso, dentro de algumas décadas é provável que a instabilidade climática comece a ameaçar nosso sistema econômico. Este é um período significativo para gerentes de fundos, pois a maior parte de seus atuais contribuintes estará fazendo retiradas de seus investimentos. Depois peço que levantem as mãos os gerentes de fundos que estão investindo em minas de carvão, usinas elétricas movidas a carvão ou outras indústrias que produzem emissões intensas. As mãos levantadas revelam que a maior parte dos fundos faz tais investimentos, apesar do fato de excelentes evidências científicas indicarem que essas são as próprias máquinas que destruirão a riqueza de seus contribuintes mais jovens na época em que venham a necessitar dela.

Graças a Monks e a um grupo de gerentes de fundos proativos, uma iniciativa conhecida como Princípios para um Investimento Responsável foi criada em 2006. Um de seus programas, lançado em 2009, procura "descobrir como as externalidades mais economicamente prejudiciais que envolvem as corporações, sejam elas ambientais, sociais ou de governança, podem ser identificadas e, então, reduzidas através do empenho colaborativo de acionistas com os proprietários dessas empresas". Questões de interesse incluem emissões de gases causadores do efeito estufa, biodiversidade e serviços do ecossistema, utilização de recursos e eficiência, uso da água, segurança alimentar, corrupção, educação e questões sociais e de saúde. Em março de 2009, o programa tinha 470 signatários, com 18 trilhões de dólares sob seu controle. O trabalho é ajudado por um grupo ativista on-line conhecido como Proxy Democracy.[16] Mantido por fundações que estão, elas mesmas, interessadas em tornar-se investidores responsáveis, o Proxy Democracy auxilia os investidores a tomarem decisões divulgando as votações passadas e as pretendidas dos investidores institucionais, tornando assim transparente o real compromisso destes com um futuro mais sustentável.

A teoria do investidor universal mostra-se intrigante a partir de uma perspectiva biológica, pois sugere que possamos estar a ponto de dar um significativo passo adicional em direção à integração dos superorganismos. Como vimos, cada formiga põe o bem da colônia antes de seu próprio benefício individual, como medida segundo a qual devem calcular seu fator de desconto. Talvez, ao passo em que a humanidade enfrente os fracassos de mercado que nos levaram a descontar nosso próprio futuro de forma tão aguda, nós também venhamos a considerar cada vez mais a sobrevivência de nosso próprio superorganismo — nossa civilização global — como a medida segundo a qual estabelecer uma taxa de desconto apropriada e um horizonte de lucros dentro do sistema de mercado. Na verdade, o que a teoria do investidor universal parece dizer-nos é que os mercados, que são tão importantes para nosso superorganismo, devem ser regulados de modo a assegurar o futuro de Gaia, mesmo quando isso signifique restringir o benefício de curto prazo para as corporações e para os indivíduos.

19

SOBRE A GUERRA E A DESIGUALDADE

*As condições existentes no mundo
de hoje forçam os países, por
temerem por sua própria segurança, a cometerem
atos que, inevitavelmente, causarão a guerra.*
(ALBERT EINSTEIN, 1945)

As sociedades tornaram-se mais complexas ao longo dos milênios, de modo que se tornaram mais pacíficas internamente. No entanto, os conflitos entre essas entidades pacíficas em seu interior aumentaram, mesmo quando o número de blocos de poder político declinou, até que, por volta dos anos 1960, a guerra entre dois deles podia ameaçar toda a Terra. Hoje em dia, esses blocos de poder se dissolveram de forma ampla, e de modo confuso seguimos adiante: uma espécie mais unida do que nunca e, no entanto, ainda com pouca estrutura para coordenar as nações. Nesse mundo novo, poderá o cimento social que nos une manter a paz?

Em seu excepcional livro *O mundo é plano*, o jornalista Thomas Friedman argumenta que a paz prevalecerá como uma inevitável consequência do comércio. Como ele diz:

> As pessoas que participam das principais cadeias globais de abastecimento não querem mais travar as guerras dos velhos tempos. Querem fazer en-

tregas *just-in-time* de bens e serviços — e aproveitar os crescentes níveis de vida que vêm junto com isso.[1]

Stephen Green, o presidente do HSBC (um dos maiores bancos do mundo), que também é sacerdote anglicano, duvida da afirmação de Friedman, pois as cadeias globais de abastecimento (talvez não *just-in-time*, mas mesmo assim bem desenvolvidas) nunca impediram qualquer das guerras mundiais.[2] Devemos lembrar-nos, pretende Green, que a guerra é, em última instância, uma ferramenta política sobre a qual os negócios têm um efeito limitado. Uma coisa de que tenho certeza é que o custo da guerra, para as nações altamente desenvolvidas e, particularmente, para as grandes metrópoles localizadas em seus centros, só está aumentando.

Com frequência pensamos nas guerras futuras em termos apocalípticos: armas nucleares apontando para os centros das cidades e coisas parecidas. Mas nossas modernas cidades são tão frágeis que ataques muito menos espetaculares poderiam levá-las à ruína. Nisso, elas são muito diferentes da Londres que aguentou os ataques aéreos. As cidades de hoje dependem de tecnologias altamente sofisticadas e facilmente destrutíveis para o fornecimento de água, alimentos, combustíveis e eletricidade para populações de 10 milhões ou mais, no estilo *just-in-time*. Imaginem uma cidade como Nova York, ou a atual Londres, sem uma rede de eletricidade que funcione. As pessoas que vivem em edifícios altos provavelmente ficariam presas neles. Com as bombas de água sem funcionar, a remoção dos esgotos e o suprimento de água limpa se tornariam imediatamente problemáticos. As comunicações seriam cortadas, o fluxo de tráfego e os serviços ferroviários ficariam paralisados e, sem refrigeração, os alimentos rapidamente haveriam de deteriorar-se. De noite, as ruas estariam mergulhadas na escuridão. Geradores locais poderiam manter hospitais e outras infraestruturas vitais funcionando por algum tempo, mas, em semanas, a cidade teria de ser abandonada. Para onde iriam esses milhões de pessoas? Se a ruptura fosse suficientemente prolongada, é justo perguntar se a cidade alguma vez seria reocupada.

Como dá a entender o raciocínio de Friedman, a interrupção do comércio, uma consequência inevitável da guerra, é uma ameaça quase tão grande como a própria guerra. Hoje em dia, todos nós somos dependentes de um eficiente comércio global de bens como petróleo, carvão, alimentos, equipamentos médicos e muito mais, em escala colossal. E não só nossas cidades e comércio são vulneráveis à guerra, mas nosso planeta vivo como um todo. Seu bem-estar depende de tratados e acordos que seriam rompidos em caso de guerra. Imaginem o impacto sobre o acesso à água de rios que fluem entre estados beligerantes. Imaginem a livre produção de substâncias químicas tóxicas e de gases causadores do efeito estufa, e a próxima extração generalizada de recursos que se seguiria a uma guerra na qual as nações colocassem de lado regras mutuamente acordadas. Em conflitos anteriores, espécies protegidas, como o bisão-europeu selvagem, foram vitimadas. Hoje em dia, toda Gaia poderia sofrer, deixando-se um planeta deteriorado nas mãos dos senhores da guerra.

Em um mundo que se globaliza, a natureza do conflito deve mudar, pois em última instância não haverá "outro" contra quem lutar. Os conflitos futuros poderão ser mais parecidos com uma guerra civil, ou até mesmo com o crime organizado. Isso não significa que o conflito será menos sangrento, pois as armas estão se tornando mais potentes e mais fáceis de conseguir. Vale a pena lembrar que, em 11 de setembro de 2001, uns poucos fanáticos mataram milhares de pessoas, forçaram a interrupção de todo o tráfego aéreo nos Estados Unidos por três dias e deterioraram a maior economia do mundo.

Quando as nações entram em colapso, aumentam as oportunidades para os mais ousados. O povo da Somália é um dos mais pobres da Terra, com uma renda média de apenas 600 dólares por ano, e, no entanto, jovens somalianos analfabetos foram capazes de capturar e manter como reféns alguns dos maiores navios já construídos. Os primeiros ataques ocorreram no começo dos anos 1990 e eram restritos a águas costeiras. Por volta de 2008, os piratas somalianos, armados com barcos rápidos, armas de assalto e lançadores de foguetes, estavam atacando quase mil quilômetros mar adentro e conseguindo cerca de 80 milhões de dólares por ano em resgates. Esforços para contê-los, que envolvem as marinhas de 26 países e custam bilhões de dólares, permanecem amplamente ineficientes.

A capacidade de uma juventude empobrecida, porém motivada, para ameaçar o relativamente tranquilo mundo desenvolvido somente aumentará no futuro, pois as distâncias que nos separam estão diminuindo, nosso conhecimento uns dos outros está crescendo e tecnologias mais perigosas estão ficando mais fáceis de obter. Quando comecei o trabalho de campo em Papua Nova Guiné, no começo dos anos 1980, a guerra tribal era uma questão altamente ritualizada, e se fazia com arcos e flechas. Hoje em dia são utilizados fuzis de assalto, e o inimigo nem sempre é o tradicional; pode também incluir turistas e trabalhadores locais. Abandonar a Papua Nova Guiné em seu charco de corrupção, com seu povo pobre e desamparado, desprovido de direitos legais e privado de esperança, não é mais uma opção para o mundo, assim como não o é deixar a Somália ou Gaza entregues à própria sorte. Em última instância, nossa única esperança de influenciar homens jovens com altos fatores de desconto é fortalecer suas sociedades e famílias, e assim dar-lhes algo por que viver.

Por essas razões, em um mundo globalizado a pobreza deve ser a inimiga de todos. As últimas décadas foram testemunhas do mais assombroso progresso no sentido de tirar os pobres entrincheirados de sua miséria, e nosso futuro depende de apressarmos essa tendência. Em 1985, o operário médio da China continental ganhava apenas 293 dólares por ano, mas, por volta de 2006, pouco mais que duas décadas depois, os ganhos médios haviam subido para 2.025 dólares. A Índia está no limiar de um aumento semelhante e, já nesta década, a proporção de indianos que vivem na pobreza declinou de 60% para 42%.[3] Alguns podem duvidar de que tal transformação seja possível na África subsaariana, uma região atormentada por ditaduras, por um aumento insuportável da população, e da doença e da pobreza em medida quase igual. Mas a África também está mudando: o número de democracias na África subsaariana aumentou de quatro para onze, entre 1995 e 2005.[4] Problemas imensos subsistem:

Quênia e Zimbábue são apenas dois exemplos de países que retrocedem. Mas, pelo lado positivo, a União Africana (UA) está finalmente começando a desempenhar um papel na resolução de conflitos, a renda *per capita* tem crescido continuamente (apesar de demasiado devagar), e a pobreza desolada está declinando em muitas áreas.[5]

Será o alívio da pobreza apenas uma fantasia? Qualquer que seja a perspectiva definitiva, e seja como for que o ponto final se defina, o processo necessariamente será longo. Envolve erradicar a corrupção nos governos, construir as estruturas institucionais que são pré-requisitos para a prosperidade e criar os mercados bem regulados necessários para construir uma riqueza sustentável. Nos países mais pobres, as pessoas subsistem com o equivalente a apenas 200 dólares por ano. Se presumirmos que podemos aumentar a renda delas à razão de 10% ao ano (perspectiva extraordinariamente ambiciosa), em 2050 a renda *per capita* dos mais pobres ainda estará muito atrás da que é vigente nos países desenvolvidos.[6]

Mesmo pela mais otimista das avaliações, o mundo tem um século de pobreza pela frente, mas isso não significa que o conflito alimentado pela pobreza seja inevitável. A esperança é um tônico poderoso, mesmo para os que estão mais extremamente atingidos. Na China, a verdade dessa afirmação é evidente — para onde quer que olhemos, havemos de ver pessoas felizes porque agora ganham 1 dólar por dia, quando no ano passado ganhavam apenas 90 centavos. Os macacos bípedes se preocupam com a prosperidade relativa, mais do que com a riqueza absoluta, e é um sentido de melhoria relativa que ajuda a manter a paz no país mais populoso do mundo. E assim pode acontecer em todo o mundo, se pudermos continuar melhorando o quinhão dos mais pobres.

Os habitantes dos países desenvolvidos utilizam tantos recursos que simplesmente não é possível que todos nós vivamos dessa forma sem fazer o planeta ir à bancarrota — na verdade, os ricos já estão fazendo isso sozinhos. É evidente que os afluentes terão de reduzir o consumo e gerenciar as expectativas se tiverem esperanças de proteger seus futuros. Mas, se elevar o padrão de vida dos pobres é desafiador, reduzir o consumo de recursos dos ricos é tarefa muito mais difícil. Uma forma de tornar essa redução mais viável é propagar os mnemes certos, assim como propagamos os mnemes contra o fumo. Se desacreditarmos o consumo excessivo onde quer que o vejamos, seja veículos com tração nas quatro rodas nas ruas da cidade ou casas grandes demais e famintas de energia, poderemos ser bem-sucedidos. Mas isso exige coragem e ação individual. Muitas vezes, quando vejo tais coisas e quero dizer algo, permaneço em silêncio por temor de um constrangimento social.

Outro mneme útil é a ideia de que tais reduções do consumo permitirão que nossos filhos, assim como os pobres, vivam vidas mais razoáveis. Afinal de contas, apenas um número limitado de toneladas de CO_2 pode penetrar na atmosfera antes que o desastre aconteça. Somente um número limitado de árvores pode ser transformado em madeira serrada antes que nosso mundo seja desmatado. Comprar um carro menor, mais eficiente, e usá-lo menos não é, afinal, tanto sacrifício; nem o é comer alimentos produzidos sustentavelmente ou viver em uma casa mais modesta ou mais ecológica.

O problema é que o consumo conspícuo está ligado à nossa imagem de nós mesmos e a um dos mais arraigados instintos sociais — manter-se à altura dos outros. Competir é fundamental para a natureza humana, mas exibir o consumo para afirmar nossa posição na corrida pode ser um erro fatal. É possível imaginar uma forma diferente de competição social, que não privilegie automóveis grandes ou casas imensas como sinais de sucesso, mas antes como emblemas de ignorância e de egoísmo. Hoje em dia, alguns de nossos cidadãos mais ricos seguem esse caminho e, ao doarem suas fortunas, tentam construir um mundo melhor. Não é o suficiente, no entanto, se levarmos a sério a máxima de Andrew Carnegie, o industrial e filantropo escocês-norte-americano: "Morrer rico é morrer em desgraça."

Até agora, mal começamos a imaginar como poderíamos afastar nossa sociedade do perigoso consumo excessivo, favorecendo sinais de prestígio de forma diferente. Nem pensamos o suficiente sobre como poderíamos transformar os símbolos de status de hoje em emblemas do ridículo ou motivos de aversão. Em vez disso, algumas pessoas pensam ignorar os problemas do mundo, isolando-se dele atrás dos portões de suas propriedades. Na medida em que o século avance, a loucura desse modo de ver se tornará cada vez mais evidente. Não existe maneira fácil de alcançar um mundo mais globalmente equitativo e sustentável, mas, já em 1961, o presidente dos Estados Unidos, John F. Kennedy, lançou as bases de um começo, ao afirmar que "se uma sociedade livre não pode ajudar os muitos que são pobres, não poderá salvar os poucos que são ricos".

Existem outros gatilhos para o conflito em nossa idade moderna, e os mais importantes deles têm raízes na morte do mundo tribal. Uma cultura humana globalizada, em virtude de sua própria natureza, deve apoiar uma visão de mundo humanitária, na qual todas as pessoas têm direitos iguais. Isso não é aceito pelos que aderem a religiões ou culturas que se acreditam diferentes ou superiores ao resto de nós. Esses restos de tribalismo procuram separar as pessoas umas das outras, muitas vezes com base em uma restrição dietética, em uma prática cultural ou em um dogma. Até certo ponto, isso é compreensível. As ideologias tribais podem fazer com que nos sintamos especiais — parte de um povo escolhido —, e aceitar as crenças ou práticas de outros pode ser um penoso desafio. As raízes da migração social, dos massacres nos cultos e do terrorismo estão todas aí, e esses fenômenos provavelmente aumentarão por algumas décadas ainda, já que a globalização expõe mais e mais pessoas ao seu impacto. Essa fase do desenvolvimento humano é uma espécie de caminho difícil, que deve ser atravessado antes que possamos atingir uma situação mais estável. Nossa esperança deve estar no afastamento das velhas gerações, e que as novas gerações, nascidas no mundo globalizado, com novas maneiras de pensar sobre os desafios da guerra e da pobreza, tomem seu lugar.

20

UM NOVO KIT DE FERRAMENTAS

Theatrum Orbis Terrarum
(Teatro do Mundo)
(Título do primeiro Atlas Fidedigno,
de Abraham Ortelius, 1570)

O Fórum de Vespasiano, na Roma Antiga, abrigava uma maravilha. Conhecido como *Forma Urbis Romae*, e esculpido em mármore no começo do século III, era um mapa de Roma, onde viviam 1,5 milhão de pessoas. Em escala de 1:240, cobria uma parede inteira e era considerado tão vital que o acesso a ele era proibido, exceto para o pessoal autorizado (que se valia de longos apontadores). Nele, cada rua, muro e *popina** estavam marcados com precisão, e servia de referência em todas as disputas de propriedades.

Sem podermos contar com um mapa fidedigno do mundo, reativo e atualizado, um futuro sustentável fica impossível. Apesar disso, até recentemente tínhamos pouco mais que o *Forma Urbis Romae*. Quando eu era criança, minha janela para o mundo era uma coleção de enciclopédias velhas e encadernadas em couro, que continha mapas desenhados provavelmente no começo do século XX — pelo menos me lembro vagamente de que o

---

*Espécie de bar romano que servia vinhos e um menu limitado de comidas simples. [*N. do T.*]

Império Austro-Húngaro ainda estava lá registrado. Apesar de mostrarem alguns aspectos topográficos, a característica principal de tais mapas eram países e suas colônias, demarcados com cores ousadas. Recordo que a Austrália e o Canadá eram grandes manchas cor-de-rosa, a cor do Império Britânico. Hoje, quase cinquenta anos depois, quando necessito de mapas, recorro ao Google Earth. Lá, posso ver nosso planeta praticamente em tempo real e cores verdadeiras. A cobertura é tão detalhada que chego a localizar até mesmo meu pequeno ninho, com seus painéis de energia solar refulgindo entre as seringueiras. No Google Earth, as fronteiras nacionais retrocederam, substituídas por nosso planeta vivo, em toda sua glória e complexidade. E, em qualquer globo terrestre contemporâneo decente, até mesmo as profundezas dos oceanos, que na minha infância eram apenas um espaço em branco, agora estão mapeadas, suas serras e cordilheiras serpenteando sob o azul das águas.

Possuir o mapa correto é vital para resolver nossos problemas ambientais, mas existem outros requisitos. Para começar, devemos ser capazes de ter influência sobre os órgãos da Terra — sua crosta, seus oceanos e sua atmosfera — para ajudar a manter o equilíbrio químico e térmico do planeta. Esta é uma meta elevada para uma espécie que mal está emergindo de sua era tribal, pois requer unanimidade de objetivos, informada por uma profunda compreensão científica e ferramentas de gerenciamento inteligentes e responsivas. Apesar de estarmos longe de satisfazer qualquer dessas exigências, os avanços da tecnologia de computação dão esperança de que estejamos no limiar de uma extraordinária conquista.

Há pouco mais de uma década, eu era a inteligência no carro que dirigia, além da força física que o controlava diretamente. Não havia direção nem freios hidráulicos no meu velho calhambeque, nenhum piloto automático, nem combustível e motor computadorizados, e muito menos um GPS. Na verdade, não havia computador algum nele. Hoje, meu carro híbrido estaciona sozinho; de fato, parece estar à beira de ser capaz de ser guiado por ele mesmo. E não só os automóveis estão ficando espertos. Os computadores estão cada vez mais envolvidos em todas as formas de transporte, na rede elétrica, na produção de comida, na eliminação de resíduos e na distribuição de água, para mencionar apenas algumas áreas que estão sendo revolucionadas pelo chip de silicone. E os sistemas de computação são eficientes, responsivos, integrados e funcionam, características que, quando nossa população se aproxima dos 7 bilhões, são essenciais para impedir que nossa demanda de recursos da Terra faça falir o banco gaiano.

Uma profunda transformação, que está mais próxima do que muitos pensam, diz respeito à convergência entre os setores de transporte e de energia. Já existem planos encaminhados em muitos países para o uso em grande escala de automóveis elétricos. Os planos mais avançados foram concretizados graças a uma parceria entre o maior produtor de energia elétrica da Dinamarca, a DONG Energy, e uma empresa israelense-norte-americana embrionária chamada Better Place. No lançamento dessa parceria, ouvi em primeira mão os planos da DONG para gastar centenas de milhões de coroas dinamarquesas na eletrificação de estacionamentos para automóveis em toda a Dinamarca, bem como para construir terminais de trocas de baterias, que irão permitir que as baterias dos automóveis sejam substituídas em menos tempo do que se gasta para colocar combustível em um veículo convencional. Perguntei ao presidente da DONG Energy, Anders Eldrup, por que sua companhia estava por trás dessa iniciativa. Ele explicou que a empresa havia fabricado um enorme portfólio de aparelhos eólicos e que estes estavam tendo desempenho abaixo da média no sentido econômico, porque ninguém utilizava a eletricidade que eles produziam à noite, que, com frequência, é quando o vento sopra com mais força na Dinamarca. Anders descobriu um meio de desenvolver um mercado para essa eletricidade.

As coisas ficam um pouco complicadas quando subitamente se fazem grandes demandas à rede de eletricidade. O que aconteceria, por exemplo, se todos voltassem do trabalho ao mesmo tempo e tentassem recarregar seus veículos? A rede poderia cair, colocando em crise serviços vitais, como os de saúde. Claramente, seria necessária uma rede de eletricidade mais responsiva e "inteligente" do que aquela que a Dinamarca possui hoje em dia. E aí é que entra a Better Place. Ela é capaz de proporcionar medições inteligentes, que permitam que o provedor da rede carregue veículos elétricos em tempos e em volumes que evitem o colapso e maximizem o uso da energia renovável. Também fica simplificada a cobrança, fornecendo contas mensais como as dos celulares. Algum dia, a Better Place espera poder tirar eletricidade dos automóveis que estejam conectados à rede para ajudar no gerenciamento da carga em horários de alta demanda.

É claro que a utilização de automóveis elétricos levará à adoção de tecnologias de redes inteligentes, maximizará a eficiência do uso da eletricidade, minimizará a necessidade de nova geração de eletricidade e encorajará a adoção de fontes de energia renováveis, como a eólica e a solar. Quando consideramos a escala da construção civil nas cidades do mundo em desenvolvimento — no qual três vezes a quantidade de cidades existentes nos Estados Unidos surgirão nos próximos quarenta anos —, é evidente que as tecnologias convencionais não serão capazes de proporcionar o transporte, o suprimento de energia e a qualidade do ar de que essas cidades necessitarão. Veículos elétricos, juntamente com investimentos no transporte público, oferecem a melhor solução, e não tenho a mínima dúvida de que eles dominarão nosso futuro motorizado.

É claro que a rede inteligente oferece outros benefícios, além de abastecer os automóveis elétricos. Nossa rede elétrica atual é tão estúpida quanto possível. A demanda dirige sua dinâmica, e um provedor de energia pouco mais pode fazer do que deixar sem energia grandes setores de uma cidade para impedir um colapso geral quando, por exemplo, um enorme número de pessoas liga seus aparelhos de ar-condicionado em uma tarde quente. Mas imaginem uma rede que permitisse que o gerador desligasse a distância os aparelhos de ar-condicionado, vinte minutos por vez, ou as bombas d'água das piscinas, ou qualquer outro item não essencial, em momentos de alta demanda. Ou imaginem uma rede que entregue o controle ao consumidor — uma rede inteligente que possa utilizar eficientemente a eletricidade gerada por painéis solares no teto das casas. A diferença entre uma rede inteligente e o nosso modelo vigente é tão grande quanto a que há entre o meu velho calhambeque e o meu atual carro híbrido, só que não precisa ser mais cara, pois a economia em eficiência promete compensar os custos iniciais.

No futuro, a rede inteligente poderá parecer-se com o nosso sistema nervoso autônomo — a parte do sistema nervoso que não está sob nosso controle consciente e que regula nossa respiração, nossa digestão e nossos batimentos cardíacos. Nosso sistema nervoso autônomo nos torna eficientes, através da coordenação subliminar das funções vitais, em todo o corpo, e, assim, a rede inteligente poderia, através do controle subliminar de uma cidade, promover uma eficiência não imaginada até agora. Tais saltos quantitativos na tecnologia exigem investimentos prodigiosos. Imaginem substituir todos os postos de gasolina, toda a infraestrutura elétrica e todos os veículos a motor do seu país. E tais investimentos não podem ser desagregados, pois um depende da existência do outro para serem bem-sucedidos. O custo projetado para a infraestrutura de redes inteligentes, somente nos Estados Unidos, durante a próxima década, está estimado em 400 bilhões de dólares, e ainda está por ver-se como isso seria financiado.[1]

E as tecnologias que nos permitirão aplicar a inteligência a outras atividades humanas que afetam Gaia? Um bom lugar para começar é a mais íntima interface entre os ecossistemas e as sociedades humanas — a agricultura. Qualquer um que viva em uma região seca do mundo estará ciente da revolução que aconteceu na tecnologia de irrigação em décadas recentes. Na minha infância, a água era aplicada ao cultivo segundo padrões que não haviam mudado desde o tempo dos caldeus. Na fazenda de gado leiteiro do meu tio, a preciosa água era transportada em canais que vazavam, e os campos eram simplesmente inundados. Hoje em dia, na mesma região, condutos tubulares e sistemas de alimentação por gotejamento, controlados por computador, entregam a quantidade precisa de água requerida pelas plantas para um crescimento ideal. O rendimento aumenta, e o uso de água diminui de pelo menos uma ordem de magnitude.

Tais mudanças são importantes porque cerca de 12% da superfície do planeta são terras agrícolas usadas intensivamente, e seu gerenciamento é crítico para otimizar a estabilidade e a sustentabilidade em Gaia. O primeiro congresso significativo sobre o uso de computadores na agricultura foi realizado em 2003. Foi um evento modesto, em sua maior parte só norte-americano, mas, por ocasião do sétimo Congresso Mundial sobre Computação na Agricultura, realizado em Nevada, em junho de 2009, o número de tópicos e de nações representadas era assombroso. Desde o monitoramento sem fio de microclimas nos campos, ou a disponibilidade de umidade e detecção automática de fraqueza no gado leiteiro, até sistemas de capinação por laser robótico e avaliação óptica automatizada das frutas, parecia que cada aspecto da agricultura estava sendo tornado mais eficiente através do uso de computadores.[2]

É claro que a utilização de computadores na agricultura não irá, por si só, curar as doenças da Terra. Ela deve vir acompanhada de uma compreensão pormenorizada da função do ecossistema e dos impactos nos ciclos do carbono e dos nutrientes. Mas a questão é que, agora, dispomos de ferramentas que permitem que nos relacionemos com ecossistemas vivos com uma eficiência e uma velocidade de resposta que nunca possuímos antes. É possível que um dia consigamos regular sistemas não agrícolas de maneira similar? Os primeiros passos nessa direção já estão sendo dados, através da vigilância remota das florestas. Em janeiro de 2009, o governo da Malásia anunciou que usaria monitoração via satélite para assegurar que a extração ilegal de madeira "fosse impedida com efeito imediato". Cerca de um terço do desmatamento anual da Malásia é levado a cabo ilegalmente, de modo que isso representa um avanço significativo.[3] No Brasil, o benefício da vigilância via satélite já está dando frutos. A quantidade de desmatamento entre agosto de 2009 e maio de 2010 foi apenas a metade da que se registrou no mesmo período no ano anterior, declínio que o diretor nacional de Proteção Ambiental, Luciano Evaristo, atribui ao melhoramento da vigilância via satélite: "Antes procurávamos às cegas. Mas em 2010, todas as 244 ações estavam baseadas em geoprocessamentos inteligentes."[4] Em uma escala mais ampla, a monitoração via satélite de florestas já é capaz de expor todas as extrações ilegais de madeira em todo o mundo.

A monitoração via satélite existe apenas há algumas décadas, mas vem revolucionando nossa compreensão de como a Terra funciona. Entre os mais engenhosos de todos os sistemas de monitoração, estão os satélites emparelhados que possibilitam a detecção de anomalias gravitacionais que podem ser causadas pelo derretimento do gelo. Com essas ferramentas, tornou-se possível, só nos últimos anos, medir com precisão mudanças em regiões tão remotas como a Groenlândia e as calotas de gelo da Antártida. Já somos capazes de uma monitoração detalhada da atmosfera da Terra e lentamente estamos trabalhando na direção de um sistema de monitoração global para os oceanos — que é uma tarefa muito mais difícil porque o oceano é opaco e quinhentas vezes maior (em massa) do que a atmosfera. Iniciado em 2003, um projeto multinacional permitiu que 3 mil sondas Argo fossem baixadas nos oceanos, capazes de descer até uma profundidade de dois quilômetros e vir à tona com informações gravadas. Um número dez vezes maior dessas sondas é necessário, porém, para proporcionar detalhes suficientes, que revelem o que realmente acontece nas profundezas. Até agora, algumas das lacunas estão sendo preenchidas ao se colocarem monitores nas grandes criaturas dos mares, como focas, tubarões e outros animais, que enviam dados para estações de gravação.

Posso imaginar o dia em que nossa vigilância sobre a atmosfera, os oceanos, a terra e os céus seja tão completa que seremos capazes de antecipar-nos à maior parte dos desastres naturais. Tal sistema também nos daria um bom aviso de quando a intervenção humana é requerida para dispersar tendências malignas. Também posso imaginar um tempo em que aqueles 12% da superfície das terras que são usadas na agricultura intensiva serão gerenciados para que o fluxo do carbono e a produtividade possam ser controlados com eficácia. E um tempo em que o resto da superfície da Terra seja cuidadosamente monitorado para prevenir mudanças destrutivas. Temos ou estamos ganhando em ritmo acelerado as ferramentas necessárias para realizar isso, mas os acordos políticos necessários para usá-las com sabedoria ainda não foram feitos.

21

GOVERNANÇA

*O mundo coletivo tem sido obra
de cada geração que viveu nele,
desde a mais remota das eras.*

(JONATHAN SCHELL, 1982)

Até os macacos brincam de política, de modo que podemos estar certos de que, desde que existiram pessoas, também existiram políticos. Hoje há certa diversidade de governos, desde relíquias de monarquias, tais como Tonga e a Arábia Saudita, até as teocracias do Vaticano e do Irã, e mesmo ditaduras chocantes como as de Mianmar e da Coreia do Norte. Também existem governos monopolistas que estão flertando com a representação democrática em algum nível, como na China e na Rússia. Mas, apesar disso, como escreveu Francis Fukuyama em *O fim da história e o último homem*, a humanidade se decidiu cada vez mais por um sistema político que agora parece haver suplantado todos os outros.[1] Cinquenta anos atrás, só havia quarenta e poucos países democráticos na Terra. Hoje, quando escrevo essas palavras, existem 123. A perspectiva de ditadores que possam vir agora a se instalar na Europa Ocidental parece remota, mas eu cresci em um mundo de Francos e Salazares, e eles só desapareceram há trinta anos. A disseminação da democracia durante a segunda metade do século XX é certamente um dos fenômenos políticos mais notáveis da história humana.

O crescimento da democracia é vital para um futuro sustentável. Só ela pode proporcionar segurança e proteger direitos, tais como direitos de propriedade para os indivíduos, o que assegura que a maioria deles tenha "algo a perder" e, assim, não hão de descontar de forma abusiva seus futuros. Apesar de o número e a força das democracias estarem crescendo, ainda temos um longo caminho pela frente antes que possamos viver em um mundo inteiramente democrático.

De uma perspectiva biológica, a força motivadora da democracia é pouco mais que uma continuação da tendência que começou com a aurora da agricultura, em que os fazendeiros individualmente fracos triunfaram sobre uns poucos poderosos. Dentro das democracias, a luta entre o povo e os poderosos continua. De Nova York a Zurique, uma minoria privilegiada ainda exerce uma influência desproporcionada. Como criar democracias melhores para lidar com isso é um desafio decisivo para a humanidade. Acho assombroso que, na maior parte das democracias, ainda seja legal que qualquer pessoa entregue dinheiro a representantes políticos e, ao fazê-lo, subverta os interesses dos votantes. Em uma democracia verdadeira, todos os financiamentos políticos viriam do povo como um todo, não apenas de uns poucos seletos, pois quem paga o tocador de flauta escolhe a música. Um evento marcante ocorreu em 2008, com a eleição do presidente dos Estados Unidos, Barack Obama. Valendo-se da internet para reunir pequenas doações de um grande número de pessoas, que tinham pouca capacidade para financiar campanhas, Obama mudou o processo democrático.

As Nações Unidas, com sua mistura de governos democráticos e despóticos, permanecem sendo a coisa mais parecida que temos com uma governança mundial. Entrar na sala da Assembleia Geral das Nações Unidas, em Nova York, é como ser teletransportado de volta aos anos 1950. Assim como em meu velho mapa da enciclopédia, ali são os países que contam. Cada nação tem sua própria mesa. Elas são uniformes em tamanho e estão dispostas em ordem alfabética. Apenas duas — dos Estados observadores do Vaticano e da Palestina — estão fora de ordem, situadas na parte de trás da sala. Questões importantes são debatidas ali e, nesse estranho mundo em miniatura, a voz das pessoas de São Marinho (30 mil habitantes) e Mônaco (33 mil habitantes) tem tanto peso quanto as multidões de bilhões de pessoas da Índia e da China e quanto as economicamente poderosas populações dos Estados Unidos e da Alemanha. Como resultado, é possível que uma votação da Assembleia Geral das Nações Unidas obtenha uma maioria de dois terços e mesmo assim esteja apoiada por representantes de apenas 8% da população mundial.

Talvez lugares como a Assembleia Geral das Nações Unidas e o Parlamento Europeu nos indiquem o quanto todos os altos níveis de governo, estando tão afastados do povo, têm mais probabilidade de se tornarem irrelevantes e inefetivos. Mas será necessário um governo mundial forte para um futuro humano sustentável? Vários exemplos do mundo natural sugerem que isso pode não ser assim. As formigas, afinal de contas, mantêm suas grandes e altamente complexas sociedades sem a ajuda de uma "casta cerebral", ou mesmo sem qualquer tipo de mapa para um gerenciamento inteligente. E nossos próprios cérebros mostram como um sistema de comando e controle soberbamente complexo e competente pode ser feito a partir de partes pobremente integradas.

Nossos cérebros consistem em três amplas áreas de responsabilidade. Os dois hemisférios (o que normalmente pensamos ser "o cérebro") são significativamente desenvolvidos nos seres humanos e se conectam principalmente através de um feixe de fibras de nervos conhecido como *corpus callosum*. Os hemisférios são responsáveis pelo pensamento racional, pela linguagem e por outras importantes funções. Abaixo deles encontra-se o antigo cérebro mamífero, composto pela amígdala, pelo hipotálamo e pelo hipocampo. Sua estrutura nos seres humanos pouco difere daquela dos outros mamíferos, e é vital para as emoções e para a memória de longo prazo. A parte mais antiga é o assim chamado cérebro reptiliano, localizado atrás do resto e composto pelo tronco cerebral e pelo cerebelo. Ele controla os comportamentos de sobrevivência instintiva, os nossos músculos e o sistema nervoso autônomo.

Não existe nenhum "comandante do cérebro" que controle todas as atividades dentro desse nosso cérebro compósito. Como todos têm consciência, em certas ocasiões surge o conflito — entre as emoções e o pensamento racional, por exemplo — que resulta dessa história evolucionária em camadas. No entanto, nada disso impede nosso cérebro de funcionar como um efetivo sistema de comando e controle na maior parte das vezes. De fato, mesmo quando as conexões entre diversas partes do nosso cérebro estão danificadas, ainda assim conseguimos funcionar, como pode ser visto em pessoas que tiveram seu corpo caloso cortado, em uma tentativa para controlar a epilepsia. Em algumas pessoas tratadas dessa maneira, os dois hemisférios independentes começam a atuar separadamente — a mão controlada por um hemisfério, por exemplo, desfará alguma coisa que a outra mão tenha acabado de fazer. Mas a maior parte das pessoas continua a funcionar bastante normalmente, em parte talvez porque a comunicação entre os hemisférios é obtida, externamente, através da visão ou da audição.

Tudo isso é para dizer que um sistema de governança efetivo não precisa ser impiedosamente centralizado, mas apenas capaz de enviar mensagens que de fato influenciem o sistema que busca controlar. E isso me faz pensar que nosso superorganismo global pode funcionar perfeitamente bem sem um único governo forte, centralizado. Mas, antes de chegarmos a essa conclusão, observemos como estamos gerenciando atualmente estas partes da Terra que ficam fora das fronteiras nacionais e que, portanto, requerem um enfoque global coordenado: a atmosfera, os oceanos e os polos.

Quando considero a luta para gerenciar nossa atmosfera coletiva, não posso deixar de escrever de uma perspectiva bastante pessoal. Em 2007, dois anos depois de publicar *Os senhores do clima* — um livro que esboçava a ciência por trás da mudança climática —, deixei para trás, de certa maneira, a pesquisa científica e ajudei a criar um conselho de homens de negócios com alcance e experiência globais cujo objetivo era amplificar a voz de líderes corporativos progressistas sobre a questão do clima e criar uma dinâmica em relação à cúpula das Nações Unidas em Copenhague.[2] Conhecido como Conselho Climático de Copenhague (Copenhagen Climate Council), tal conselho reuniu os melhores pareceres sobre ciência e políticas públicas a presidentes de empresas líderes. Em maio de 2009, nós organizamos a Cúpula Mundial Empresarial sobre Mudanças Climáticas, que atraiu oitocentos líderes do mundo dos negócios. Em setembro daquele mesmo ano, os presidentes de empresas do nosso conselho participaram da Semana sobre o Clima promovida pelas Nações Unidas, travando discussões nas mesas-redondas com cerca de oitenta chefes de governo, quase a metade dos líderes políticos do mundo, sobre aspectos da mudança climática.

Nunca me senti tão otimista sobre as perspectivas de a humanidade vencer seu maior desafio como em setembro de 2009. O sentido de colegialidade entre os chefes de governo era palpável, e a mensagem de que os negócios queriam um acordo efetivo firmado em Copenhague foi enviada em alto e bom som. Alguns dias depois, quando o G20 se reuniu em Pittsburgh, os líderes que compareceram declararam que "não poupariam esforços para alcançar um acordo em Copenhague". Mas algumas semanas depois, apenas, as coisas começaram a andar para trás, quando ficou claro que o Senado dos Estados Unidos não aprovaria a legislação norte-americana sobre o clima a tempo para a reunião de Copenhague. Parecia que o mundo estava sendo mantido refém por alguns poucos resistentes, cujas crenças reflexas na "sobrevivência do mais apto" permitiam violações dos bens comuns.

O golpe final nas minhas esperanças de um acordo abrangente veio em 24 de outubro de 2009, o dia em que milhares de pessoas se uniram em manifestações globais para apoiar uma meta para a concentração atmosférica de CO_2 de 350 partes por milhão. Enquanto elas se juntavam nas planícies da África e da Ásia Central, na Grande Barreira de Corais e em Washington, notícias vazavam de que Yvo de Boer, o secretário--executivo da Convenção-Quadro das Nações Unidas sobre a Mudança do Clima, a entidade que organiza as negociações globais, estava dizendo que nenhum tratado legalmente obrigatório seria assinado em Copenhague. Foi como se, tendo nadado contra a corrente do redemoinho por tanto tempo, estivéssemos em perigo de ser sugados por um vórtice de tristeza insuportável.

Mas o que ocorreu com a própria reunião, realizada no Bella Centre de Copenhague? Escrevi o parágrafo seguinte tarde da noite, voando da reunião de volta para casa:

> Desde o começo as falhas eram evidentes. A reunião foi mal organizada pelas Nações Unidas, mas isso foi apenas parte do problema. O primeiro-ministro dinamarquês não tinha experiência em políticas globais. O Sudão era chefe do G77 (um agrupamento dos países menos desenvolvidos) e, quando a Anistia Internacional pediu que a Dinamarca prendesse o presidente al-Bashir, do Sudão, por violações aos direitos humanos, o Sudão dispôs-se a romper as negociações.

No último dia da cúpula, sexta-feira 18 de dezembro, depois de semanas de reuniões infrutíferas e de incerteza, a exaustão havia tomado conta. Fui embora na tarde do sábado — as negociações ainda continuaram muito além do término programado para a meia-noite da sexta-feira — com uma sensação de que algo fundamental havia mudado. O processo das Nações Unidas, que havia guiado as negociações sobre o clima por 15 anos, finalmente se havia revelado incapaz de chegar a uma decisão. Somente com a entrada do presidente Obama em uma reunião com líderes chineses, indianos, sul-africanos e brasileiros é que algum tipo de pacto foi assinado. E mesmo esse pacto, o Acordo de Copenhague, não foi adotado pelas Nações Unidas, mas meramente "anotado". É difícil imaginar agora que as Nações Unidas consigam fazer algum acordo global sobre qualquer questão significativa. Não importa qual seja o modelo de governança que a humanidade adote para resolver seus problemas, não é provável que isso se faça através de uma convocação de nações, unidas como iguais.

O Acordo de Copenhague pode parecer um resultado fraco, mas isso ocorre principalmente porque nossas expectativas eram demasiado altas. Ele foi repudiado como um acordo meramente político, mas qualquer acordo que inclua os maiores emissores de carbono não deveria ser desdenhado. As nações em desenvolvimento usufruirão do resultado, de modo que não podem mais se desvencilhar de suas próprias responsabilidades de atuar sobre a mudança climática. As garantias de redução feitas pela China são tão grandes que os tecnocratas chineses, sobre elas consultados, responderam que não eram viáveis. Mas o Partido Comunista insistiu, e elas agora estão sendo implementadas, assim como, incidentalmente, está sendo posto em prática um esquema de limitar e negociar (ações de mitigação que geram créditos, também conhecidos como permissões de emissões, que podem ser negociados a valores estabelecidos pelo mercado) para os gases causadores do efeito estufa. Se as reduções acordadas forem de fato realizadas globalmente até o prazo determinado, que é 2020, elas têm o potencial, se os países desenvolvidos fizerem sua parte, de estabilizar as concentrações de CO_2 atmosférico em cerca de 450 partes por milhão, ou a 2º C de aquecimento. Se todas as garantias de redução de carbono, com base no Acordo de Copenhague, forem cumpridas, a humanidade estará emitindo apenas 48 gigatoneladas de CO_2 em 2020. Para ficarmos abaixo de 450 partes por milhão, teremos que estar emitindo 44 gigatoneladas, de modo que só permaneceremos a quatro gigatoneladas da meta. E isso poderia ser feito se os países desenvolvidos cortassem sua produção de gases causadores do efeito estufa em um terço mais do que o atualmente garantido.

Existe a preocupação de que o Acordo de Copenhague não seja um tratado legalmente obrigatório, mas é possível que qualquer tratado seja verdadeiramente compulsório dentro do contexto das Nações Unidas? Sob o Protocolo de Kyoto, legalmente mandatório, vimos países como o Canadá repudiarem suas obrigações sem que houvesse consequência alguma. De fato, é difícil ver como qualquer tratado possa ser compulsório. Tudo que podemos dizer agora é que é demasiado cedo para declarar que a reunião de Copenhague foi um fracasso.

Talvez não devêssemos nos surpreender com as dificuldades que o mundo teve para entrar em acordo em Copenhague. Em 2008, o teórico de jogos Manfred Milinski publicou os resultados de uma simulação da Cúpula de Copenhague. Cento e cinquenta e seis estudantes voluntários foram divididos em 26 times. Cada participante recebia um orçamento de 40 euros e lhe era dito que, a não ser que eles pudessem sustar a mudança climática, ocorreria uma catástrofe humana. Para ser efetivo em sua luta contra a mudança climática, porém, cada time de seis pessoas teria que contribuir com 120 euros — uma média de vinte euros por pessoa. Portanto, havia no jogo suficiente dinheiro para resolver o problema. Em dez rodadas, cada estudante teve várias chances de contribuir com uma pequena quantia, com uma grande quantia ou com nada. Se seu time conseguisse vencer o desafio climático, os indivíduos ficariam com o dinheiro restante. Mas, se falhasse, não ficariam com nada. Em um cenário em que a condenação pelo clima era certa, apenas metade dos times contribuiu com os 120 euros necessários para vencer, ao passo que, em uma versão do jogo em que a chance de mudança climática catastrófica foi reduzida a 10%, apenas um time, dos 26, contribuiu com fundos suficientes.[3]

Visivelmente, os estudantes não estavam atuando de maneira racional, nem no seu melhor interesse. Uma razão para atuar tão pobremente é que não tinham uma maneira de punir aqueles que não contribuíam para salvar o clima, nem uma forma de recompensar aqueles que o faziam, o que se parece muito com o atual processo das Nações Unidas. Ao comentar a possibilidade de sucesso em Copenhague antes do evento, o veterano teórico de jogos Carlo Carraro afirmou: "Sem nenhuma chance." Qualquer acordo com chance de sucesso, acredita ele, deve estar centrado em cenouras e porretes, isto é, incentivos para que os países reduzam as emissões e desincentivos para as fraudes — e esses incentivos devem ser do tipo certo.[4] A teoria de jogos indica que as cenouras são muitas vezes mais efetivas que os porretes, e que o pior tipo de porrete é aquele imposto unilateralmente, tais como as tarifas de comércio para os bens com conteúdo intensivo de carbono, incluídas na legislação proposta pelos Estados Unidos, a lei Waxman-Markey, que tende mais a irritar as nações do que a proporcionar incentivos para um comportamento cooperativo.

Essa lei foi aprovada pela Câmara dos Deputados norte-americana em 2009, mas ainda deve ser analisada pelo Senado.

Ao realçar as inadequações do procedimento das Nações Unidas, a Cúpula de Copenhague convidou a refletir sobre como poderíamos lidar com problemas globais no futuro. Uma possibilidade é que o G8 (França, Alemanha, Itália, Japão, Reino Unido, Estados Unidos, Canadá e Rússia), o G20 (um grupo de vinte ministros de finanças e diretores de bancos centrais, que representam as maiores economias, cujas reuniões os chefes de estado estiveram frequentando recentemente) ou o Fórum das Grandes Economias (que representa 17 grandes economias, muitas delas com um nível muito alto de emissão de carbono *per capita*) poderiam produzir uma abordagem viável para encontrar uma solução. Na perspectiva da teoria dos jogos, isso é preferível porque a possibilidade de intermediar um acordo efetivo é maior se o número de jogadores envolvidos for pequeno. Se aprendermos com nossos erros, nossas chances de sermos bem-sucedidos em nossa próxima tentativa serão melhoradas.

O mundo real das políticas do clima global é infinitamente mais complexo que os jogos. Os senados ou as câmaras altas dos sistemas de governo podem impedir avanços, e assim também o sistema das Nações Unidas (um voto por nação, sem que se leve em conta a população). Em ambos os casos, o problema está na relutância das entidades políticas quanto a ceder poder. Talvez um estudo detalhado de federações bem-sucedidas e fracassadas, assim como de tratados globais bem-sucedidos e fracassados, pudesse auxiliar o progresso nesse campo. Outro problema, para as Nações Unidas, está na prevalência de ditaduras e democracias parciais. Sendo devotadas ao bem de alguns poucos, antes que ao bem de todos, elas atuam como elementos corruptores, sempre que o poder de Estado das democracias é dividido, por tratados ou por outros meios.

Copenhague não tratou apenas das negociações políticas. Uma das iniciativas mais extraordinárias do encontro se deu fora do campo político. A campanha Vote Earth resulta de uma parceria entre a Earth Hour do WWF e o Google Earth. Ela distribuiu urnas eletrônicas em milhares de portais da rede, convidando as pessoas a "votarem na Terra" em apoio a um resultado significativo em Copenhague. Apesar de ter falhado em alcançar seu objetivo estratégico, a campanha fez avanços extraordinários em termos de democracia baseada na rede. Com protocolos que impediam cada endereço da rede de votar mais de uma vez, o sistema avançou no sentido de assegurar um só voto por pessoa, coisa que apenas dois anos antes a internet não era capaz de fazer.

Com 3,3 bilhões de celulares ativos e muitas pessoas capazes de acessar a internet nos cibercafés ou em seus próprios computadores, a campanha Vote Earth demonstrou a possibilidade da democracia globalmente participativa que, até certo ponto, contorna o poder do Estado. Posso imaginar, por exemplo, um grupo de cidadãos utilizando essas ferramentas para organizar uma votação para o cargo de Secretário Geral *de facto* das Nações Unidas. Tal indivíduo pode não possuir um poder formal, mas ele ou ela teria, certamente, um grande poder moral de persuasão. Talvez essas eleições on-line, organizadas pelo povo, do povo e para o povo, possam no futuro ser feitas paralelamente às eleições oficiais. A forma precisa segundo a qual nossas sociedades hão de lidar com o poder da internet de expressar a vontade política das massas ainda está por vir, mas decerto representa uma forma de compensar, pelo menos em parte, as tendências antidemocráticas inerentes a muitos governos.

Devemos voltar-nos, agora, para o gerenciamento dos nossos outros bens comuns globais. Um fato original está ocorrendo agora no Ártico, onde as nações que circundam a calota de gelo estão se apropriando das áreas comuns do Polo Norte, com rapidez e tanto quanto lhes é permitido pela Convenção das Nações Unidas sobre o Direito do Mar. Conforme esse tratado, uma nação que deseje reivindicar parte do oceano precisa demonstrar que o leito do mar é uma continuação de sua plataforma continental. Em meados de 2009, as únicas partes não reclamadas do Ártico eram uma fatia do leito do mar, no lado russo do Polo Norte, e um par de pequenos trechos ao norte do Alasca. No entanto, ainda não podemos definir se essa apropriação de bens comuns globais será mais bem-sucedida em promover o seu gerenciamento e o seu uso sustentável.

A Antártida oferece, ainda, outros meios de lidar com os bens comuns globais. Sete nações reivindicam soberania sobre partes do continente coberto de gelo. Pelo Tratado Antártico, ratificado por 47 países, o continente está protegido, como área de reserva científica, e existe uma proibição de atividades militares. Em 1983, a Sétima Conferência de Chefes de Estado e Governos de Países Não Alinhados lançou um desafio direto ao tratado. Eles haviam perdido a oportunidade de fazer uma reivindicação e achavam que a exploração dos recursos naturais da Antártida deveria ser levada a cabo para o benefício de toda a humanidade, pedindo "uma cada vez mais ampla cooperação internacional na área". Embora a extração de recursos do continente antártico ainda possa estar algumas décadas no futuro, a coleta de peixes e de outros recursos de seus mares circundantes já está ocorrendo, e o esforço é para declarar todo o oceano Antártico *res communis* — parte da herança comum da humanidade — o que sujeitaria a pesca a impostos internacionais, a taxas de utilização e arrendamento, ou à venda de licenças de pesca. Mas como estão sendo gerenciados os oceanos sob as regras da *res communis*?

Foi o jurista holandês Hugo Grotius que, no século XVII, desenvolveu o conceito da liberdade do "alto-mar", afirmando que o oceano aberto era território internacional, que todos eram livres para usar. Em 1967, o embaixador de Malta nas Nações Unidas, Arvid Pardo, defendeu ante a Assembleia Geral que o leito do oceano em alto-mar deveria ser considerado "herança comum" da humanidade. O discurso iniciou uma cadeia de eventos que, em 1994, viu surgir a Convenção das Nações Unidas sobre o Direito do Mar. Entre suas provisões mais importantes estava o estabelecimento de uma agência das Nações Unidas, a Autoridade Internacional do Leito Marinho, para regulamentar a extração de recursos minerais em alto-mar. A convenção também permitiu uma extensão dos direitos das nações ao leito marinho, do tradicional limite de três milhas (4,8 quilômetros) para 12 milhas (19,2 quilômetros) da costa, e a outorga do uso econômico exclusivo de uma zona que se estende a duzentas milhas (320 quilômetros) da costa. Apesar de essas mudanças terem colocado a maioria da pesca sob controle nacional, ainda existem vastas áreas onde a *res communis* domina, e ali se encontram grandes nacos da biodiversidade e da possível riqueza mineral da Terra aguardando sua exploração pelo primeiro que lá chegar.

Nenhum exemplo de nosso total fracasso na gestão da *res communis* é mais desanimador do que o do atum-de-barbatana-azul do Atlântico. Verdadeiros habitantes do oceano azul, esses peixes podem chegar a pesar três quartos de tonelada e, como nadam com velocidade de até cem quilômetros por hora, cobrem grandes distâncias. Fazem uso de algumas jurisdições nacionais para se reproduzir, outras para se alimentar, e são igualmente dependentes de todas elas. Para conservar esse recurso valioso, criou-se, há quarenta anos, um organismo de gestão — a Comissão Internacional para a Conservação do Atum do Atlântico, em que estão representadas 43 nações, e que está encarregada da conservação desses peixes. Mas a comissão vem sendo controlada por organizações pesqueiras nacionais e não fez mais do que acelerar a extinção do atum. Como observou o biólogo marinho norte-americano Carl Safina, o atum-de-barbatana-azul do Atlântico é valioso demais para ser deixado vivo. Um exemplar de 201 quilogramas é vendido por atacado, no Japão, por 173.600 dólares, o que faz dele a mais valiosa criatura viva da Terra, valendo mais que um elefante ou um rinoceronte vítimas de caça predatória. Quando terminava o ano de 2008, Safina escreveu:

> O fim dos tempos ameaça o gigantesco atum-de-barbatana-azul, cujas chances de sobreviver foram enormemente diminuídas, em novembro passado, pela comissão internacional encarregada de sua proteção. Uma vez mais, aquele organismo (...) recusou-se a tomar medidas severas para prevenir a desembestada sobrepesca do atum azul no único baluarte que lhe resta, e que está desaparecendo rapidamente: o Mediterrâneo. [Ao estabelecer, em 2009, o limite de captura, no Mediterrâneo, em 22 mil toneladas] por incompetência, por cobiça e pela temerária interferência da indústria (...) os membros da comissão concordaram com assegurar um maior declínio.[5]

Especialistas em pesca consideram que a espécie está à beira da extinção, e a comissão encarregada da sua preservação mal restringiu sua captura.

Foi o ecologista norte-americano Garrett Hardin que, em 1968, nos despertou para a tragédia dos bens comuns.[6] Mas Elinor Ostrom considera que é possível administrá-los sustentavelmente, se tivermos a capacidade de excluir os intrusos, regras claras, mutuamente concordadas, sobre quem tem direito a fazer o quê, juntamente com penalidades apropriadas para os transgressores, a capacidade de monitorar o recurso, e mecanismos para resolver conflitos.[7] Até muito recentemente, não tínhamos, e em alguns casos continuamos sem ter, algumas dessas condições para proteger nossos bens comuns globais. Vale a pena observar, porém, que a vigilância humana agora é bem capaz de detectar transgressores e de monitorar os recursos globalmente. O que ainda nos falta são os aspectos políticos — as regras claras e acordadas, as penalidades e a resolução de conflitos — e até que os alcancemos, através do único mecanismo viável que possuímos hoje, um tratado global, provavelmente continuaremos a falhar na gestão de nossos bens comuns globais, em prejuízo de todos.

Em última instância, um tratado deste tipo deve assumir um enfoque holístico, que proteja a química e a ecologia desses lugares. Talvez ele seja administrado por meio de um futuro Conselho de Segurança Gaiano, com suficientes poderes e constituído de forma a ser a autoridade definitiva sobre os bens comuns globais. É difícil imaginar o nascimento de tal organização hoje, mas os filhos de um mundo globalizado, olhando para trás, para nossos abjetos fracassos, poderiam fazê-la surgir. O problema é que as ameaças ao nosso ambiente continuam aumentando e, agora, têm o potencial de vencer-nos antes que venhamos a adquirir tal sabedoria.

Um raio de esperança, porém, pode ser vislumbrado em uma direção bem diferente. A destruição de nossos bens comuns globais prospera com o segredo e, no século XXI, por cortesia da globalização e das novas tecnologias, o segredo tornou-se uma mercadoria rara. É possível criar um site na rede onde qualquer um que veja ocorrer a superexploração ou a poluição possa colocar essa informação em uma base de dados acessível de forma global, junto com fotografias tiradas de celulares, imagens de satélite e laudos de laboratórios. Imaginem uma base de dados detalhada das usinas elétricas alimentadas a carvão do mundo. Imaginem a mesma coisa para frotas pesqueiras que estejam superexplorando os mares, ou para os depósitos de lixo tóxico. Se a persuasão moral tem algum poder, talvez seja possível que o bom cidadão, assim informado, possa comprar-nos o tempo necessário para desenvolver o enfoque internacional requerido para que venha a estabelecer-se a gestão sustentável dos bens comuns globais. E a cidadania pode não parar na persuasão moral. O caso do Greenpeace, que emprega ações diretas contra a frota baleeira japonesa no oceano Antártico, usando seus botes para interpor-se entre as baleias e os baleeiros, é apenas um exemplo de pessoas cansadas da incapacidade dos governos, que tomam as questões em suas próprias mãos para benefício do planeta.

22

RESTAURAR A FORÇA DA VIDA

Alguns sustentaram que, se o Espírito do Homem desse um "toque adequado" ao Espírito do Mundo (...), poderia comandar a Natureza.

(FRANCIS BACON, 1639)

Podemos expandir a biocapacidade da Terra, seu potencial para sustentar a vida? Para um planeta do qual se espera que sustente 9 bilhões de pessoas, nada é mais essencial. É a biodiversidade da Terra que a conserva habitável. A primeira exigência é uma redução dramática das emissões dos gases causadores do efeito estufa. Mas isso somente não há de assegurar nosso sucesso, pois o sistema da Terra foi danificado por nossas atividades, e tal estrago precisa ser reparado. Mas quanto dano foi feito?

O carbono nos dá meios de calcular isso. Nos últimos três séculos, ao desmatar, queimar e arar, liberamos entre 200 e 250 bilhões de toneladas de carbono. Isso é um quarto de trilhão de toneladas de carbono efetivamente "condenado à morte" e corresponde a 22 e 43% de todo o carbono liberado na atmosfera nesse período.[1] Dentro dessa tonelagem estão espécies inteiras, desde os tilacinos (lobos-da-tasmânia) aos pássaros dodó e às árvores das florestas tropicais, cuja perda inevitavelmente enfraquece a resistência da Terra, assim como sua produtividade. Até agora somos incapazes de dizer o quanto essa perda fez diminuir a provisão de energia da Terra. Mas é indiscutível que a destruição causou impacto em Gaia de duas maneiras fundamentais: ao prejudicar a bomba de carbono da Terra, que continuamente transforma o CO_2 atmosférico em seres vivos, e ao sobrecarregar nossa atmosfera com carbono morto, fazendo assim pressão sobre o sistema climático do planeta ao aquecer a atmosfera. Se alguma vez pudermos reparar esse dano, precisaremos desenvolver uma visão holística do ciclo do carbono que nos permita aplicar um "toque adequado", como mencionou Francis Bacon em *Sylva Sylvarum*, a esses tecidos gaianos mais criticamente danificados.[2]

A fotossíntese está no coração da produtividade da Terra. Descrita cientificamente, ela soa prosaica: uma planta absorve água, luz solar e CO_2, e exala oxigênio, ao mesmo tempo que utiliza o carbono do CO_2 para produzir açúcares, que constroem os tecidos das plantas. Uma folha é um pequeno milagre, pois através dela uma transubstanciação se faz — de um gás sem vida em um ser vivo sólido. É uma espécie de ressurreição do CO_2, o gás liberado com a morte e o apodrecimento, o gás que envolve os planetas mortos. Contudo, a partir dele as plantas forjam formas belas, que sustentam todas as hostes de vida terrena, inclusive nós mesmos. Geralmente compreendemos mal como as árvores crescem, imaginando que elas, de alguma forma, saltam da terra, de suas raízes. Mas esse não é o caso. As árvores crescem do ar, por meio de minúsculos buracos em suas folhas chamados estômatos, através dos quais absorvem CO_2. Observem uma árvore e poderão estimar grosseiramente (se puderem imaginar suas raízes) a quantidade de carbono que ela sequestrou durante sua vida. Cortem e queimem essa árvore, e sua provisão de carbono, acumulada durante toda uma vida, é liberada na atmosfera.

Enquanto os métodos industriais de captura do carbono permanecem nas pranchetas, as plantas são o mecanismo existente com mais eficiência e, a cada ano, desmembram 8% de todo o CO_2 atmosférico. Armazenar parte desse carbono capturado é tudo a que devemos aspirar agora. Não há melhor lugar por onde começar do que a agricultura e a silvicultura globais, pois é lá que estamos mais intimamente conectados com o milagre da transubstanciação do carbono.

As reservas de carbono da vida são maiores no grande cinturão de florestas tropicais que rodeia a Terra. Apesar de recobrirem apenas uma pequena porcentagem da superfície do planeta, as florestas tropicais têm uma importância desproporcionalmente alta para o sistema climático de Gaia. Ademais de armazenar carbono, produzem chuva (quatro quintos da precipitação pluvial da Amazônia vêm da própria floresta, através da transpiração do vapor d'água), e a transpiração das florestas atua para esfriar nosso globo. São também importantes reservas de biodiversidade, e estima-se que dois terços de todas as espécies vivas residam nas florestas tropicais, que são o lar de centenas de milhões de cidadãos da Terra, os mais pobres e mais carentes, que atualmente dependem, para sua sobrevivência, de algumas das práticas menos sustentáveis da humanidade.

O potencial que as florestas tropicais possuem de contribuir para a solução da crise climática foi examinado na *Eliasch Review*, assim chamada em homenagem ao homem de negócios sueco residente em Londres, que foi o representante especial para a questão do desmatamento do primeiro-ministro Gordon Brown, do Reino Unido. Johan Eliasch gastou 8 milhões de libras ao comprar 1.600 quilômetros quadrados de floresta tropical brasileira, para protegê-la. O relatório que Eliasch produziu em 2008 estava amplamente baseado nos números fornecidos pelo Painel Intergovernamental sobre Mudanças Climáticas, que, apesar de excessivamente conservador em suas estimativas, é um bom ponto de partida. Segundo esse relatório, em média um hectare de floresta tropical captura aproximadamente três toneladas de CO_2 por ano. Sem essa contribuição para a limpeza da atmosfera, o relatório estima que a concentração de CO_2 na atmosfera teria sido elevado 10% mais rápido do que o fez nos últimos duzentos anos. Recentemente, porém, foi demonstrado que a floresta tropical está, de fato, capturando 20% mais carbono do que o relatório estimou e, assim, essas árvores tropicais que restam estão ficando maiores do que nunca.[3]

Até agora não demos o valor devido à contribuição das florestas tropicais para a estabilidade climática. Em vez disso, nós as cortamos e abatemos, transformando-as em madeiras exóticas, tais como teca, ébano e meranti, com as quais construímos e adornamos nossos lares. No entanto, apesar de todo nosso trabalho com os machados, até o século XIX as florestas tropicais sobreviveram muito bem. Quando Alfred Russel Wallace visitou a ilha de Singapura em 1862, descobriu um lugar coberto por uma selva densa e venerável, na qual os tigres ainda eram suficientemente abundantes para "matar um chinês por dia".[4] Não muito antes disso, no século XVII, os rinocerontes, tigres e leopardos de Java espreitavam logo além da paliçada dos colonos holandeses, no que hoje é Jacarta, e Hong Kong era uma tranquila aldeia de pescadores.

Por volta de 2009, quase a metade das florestas tropicais existentes em 1800 tinha sido arrasada e, nesse ritmo de destruição, antes de 2050 a maior parte das áreas protegidas remanescentes também terá desaparecido. Como resultado, alguns países em desenvolvimento têm altas taxas de emissão de gases causadores do efeito estufa. Papua Nova Guiné, por exemplo, produz um terço das emissões da Austrália, um país com quatro vezes sua população e que queima enormes quantidades de carvão. Globalmente, 15% de todas as emissões de gases que contribuem para o efeito estufa causadas pelos seres humanos são resultado da destruição de florestas tropicais. Se pudéssemos fazer reverter esta tendência desanimadora e, por volta de 2050, pudéssemos restaurar entre 8% e 17% do que destruímos, entre 40 e 200 bilhões de toneladas de CO_2 seriam capturados na floresta tropical em crescimento. Como colocamos cerca de 200 bilhões de toneladas de CO_2 na atmosfera nos últimos duzentos anos, essa reversão poderia, teoricamente, chegar perto de equilibrar a contabilidade do carbono de Gaia.

A destruição das florestas tropicais interessa a muito pouca gente: apenas às companhias madeireiras, que se apropriam do patrimônio dos habitantes originais — de fato, do patrimônio de toda a humanidade —, e aos políticos corruptos, que as ajudam a beneficiar-se diretamente. Os aldeãos que vivem na região, por outro lado, perdem uma fonte de materiais de construção, alimentos e remédios, ao passo que toda a humanidade perde uma oportunidade vital de estabilizar nosso clima. Mas como podemos fazer reverter essa situação? A certificação de produtos florestais, para assegurar que foram colhidos sustentavelmente, é uma ferramenta poderosa, mas nossa abordagem, até agora, tem sido voluntarista e muito desanimada. Um esforço holístico e mais unificado é necessário e pode surgir com mais efetividade como resultado de um tratado global.

Para falar a verdade, nós, cidadãos do mundo desenvolvido, viemos prometendo há anos em encontros ambientalistas pagar para proteger as florestas tropicais do mundo. Primeiro, na II Conferência das Nações Unidas sobre Meio Ambiente e Desenvolvimento, em 1992, depois em Kyoto e, outra vez, em Copenhague. Os países mais pobres estão amargamente céticos de que algum progresso possa ser feito. A justiça natural nos diz que isso é necessário, e podemos apenas esperar que os 100 bilhões de dólares prometidos em Copenhague pelos países desenvolvidos permitam que os mais pobres de nossos irmãos melhorem suas vidas de maneira tal que as florestas sejam protegidas e, ao mesmo tempo, ajudem a obter uma segurança climática global.

As florestas tropicais não são os únicos meios de armazenar CO_2. Também existem oportunidades na agricultura, na silvicultura, no gerenciamento de pastagens e até nos parques nacionais. Uma tecnologia chamada pirólise transforma o carbono biológico (o tipo presente em plantas e animais) em uma forma mineralizada de carbono. Quando as plantas e os animais morrem, eles apodrecem, liberando suas reservas de carbono na atmosfera. O carbono mineralizado não apodrece, de forma que, se adicionado ao solo, permanecerá ali por centenas ou milhares de anos. A pirólise trabalha como uma usina de eletricidade movida a carvão ao inverso. Em vez de alimentar em uma fornalha o carvão que mineramos e liberar seu CO_2 na atmosfera, a pirólise usa o carbono capturado pelas plantas e o transforma em uma forma mineral, que pode ser enterrada no solo.

Restos de cultivos, estrume de animais, madeira desprezada de árvores cortadas, até mesmo esgotos humanos podem ser utilizados como matéria-prima para pirólise, e o processo não requer uma fonte de energia externa, exceto no começo. A matéria-prima é aquecida na ausência de oxigênio, separando-se em frações sólidas, líquidas e gasosas. As sólidas são principalmente carvão vegetal (carbono mineralizado), as líquidas são bio-óleo e as gasosas são feitas de monóxido de carbono, metano e outros compostos. Tanto o bio-óleo como o gás, que são ricos em hidrogênio, podem ser queimados para obter energia. Isso libera algum carbono na atmosfera, mas, em geral, mais carbono é subtraído à atmosfera do que adicionado. Alternativamente, o bio-óleo pode substituir o petróleo cru na fabricação de muitos produtos, desde combustíveis para transporte até fertilizantes e plásticos.

Até 35% do carbono presente na matéria-prima podem ser transformados em carvão. Se for misturado ao solo, a maior parte do carbono contido no carvão vegetal permanecerá ali por centenas ou milhares de anos.[5] O carvão vegetal gerado pela pirólise é único, no sentido de ser um meio seguro, provado e duradouro de sequestrar o carbono. A maioria dos especialistas considera que 1 bilhão de toneladas de carbono por ano podem ser armazenadas nos solos como carvão vegetal.

E há outros benefícios. Quando enterrado no solo, o carvão vegetal diminui a acidez deste e fornece nutrientes e minerais residuais. As bactérias e os fungos do solo, essenciais para o crescimento sadio das plantas, logo colonizam sua estrutura porosa. Sua capacidade de filtração purifica a água e ajuda a retenção de umidade, melhorando o acesso das plantas aos nutrientes e à umidade, como que possibilitando assim um período de crescimento mais longo. Também há indicações de que as emissões, pelas bactérias do solo, de óxido nitroso, um poderoso gás causador do efeito estufa, são significantemente reduzidas quando os solos são tratados com carvão vegetal.[6]

Numerosos experimentos indicam que os rendimentos de uma variedade de cultivos, de cenouras a grãos e forragens, geralmente aumentam quando o carvão vegetal é adicionado aos solos. O impacto com frequência é maior em solos tropicais lixiviados, que não contêm carbono, com aumentos de rendimento registrados entre 50% e 300%. Em solos de melhor qualidade, foram documentados aumentos de rendimento tipicamente entre 7% e 20%.[7] As estimativas de quanto o carvão vegetal pode impulsionar os rendimentos globais de alimentos ainda estão por ser calculadas. Mas qualquer coisa que possa ajudar na conservação da água e na melhora de sua qualidade, que possa aumentar a produção de alimentos, produzir energia limpa e ajudar a combater a mudança climática é uma adição bem-vinda à nossa cesta de tecnologias.

O sequestro do carbono nas florestas tropicais, ou na forma de carvão vegetal, é limitado. As florestas crescem devagar — a captura ideal de carbono por uma plântula recém-plantada está a décadas de distância —, e as máquinas de pirólise levam tempo para serem construídas e começarem a operar. Isso significa que nenhuma das duas estará contribuindo otimamente para combater a mudança climática por um par de décadas. Existem, no entanto, outras opções que nos permitem armazenar carbono rapidamente e em grande escala. Elas envolvem principalmente modificações na maneira pela qual gerimos nossos solos agrícolas e as pastagens do mundo (terras usadas para pasto) e na maneira de controlarmos os incêndios nos trópicos secos, tudo isso podendo ser entendido, num sentido mais amplo, como melhor gerenciamento dos nossos solos.

Os solos representam uma enorme reserva de carbono — cerca de 150 bilhões de toneladas em todo o mundo, o que é, grosseiramente, o dobro da quantidade de carbono na atmosfera.[8] É três vezes mais do que o carbono contido na vegetação.[9] O carbono do solo tem três componentes principais: o húmus, o carvão vegetal e as raízes e outras partes subterrâneas das plantas. O húmus é relativamente estável, um material orgânico composto de longas e fortes cadeias de moléculas de carbono. É o que faz o solo parecer preto. Tem uma grande capacidade de reter partículas minerais, que são valiosas para as plantas, e pode absorver a maior parte de seu peso em umidade. Apesar de ser um elemento importante do carbono do solo, o húmus não é a forma predominante em nossos solos. Essa honra vai para o tecido vivo da planta, principalmente na forma de raízes.

As terras de cultivo usadas intensivamente em todo o mundo perderam entre 30 e 75% de seu conteúdo de carbono nos dois últimos séculos; isso significa cerca de 78 bilhões de toneladas de carbono. Quando esse valor é somado ao carbono perdido nas pastagens pobremente gerenciadas e nos solos erodidos (que não tem sido estimado com segurança), fica claro que uma enorme quantidade de carbono se deslocou dos solos para a atmosfera.[10] Apesar de isso ser uma notícia ruim, existe uma fímbria de esperança: com uma gestão adequada é possível restaurar por volta de dois terços do carbono perdido nos solos agrícolas em 25 ou 50 anos.[11] E, para cada tonelada de carbono do solo restaurada, 3.667 toneladas de CO_2 são subtraídas à atmosfera.[12] (A aparente discrepância se dá porque o oxigênio na molécula de CO_2 é retirado durante a fotossíntese.) Assim, ao restaurarmos nossos solos agrícolas usados intensivamente, poderemos trazer para baixo cerca de 140 bilhões de toneladas de CO_2 atmosférico.

Muito carbono do solo foi perdido através do modo de arar tradicional da agricultura, que na verdade é uma declaração de guerra contra a biodiversidade — o lavrador arranca todas as formas de vida antes de plantar uma monocultura, que é mantida "pura" com pesticidas e herbicidas. As práticas modernas de aragem, tais como semear sem arar (com máquinas de injeção de sementes) e não retirar as plantas nativas das áreas agrícolas, implicam plantar o cultivo diretamente sobre as gramíneas de pastagem. Tais práticas estão criando uma nova revolução agrícola, fundada na capacidade que a coevolução tem de aumentar a produtividade biológica e a estabilidade do ecossistema.

Como estão escondidas de nós, é fácil subestimar o volume das raízes de uma planta e o importante trabalho que executam. A massa das raízes de uma árvore é aproximadamente igual à massa da própria árvore que cresce acima do solo. Nas gramíneas perenes, contudo, a massa das raízes pode ser quatro vezes maior do que a da parte que cresce acima do solo.

Enquanto estão vivas, as raízes da planta somam-se ao carbono do solo, ao exsudarem mais de duzentos compostos de carbono, e, quando morrem, unem-se ao húmus. Em ambos os casos, isso resulta no aumento da fertilidade do solo.[13] A maneira como tratamos a parte de uma planta que fica acima do solo tem forte impacto sobre suas raízes. Pesquisas sobre a variabilidade de massa das raízes em pastagens naturais da China Ocidental mostraram que a intensidade do pastoreio tem uma enorme influência na massa total das raízes. A planta sacrifica o crescimento das raízes para continuar substituindo as folhas perdidas para o gado, de modo que as áreas em que a pressão de pastoreio é moderada têm mais massa de raízes do que as que sofrem um pastoreio pesado.[14] Um ganho de carbono equivalente a 3,3 toneladas de CO_2 por hectare, por ano, poderia teoricamente ser conseguido por administradores que mudassem o regime de pastoreio de severo para moderado.[15] Mas os benefícios do regime de pastoreio alterado são mais amplos do que isso: a prática diminui a erosão, aumenta a retenção de umidade do solo e proporciona um ecossistema mais saudável.[16] Foi estimado que a restauração de pastagens degradadas poderia capturar aproximadamente um ou dois bilhões de toneladas de carbono por ano.[17]

Estima-se que as pastagens naturais do mundo compreendem mais de 4,9 bilhões de hectares de terras, a maior parte das quais é demasiado seca, ou seus solos demasiado pobres, para suportar a agricultura. Em virtude de sua extensão, de sua rápida resposta às mudanças de regime do pastoreio e do número relativamente pequeno de pessoas envolvidas, é possível que as pastagens naturais do mundo ofereçam o maior potencial para sequestrar grandes quantidades de carbono no menor tempo possível. Grandes áreas das pastagens naturais do mundo não são utilizadas pelo gado: são parques nacionais e reservas de vida selvagem. Com regimes corretos de incêndio, elas poderiam absorver grandes aumentos de carbono do solo.

A Australian Wildlife Conservancy (AWC) é pioneira na queima estratégica de pequenos trechos e faixas de terra, no começo da estação seca no norte da Austrália, como meio de prevenir incêndios naturais devastadores. O programa atualmente administra incêndios em cerca de 5 milhões de hectares de terras, no centro e no norte de Kimberley, o que inclui terras de propriedade de aborígines, arrendamentos pastoris e áreas de conservação. Em 2008, o programa ganhou o maior prêmio de meio ambiente concedido pelo governo da Austrália Ocidental. Segundo afirmação da ministra do Ambiente e da Juventude, Donna Faragher: "O programa de queima prescrito fez incursões significativas ao reduzir dramaticamente o número e tamanho dos incêndios da metade para o final da estação seca, ao melhorar expressivamente a gestão da conservação e ao proteger a biodiversidade da região."[18]

O método usado pela AWC é livremente baseado em práticas de queima aborígines tradicionais, que protegeram a biodiversidade e os solos da Austrália por milhares de anos. As práticas sobreviveram até recentemente, e a calamitosa história de como elas foram interrompidas foi contada, eloquentemente, por um grupo de pesquisadores da Austrália Ocidental, que estudaram fotografias aéreas tomadas pelos militares, em 1953, como parte de um projeto para desenvolver o alcance de um foguete que alcançasse as regiões desertas do noroeste do continente. Na época, os Pintupi viviam tradicionalmente em suas terras, sem serem perturbados pelo mundo exterior, e suas atividades envolviam a queima de pequenas áreas de vegetação. Isso criava um mosaico de parcelas recentemente queimadas, em crescimento e maduras. Ao interrogar os Pintupi, que mais tarde sairiam do deserto, os cientistas confirmaram que o fogo era usado intencional, frequente e regularmente por muitas razões, mas principalmente para conseguir alimentos, através da promoção do crescimento de plantas comestíveis e de animais que lhes interessavam, e para manter vivas muitas espécies animais. No começo dos anos 1970, no entanto, os Pintupi haviam deixado suas terras tradicionais, e a análise de imagens via satélite revelou que a vegetação em mosaico estava sendo substituída por enormes extensões de vegetação de idade uniforme, resultantes de incêndios florestais amplamente disseminados e iniciados por raios.[19]

Um participante dessa pesquisa, Andrew Burbidge, contou-me que, quando encontramos os Pintupi nos anos 1980, muitos deles estavam ansiosos para rever sua região de origem, de modo que ele organizou uma expedição. Os ânimos estavam elevados quando partiram, mas, na medida em que se aproximavam de suas terras tradicionais, os Pintupi ficaram silenciosos. "Ninguém está cuidando da terra", disse um ancião. Os Pintupi atiraram galhos acesos enquanto passavam de carro, tentando dar um novo alento de vida ao lugar, mas, quando chegaram ao ponto favorito de acampamento, levaram apenas alguns minutos para confirmar que todos os mamíferos de porte médio haviam desaparecido. Os vastos incêndios ocorridos na ausência deles tinham destruído o habitat (e levado junto com eles muito carbono do solo). O grupo saiu de lá completamente desalentado.

Hoje em dia, os povos indígenas estão retornando à queima tradicional, e um estudo computadorizado mostrou quanto carbono pode ser salvo, em todo o continente, por tais iniciativas.[20] Foram examinadas seis propriedades na Austrália tropical, pertencentes a povos aborígines. A mais promissora foi Hodgson Downs, uma propriedade de 3 mil quilômetros quadrados no Território do Norte. O carbono ali sequestrado foi estimado em cerca de 10.400 toneladas do que se chama de CO_2 equivalente (o potencial de aquecimento, expresso em termos de CO_2, de todos os gases causadores do efeito estufa envolvidos) por ano. Presumindo um preço comercial de 20 dólares australianos por tonelada de carbono, na eventualidade de a Austrália adotar um esquema de comércio de emissões, a receita seria de cerca de 208 mil dólares australianos por ano.[21]

O potencial de armazenar carbono nas planícies usadas como pastagens também é grande. Uma técnica de pastoreio conhecida como gerenciamento holístico, que envolve rodízio do gado e descanso do pasto, está revolucionando a administração das pastagens. Está sendo empregada em aproximadamente 12 milhões de hectares no mundo inteiro, principalmente na Austrália, na África, no México, no Canadá e nos Estados Unidos.[22] Os que a praticam constatam que, além de melhorar suas pastagens, podem aumentar as taxas de ocupação em 50%

ou mais. Um estudo recente das pastagens das Grandes Planícies norte-americanas concluiu que:

> O gerenciamento adequado das pastagens oferece oportunidades de mitigar parcialmente o aumento das concentrações de dióxido de carbono atmosférico, pelo sequestro desse carbono adicional, através do armazenamento na biomassa e na matéria orgânica do solo.[23]

Em outras palavras, o carbono do solo é um colaborador potencialmente robusto, apesar de subpesquisado e subexplorado, para devolver a saúde de Gaia.

Por que essas práticas são tão produtivas? Porque criam maior biodiversidade e maior biomassa nas terras de cultivo, possibilitando os efeitos positivos da coevolução. E reduzem os custos agrícolas. Substituem um enfoque de "sobrevivência do mais apto" por uma prática de gerenciamento do ecossistema fundamentada em Gaia, e nisso revelam uma brilhante luz lançada sobre como devemos interagir com a Terra como um todo.

É possível que tais práticas possam forjar uma nova e sustentável revolução agrícola que viesse a alimentar os projetados 9 bilhões de bocas? Os benefícios ainda estão por serem quantificados no plano global. Na Austrália, no entanto, em 2010, o ministro da Agricultura, da Pesca e das Florestas Tony Bourke atribuiu o aumento da produção de grãos e carnes, registrado nas duas últimas décadas, apesar de uma crise de água, à utilização da técnica de semear sem arar ou com pouca aragem, e à técnica de gerenciar holisticamente os rebanhos.[24] Se tais práticas são combinadas com o abandono da alimentação com cereais do gado confinado (um processo que desperdiça 90% da energia do cereal), a aplicação da inteligência na agricultura e a utilização racional dos recursos marinhos, estou certo de que a Terra pode sustentar uma população futura de 9 bilhões. Pode não ser capaz de fazer isso indefinidamente, mas tornará possível que ultrapassemos o ponto mais alto da população humana sem uma catástrofe.

PARTE 6
UMA TERRA INTELIGENTE?

23

O QUE NOS ESPERA?

*Será que constituímos, enquanto espécie,
um sistema nervoso e um cérebro gaianos?*
(JAMES LOVELOCK, 1979)

Enquanto eu completava minha volta pelo caminho de areia de Charles Darwin, olhei para trás na direção de Down House e imaginei o que o grande homem pensaria do nosso mundo, com automóveis estacionados sobre terrenos onde antes pastava o gado, e de sua casa transformada em santuário científico. Teria ele se arrependido do uso da expressão "raças favorecidas" no título de seu livro? Gostaria de pensar que ele compreendeu que a sobrevivência do mais apto significa a sobrevivência de ninguém e que teria parabenizado Wallace por sua extraordinária perspicácia, tão à frente época deles.

Se eu pudesse ter apenas um momento de convívio compartilhado com Darwin se ele voltasse à vida, gostaria de ter contemplado ao lado dele o espetáculo do desempenho dos céus tal como o compreendemos agora: do instante da criação da Terra até as planícies da África, onde nossa espécie tomou forma, chegando a este nosso século. Juntos observaríamos a Terra — uma esfera de estupenda complexidade — transformar-se a si mesma durante uma imensidão de tempo, guiada pelo processo evolutivo que Darwin tão brilhantemente explicou.

Se me fosse concedida uma conversa com Darwin, eu lhe perguntaria o que pensa do último projeto de Bill Hamilton. Vocês devem lembrar-se de que Hamilton andou recorrendo a modelos de computação para investigar se a evolução constrói ecossistemas que, ao longo do tempo, tornam-se mais resilientes e estáveis: como ele disse, quais são as probabilidades de que uma "espécie Gengis Khan" apareça e destrua tudo? É uma das questões mais significativas deste livro, e acredito que a resposta deva ser encontrada não apenas onde Hamilton procurou por ela. É uma indagação a que nós, enquanto indivíduos e enquanto civilização global, precisamos responder. Teremos um futuro de Medeia ou de Gaia? A escolha será feita logo — pois o melhor de nossa ciência e o mais elementar senso comum estão nos dizendo que nossa influência sobre a Terra vem erodindo nosso futuro e que não podemos fugir à responsabilidade.

Se tivermos uma visão demasiado estreita do que somos e do nosso mundo, não alcançaremos nosso potencial pleno. Em vez disso, necessitamos de uma compreensão wallaceana, holística, de como as coisas são aqui na Terra, a partir da sua explicação de como os ecossistemas, os superorganismos e a própria Gaia foram construídos através da mútua interdependência. Sob essa luz, fica absolutamente claro que nossa prosperidade futura só pode ser assegurada se aceitarmos perder alguma coisa. Mas, no início do século XXI, nós, estranhas criaturas divididas que somos, estamos perigosamente suspensas entre o destino de Medeia e o destino de Gaia. Nossa superpopulação, o desmantelamento que produzimos do sistema de apoio à vida da Terra e particularmente nossa incapacidade para nos unir na ação de modo a assegurar nossa riqueza comum nos atraem para a destruição.

Contudo, deveríamos encontrar algum consolo no fato de que, desde o próprio começo, amamo-nos uns aos outros, vivemos de modo gregário e, desse modo, ao ceder muito, forjamos o maior poder existente sobre a Terra. Esses simples traços permitiram que o mais fraco de nós triunfasse coletivamente, instalasse a agricultura, a produção econômica, o comércio e a democracia, diante de uma oposição às vezes tão formidável que fazia o sucesso parecer impossível. Também odiamos e lutamos, mas, enquanto isso, as aldeias cresceram até se transformarem em cidades, e as cidades em megacidades, até que, enfim, um superorganismo global veio a se formar. E hoje em dia compreendemos a nós mesmos, às nossas sociedades e ao nosso mundo bem melhor do que nunca antes o fizemos, e estamos autorizados de forma única a modelar nossos fins, a refiná-los como se fosse a vontade da seleção natural.

Ultimamente virou moda presumir o pior, imaginar que nossa civilização global ultrapassou seu auge e logo entrará em colapso. Livros como *The Revenge of Gaia*, de James Lovelock, e *Colapso*, de Jared Diamond, contribuíram muito para nutrir essa filosofia, bem como a crescente consciência da crise climática. Penso que o romance *A estrada*, de Cormac McCarthy, captura a completa humildade de espírito que tal eventualidade traria. A aridez moral daquele mundo, no qual a vida fica reduzida a uma luta pela mera sobrevivência em um ambiente horrendo, é esmagadora. Nele, a divisão de corpos substitui a divisão do trabalho, e ganhar ou ganhar é substituído por uma catastrófica perda de tudo. Somos capazes de muitas coisas, mas nossas crenças têm uma mania de transformar-se em profecias que se realizam.

A ciência do clima agora está tão avançada que podemos prever o tipo de evento que poderá — se não reduzirmos o fluxo da poluição pelos gases causadores do efeito estufa — iniciar o fim do grande "nós" que é a nossa civilização global. Sem aviso, uma placa de gelo gargantuesca entrará em colapso. Isso marcará o começo de um processo irreversível e, mesmo que a elevação inicial do nível do mar que essa placa cause seja de apenas alguns centímetros, anunciará o abandono de nossas costas, pois o gelo deve continuar a derreter e a entrar em colapso, embora erraticamente, até que acabe. Será impossível fixar uma escala de tempo que permita prever a inundação, mas Xangai, Londres, Nova York e a maior parte das outras cidades costeiras sofrerão abandono parcial ou total, em semanas, décadas ou séculos. Com as economias em ruínas e a infraestrutura submersa, estaremos todos n'*A estrada*.

Mas os mundos futuros de Lovelock e McCarthy são apenas duas das possibilidades. Tal é o poder do mneme que, enquanto dure nosso relacionamento com a Terra, certas coisas tanto são possíveis quanto impossíveis — a não ser que pensemos que o sejam. Talvez caminhemos por uma estrada do meio, comprometendo nossa civilização global com uma transição prolongada e agônica antes de assegurarmos um futuro sustentável. Quando uma lagarta tece seu casulo de seda, ela está em grande parte tecendo seu próprio caixão. Impedindo a entrada do último raio de luz, ela se dissolve em uma sopa que nutre apenas algumas células vivas que, ao alimentarem-se da polpa macia que uma vez foi sua lagarta, crescem até romper o véu de seda para emergir como uma mariposa e voar para a noite. Nossa transformação humana precisa ser tão brutal? Com a crise climática já estamos tendo nosso primeiro teste, e ele chegou antes que o superorganismo humano tenha amadurecido adequadamente para enfrentá-lo.

Mas existe outra possibilidade — a de que usemos nossa inteligência para evitar a catástrofe e garantir um futuro sustentável. Agora temos a maior parte das ferramentas necessárias para isso e, depois de 10 milhares de anos de construção de unidades políticas cada vez maiores, estamos a poucos passos da cooperação global necessária. Mas será que temos essa cooperação dentro de nós, para darmos esses últimos passos? Entre nossos genes evoluídos e nossas estruturas sociais, estaremos já constituídos para cooperar no plano global?

O desafio imediato é fundamental — administrar nossos bens comuns atmosféricos e oceânicos — e o custo inevitável para termos sucesso nisto é que as nações devem ceder a autoridade, como fazem sempre que concordam em atuar de comum acordo, para assegurar o bem-estar de todos. Isso não envolve a criação de um governo mundial, mas simplesmente a aplicação de regras comuns para o bem comum.

Pelas medidas humanas comuns, a crise climática se move devagar, e assim também as mudanças que estamos implementando para enfrentá-la. Tão devagar, na verdade, que frequentemente falhamos em detectar importantes limiares, exceto em retrospectiva. Como saberemos se ultrapassamos o perigo em nossa batalha por um futuro sustentável? Quando aproveitar-se da situação a expensas de Gaia for considerado e punido como o mais grave dos crimes — tanto porque represente um roubo de que todos somos vítimas, um roubo ao mundo presente e futuro, como porque esse crime pode não permanecer como um simples roubo, mas, na medida em que suas consequências se ramificam, pode tornar-se assassinato ou genocídio —, só então teremos um futuro sustentável. Tal momento, se alguma vez chegar a acontecer, encerrará um capítulo na história da humanidade — o capítulo da fronteira — que caracterizou nossa espécie por 50 mil anos. No começo de 2010, chegamos um pouco mais perto desse momento com o início da campanha para que a Corte Criminal Internacional das Nações Unidas reconheça o "ecocídio" (a destruição, deliberada ou por negligência, do meio ambiente) como um quinto "crime contra a paz".[1]

Se nossa civilização sobreviver a este século, creio que suas expectativas futuras se tornarão profundamente melhores, pois este é o momento de nosso maior perigo. Se atravessarmos o vale da morte, a democracia pode muito bem empolgar o mundo, como demonstrou Francis Fukuyama há vinte anos, criando-se uma forma de governo universal. E, como acredita o geneticista Spencer Wells, em apenas algumas gerações a maior parte das diferenças genéticas regionais há de se confundir e se perder. Mas decerto haverá perdas trágicas, pois o que vale para os genes vale também para os idiomas. Inúmeros já desapareceram, e a diminuição da diversidade linguística há de prosseguir na medida em que os membros de nosso superorganismo busquem comunicação universal. Talvez no *chinglês* falado em Singapura, Hong Kong e Xangai ouçamos a embriogênese de um futuro idioma mundial. Com uma piscina de genes homogênea, com uma comunicação universal e com um sistema político comum, nossos filhos e netos poderão ter uma chance muito melhor do que a nossa de atuar como um organismo só.

Alguns defendem que, se a humanidade se extinguisse amanhã, Gaia cuidaria de si mesma. Isso pode ser verdade a longo prazo — em dezenas de milhões de anos —, mas, a curto prazo, o desastre viria para muitas espécies e ecossistemas, que já foram e vêm sendo tão profundamente afetados, que apenas o esforço humano os mantém funcionando eficientemente. A Australian Wildlife Conservancy,* em colaboração com os aborígines donos de terras, salvou dúzias de espécies da extinção. Na Nova Zelândia e em muitas outras ilhas, as espécies são mantidas vivas graças apenas às mais cuidadosas proteções contra as pestes introduzidas. Mesmo em lugares como o Reino Unido, um gerenciamento ativo é necessário para preservar espécies tais como as orquídeas da charneca e as borboletas raras, e o majestoso milhafre-real paira nos céus britânicos apenas por nossa boa vontade. E, na medida em que o ritmo da mudança climática aumenta, nossos esforços para proteger a natureza se tornarão mais críticos.

Essa noção dos seres humanos como elementos indispensáveis no sistema Terra desafia a concepção que muitos de nós temos sobre nosso relacionamento com a natureza — por exemplo, a noção de que de certa maneira estamos separados dela, ou de que apenas estamos nela como uma espécie entre muitas outras. A verdade é que nenhuma outra espécie pode perceber os problemas ambientais ou corrigi-los, o que significa que a responsabilidade de gerenciar este mundo de feridas que criamos é unicamente nossa. Somos, ao que parece, a espécie Fausto — aquela que, naquele dia há milhares de anos, quando começamos a montar nosso superorganismo inteligente, assinou um contrato fatídico, não com o demônio, mas com o relojoeiro cego. Ele nos fez senhores da criação, mas deixou nosso destino e o da Terra inextricavelmente entretecidos.

Enquanto procuramos sustentar a crescente família humana, nosso imenso domínio sobre a natureza pode ser exercido de muitas formas. Poderíamos, por exemplo, tentar controlar a natureza em todos os seus aspectos e assim transformar nosso planeta em uma enorme fazenda, ge-

---

*Conservação da Vida Selvagem Australiana, uma organização pública beneficente que cuida do meio ambiente na Austrália. [N. do T.]

renciada intensivamente. É extremamente duvidoso, no entanto, que tal entidade pudesse manter-se de forma sustentável, pois lhe faltariam a resistência e a provisão de energia necessárias para conservar a Terra habitável.

Gostaria de considerar a possibilidade de um tipo diferente de relacionamento futuro com nosso planeta. O ecologista norte-americano Aldo Leopold diz que:

> Um dos ônus de uma educação ecológica é que vivemos sós em um mundo de feridas. Muitos dos danos infligidos à Terra são invisíveis para os leigos. Um ecologista precisa endurecer sua couraça e fingir que as consequências da ciência não são responsabilidade sua, ou deve ser o médico que vê as marcas da morte em uma comunidade que acredita estar sã e não quer que lhe digam outra coisa.[2]

Agora sabemos que tal dano remonta há 50 mil anos, e é profundo. Transformar grande parte dele em algo bom está além de nossa atual capacidade, mas, como ambição de várias gerações, curar as feridas ecológicas da Terra é altamente desejável.

Existe algo de magnificente na ideia de um planeta selvagem e livre, cujo funcionamento se preserva, sobretudo, por força daquela comunidade da virtude formada por toda a biodiversidade. É o tipo de lugar celebrado por Jay Griffiths em seu livro *Wild*, que descreve os últimos recantos indomados da Terra: lugares sem estradas, sem hotéis e sem outras influências ocidentais. No entanto, o livro é tanto um réquiem quanto uma celebração, pois Griffiths reconhece que os lugares selvagens estão acabando rapidamente, se é que já não desapareceram.[3]

Se quisermos aumentar a influência da natureza, é preciso algum retorno a um estado selvagem — a reconstrução de ecossistemas vitais em escala suficiente que lhes permita operar otimamente sem um gerenciamento humano intrusivo. Com efeito, vamos precisar consertar os danos de 50 mil anos. Áreas que parcialmente regressaram a um estado selvagem de fato já existem em muitas partes da Europa, da África e da

Austrália, e nelas podemos ver cavalos, elefantes ou pequenos cangurus deambulando por paisagens das quais há muito haviam desaparecido. Tais ecossistemas são mais produtivos e estáveis do que os ecossistemas degradados que eles substituíram. Mas não são tão produtivos como poderiam ser, e são muito pequenos para afetar a saúde geral do planeta. O biólogo russo Sergey Zimov tem planos mais ambiciosos. Ele quer fechar parte da Sibéria Setentrional com uma cerca de vinte quilômetros de extensão e introduzir bisões, bois-almiscarados, cavalos e outras espécies há muito extintas na região.[4] Isso seria retornar ao estado selvagem em grande escala, mas sem os mamutes tais esforços parecem tender ao fracasso, porque os mamutes e outros elefantes são os banqueiros ecológicos do nosso mundo. Sua pastagem, sua defecação e a aragem da neve que faziam no inverno eram vitais para o ecossistema inteiro da Estepe do Mamute e permitiam que fosse vastamente mais produtiva do que poderia ter sido sem eles.

Poderíamos, ou deveríamos, trazer de volta os mamutes? A resposta é "ainda não". Apesar de os cientistas terem realizado avanços na reconstrução do genoma do mamute (assim como dos neandertais e dos tilacinos), ainda estão longe de serem capazes de produzir um mamute vivo.[5] E as dimensões morais e éticas são assustadoras. Poderíamos dar vida a um tipo de monstro de Frankenstein, uma aberração genética que nunca poderia viver no mundo real. Então, por que tentar? Simplesmente porque criaturas como os mamutes são elementos vitais em ecossistemas importantes, e é apenas através da restauração deles que a produtividade e a resiliência da Terra podem ser levadas outra vez ao nível que mais beneficiaria nosso planeta vivo e assim a nós mesmos. Tentar restabelecer o papel dos mamutes nos ecossistemas é, deste modo, similar a restaurar a saúde das nossas fazendas e pastagens. Também é como ajudar uma economia destruída a pôr-se de pé outra vez. A alternativa para a humanidade é permanecer eternamente como "administradora" de regiões semisselvagens em expansão, cuja contribuição para o todo gaiano permanece aquém do nível ideal.

Se o futuro que delineei não é propriamente fantástico, tem o potencial de anunciar uma mudança profunda em Gaia. Desde seu nascimento até agora, Gaia tem sido uma entidade coordenada frouxamente, sem um sistema de comando e de controle — uma mera comunidade da virtude —, e, portanto, incapaz de se autorregular com precisão. Mas, se o superorganismo humano global sobreviver e evoluir, seus sistemas de vigilância e suas iniciativas para otimizar a função do ecossistema farão surgir a possibilidade de uma Terra inteligente — uma Terra que seria, através de seu superorganismo humano global, capaz de prever funcionamentos defeituosos, instabilidade e outros perigos, para agir com eficácia e precisão. Se isso alguma vez for alcançado, a maior transformação da história do nosso planeta haverá ocorrido, pois a Terra então será capaz de atuar como se fosse — e já o disse Francis Bacon há tantos séculos — "uma criatura viva inteira, perfeita". Então, a Gaia do mundo clássico iria de fato existir.

A infância desta transformação criará desafios suficientes, temo eu, para o próximo século, e talvez para muito depois disso. Mas, em alguma época futura, se nosso mundo for curado, nossa população estabilizada e um estilo de vida sustentável for estabelecido, o foco do nosso superorganismo talvez mude para os céus. Quando ocorreu o quadragésimo aniversário da primeira alunagem em 2009, ficou evidente que nos tínhamos retirado da exploração humana do espaço. Nenhum pé humano trilhou um corpo celestial desde 1971, e não há planos para regressar à Lua pelo menos por uma década. Isso talvez seja adequado. Durante esse período crítico da evolução do superorganismo humano, todas as atenções devem estar voltadas para a Terra. Mas, se alguma vez ingressarmos nesse longo período de estabilidade que acena do outro lado da crise, talvez voltemos a focar nossas energias para desvendar os mistérios do Universo.

Em primeiro lugar entr tais mistérios está a questão de haver ou não outras Gaias lá fora. O físico italiano Enrico Fermi, ao considerar a questão, deixou-nos um paradoxo, que envolve uma simples pergunta: por que, apesar da antiguidade dos céus e do vasto número de estrelas e planetas que sabemos que existem, ainda não detectamos vida inteligente?[6] Existem 250 bilhões de estrelas apenas na Via Láctea, de modo que certamente alguma deve ter gerado planetas como a Terra, alguns dos quais devem ter desenvolvido vida. Fermi presumiu que é uma característica da vida colonizar habitats adequados, e sua disseminação, portanto, provavelmente seria visível para nós. Se uma civilização utilizasse até mesmo o tipo lento de viagem interestelar quase ao nosso alcance hoje em dia, levaria somente de 5 a 50 milhões de anos para colonizar nossa galáxia. E isso é apenas um piscar de olhos nos 14 bilhões de anos da história do nosso universo.

Mas existe outra possibilidade. Talvez o paradoxo de Fermi nos diga que estamos sós no Universo simplesmente porque somos o primeiro superorganismo global que jamais existiu. Afinal de contas, todo o tempo — do Big Bang até agora — foi consumido para produzir a poeira estelar que forma todo tipo de vida e para forjar essa poeira cósmica, através da evolução pela seleção natural, até chegarmos a nós e nosso planeta vivo. Se realmente somos o primeiro superorganismo inteligente, então talvez estejamos destinados a povoar todo o espaço existente e, ao fazê-lo, realizar a ideia de Wallace de aperfeiçoar o espírito humano na vastidão do Universo. Do nosso ponto de vista atual, não podemos saber tais coisas. Mas estou certo de algo: se não nos esforçarmos por amarmo-nos uns aos outros e amar nosso planeta tanto como amamos a nós mesmos, nenhum progresso humano será possível aqui na Terra.

AGRADECIMENTOS

Ao meu filho, David Flannery, por alertar-me sobre a existência do maravilhoso Yan Fu e por seus muitos insights que contribuíram para enriquecer este livro. À minha filha, Emma, e à minha mulher, Alexandra Szalay, que veem as coisas muito mais claramente do que eu, e que colaboraram de várias maneiras com este livro. A Michael Heyward, cuja leitura penetrante de inúmeros rascunhos economizou-me pelo menos uma década no desenvolvimento de minhas ideias, e a Morgan Entrekin, que sugeriu a inclusão de um importante novo capítulo. A Minik Rosing, por compartilhar comigo as pedras mais antigas da Terra, e a Nick Rowley, Peter Chapman, Vicki Flannery, Ed Shann, Frank Shann e Rob Purves, que leram o manuscrito e proporcionaram muitas correções.

NOTAS

1. A força motriz da evolução

1. Darwin, F. *The Life and Letters of Charles Darwin,* vol. 8, The Echo Library, Teddington, Middlesex, 2007, p. 175.
2. Darwin, C. *The Formation of Vegetable Mould through the Action of Worms, with Observations on Their Habits,* John Murray, Londres, 1881.
3. Ibidem, p. 30.
4. Shermer, M. *In Darwin's Shadow: The Life and Science of Alfred Russel Wallace,* Oxford, Oxford University Press, 2002, p. 118.
5. Bell, T. Anniversary Meeting, *Journal of the Proceedings of the Linnean Society. Londres,* 1859, 156: viii.
6. Darwin, C. "On the Variation of Organic Beings in a State of Nature; on the Natural Means of Selection; on the Comparison of Domestic Races and True Species", extrato do artigo não publicado "Work on Species", lido diante da Linnean Society, em Londres, no dia 1º de julho de 1858.
7. Wollaston, A.F.R. *Life of Alfred Newton: Late Professor of Comparative Anatomy, Cambridge University 1866-1907,* Nova York, Dutton, 1921, pp. 118-120.
8. Green, V.H.H. *A New History of Christianity,* Nova York, Continuum, 1996, p. 231.
9. Spencer, H. *The Principles of Biology (Vol. I),* Honolulu, University Press of the Pacific, 1864, pp. 444-474.
10. Flannery, D., "Global Darwin: Ideas Blurred in Early Eastern Translations", *Nature,* 2009, 462: 984.
11. Darwin, C. "On the Variation of Organic Beings in a State of Nature; on the Natural Means of Selection; on the Comparison of Domestic Races and True Species".

12. Thatcher, M. Interview, *Woman's Own Magazine*, 31 de outubro de 1987, pp. 8-10.
13. Darwin, C. "Recollections of the Development of My Mind and Character (1876-1881)", in Secord, J.A., (org.), *Charles Darwin: Evolutionary Writings*, Oxford, Oxford World Classics, 2009, p. 397.

2. Sobre genes, mnemes e destruição

1. Dawkins, R. *The Selfish Gene*, Oxford, Oxford University Press, 1976, p. 21.
2. Ibidem, p. 2.
3. Ibidem, p. 139.
4. Semon, R. *The Mneme*, Londres, George Allen & Unwin, 1921; Semon, R. *Die Mnemischen Empfindungen*, William Engelmann, Leipzig, 1909.
5. Semon, R. *The Mneme*, p. 11.
6. Ibidem, p. 131.
7. Ibidem, p. 237.
8. Ibidem, p. 79.
9. Koestler, A. *The Case of the Midwife Toad*, Nova York, Random House, 1971.
10. Ward, P. *The Medea Hypothesis: Is Life on Earth Ultimately Self-destructive?*, Princeton, Princeton University Press, 2009.

3. O legado da evolução

1. Wallace, A.R. "On the Tendency of Varieties to Depart Indefinitely from the Original Type", Atas da Linnean Society, Londres, 1858.
2. Slotten, R.A. *The Heretic in Darwin's Court: The Life of Alfred Russel Wallace*, Nova York, Columbia University Press, 2004, p. 84.
3. Wallace, A.R. (5ª ed.). *Man's Place in the Universe: A Study of the Results of Scientific Research in Relation to the Unity or Plurality of Worlds*, Londres & Bombaim, George Bell & Sons, 1905, pp. 243-261.
4. Ibidem.
5. Ibidem, pp. 258-259.
6. Gribbin, J. e Gribbin, M. *James Lovelock: In Search of Gaia*, Princeton, Princeton University Press, 2009.
7. Lovelock, J. *Homage to Gaia: The Life of an Independent Scientist*, Oxford, Oxford University Press, 2000, p. 253.

8. Lovelock, J. *Revenge of Gaia: Earth's Climate Crisis and the Fate of Humanity*, Boulder, Westview Press, 2007, p. 162.
9. Lovelock, J. "Gaia as Seen through the Atmosphere", *Atmospheric Environment*, 6: 579-580, 1972.
10. Gribbin, J. e Gribbin, M. *James Lovelock*, p. 160.
11. Dawkins, R. *The Extended Phenotype: The Long Reach of the Gene*, Oxford, Oxford University Press, 1982, pp. 234-236.
12. Staley, M. 2002, "Darwinian Selection Leads to Gaia", *Journal of Theoretical Biology*, 218 (I): 35-46.
13. Golding, W. "Gaia Lives, OK?", *Guardian*, 1976, citado em *A Moving Target*, Londres, Faber & Faber, 1982, p. 86.
14. Bacon, F. *Sylva Sylvarum*, Londres, William Lee, 1639.
15. Pell, Cardinal G. "Global Warming and Pagan Emptiness: Cardinal Pell on the Latest Hysterical Substitute for Religion", entrevista com M. Gilchrist, *The Catholic World Report*, 2008.

4. Um olhar moderno sobre a Terra

1. Cartigny, P., Harris, J.W. e Javoy, M., "Eclogitic, Peridotitic and Metamorphic Diamonds and the Problem of Carbon Recycling — the Case of Orapa (Botswana)", *Proceedings of the 7th International Kimberlite Conference*, Cidade do Cabo, Red Roof Design, 1998, I: 117-124.
2. Bennett, V. "Deep Time, Deep Earth: The Formation, Early History, and Large Scale Geochemical Evolution of the Earth", in *From Stars to Brains*, atas de uma conferência multidisciplinar em homenagem a Paul Davies, Camberra, Manning Clarke House, Program & Abstracts, 2006, p. 29.
3. Bíblia do rei James, *Gênesis* 3:19.
4. Rosing, M.T. *et alii*, "Consequences of the Rise of Continents — an Essay on the Geologic Photosynthesis", *Palaeogeography, Palaeoclimatology, Palaeoecology*, 2006, 232: 99-113.
5. Ibidem.
6. Nouvian, C. *The Deep: The Extraordinary Creatures of the Abyss*, Chicago, University of Chicago Press, 2007.

5. A comunidade da virtude

1. Thomas, L. *The Medusa and the Snail: More Notes of a Biology Watcher*, Nova York, Penguin, 1995, p. 13.

2. Thomas, L. *The Lives of a Cell: Notes of a Biology Watcher,* Nova York, Penguin, 1978, p. 104.
3. Hamilton, W.D. e Lenton, T.M. "Spora and Gaia: How Microbes Fly with Their Clouds", *Ethology, Ecology and Evolution,*10: 1998, 1-16.
4. Ibidem.
5. Lenton, T. "Hamilton and Gaia", in Ridley, M. (org.), *The Narrow Roads of Gene Land*, vol. 3, Oxford, Oxford University Press, 2005, pp. 263-264.
6. Hamilton, W.D. 2000, "My Intended Burial and Why", *Ethology, Ecology and Evolution,* 12: 111-112.
7. Wallace, A.R. "On the Tendency of Varieties to Depart Indefinitely from the Original Type".
8. Jantsch, E. *The Self-Organizing Universe: Scientific and Human Implications of the Emerging Paradigm of Evolution,* Nova York, Pergamon, 1980.
9. Darwin, C. *On the Various Contrivances by Which British and Foreign Orchids Are Fertilised by Insects,* Londres, John Murray, 1862, pp. 197-198.

6. O homem disruptor

1. Thomas, E.M. *The Hidden Life of Deer,* Nova York, HarperCollins, 2009, pp. 170-171.
2. Wells, S. *The Journey of Man: A Genetic Odyssey,* Princeton, Princeton University Press, 2002.
3. Ibidem, pp. 40-41.
4. Wells, S. *The Journey of Man.*
5. Ibidem.

7. Mundos novos

1. Ibidem.
2. Martin, P.S. "Prehistoric Overkill: The Global Model", *in* Martin, P.S. e Klein, R.G. (orgs.), *Quaternary Extinction: A Prehistoric Revolution*, Tucson, University of Arizona Press, 1984, pp. 354-403.
3. Yurtsev, B.A. "The Pleistocene 'Tundra-Steppe' and the Productivity Paradox: The Landscape Approach", *Quaternary Science Reviews,* 2000, 20: 165-174.
4. Guthrie, R.D. *Frozen Fauna of the Mammoth Steppe: The Story of Blue Babe,* Chicago, University of Chicago Press, 1990.

5. Vasil'ev, S.A. "Man and Mammoth in Pleistocene Siberia", *in* Cavarretta, G., Gioia, P., Mussi, M., e Palombo, M.R., (orgs.), *The World of Elephants: Proceedings of the First International Congress,* Roma, Consiglio Nazionale della Richerche, 2001, p. 2.
6. Martin, P.S. e Steadman, D.W., "Prehistoric Extinctions on Islands and Continents", *in* MacPhee, R. (org.), *Extinctions in Near Time: Causes, Contexts and Consequences,* Nova York, Kluwer Academic, Plenum Publishers, 1999, pp. 22-24.
7. Davis, O.K. e Shafer, D.S., "Sporormiella Fungal Spores, a Palynological Means of Detecting Herbivore Density", *Palaeogeography, Palaeoclimatology, Palaeoecology,* 2005, 237: 40-50.
8. Flowers, S.E. Introduction and Commentary, *Ibn Fadlan's Travel-Report as It Concerns the Scandinavian Rûs,* Smithville, Texas, Rûna-Raven Press, 1998.
9. Morwood, M. e van Oosterzee, P. *A New Human: The Startling Discovery and Strange Story of the "Hobbits" of Flores, Indonesia,* Washington, Smithsonian Books, 2007.
10. Hocknull, S.A. *et alii.* "Dragon's Paradise Lost: Palaeobiogeography, Evolution and Extinction of the Largest-ever Terrestrial Lizards (Varanidae), 2009.
11. Ashford, R.W. "Parasites as Indicators of Human Biology and Evolution", *Journal of Medical Microbiology,* 49: 771-772, 2000.
12. Hansen, J. *Storms of My Grandchildren,* Nova York, Bloomsbury, 2009, p. 275.

8. Biofilia

1. Ostrom, E. *Governing the Commons,* Cambridge, Cambridge University Press, 1990.
2. Mitchell, T. *Journal of an Expedition into the Interior of Tropical Australia,* Londres, Longman, Brown, Green & Longmans, 1848.
3. Wilson, E.O. *Biophilia,* Cambridge, Massachusetts, Harvard University Press, 1984.
4. Fromm, E. *The Heart of Man: Its Genius for Good and Evil,* San Francisco, Harper & Row, 1965.

9. Superorganismos

1. Marais, E.N. (1937), *The Soul af the White Ant,* Cidade do Cabo, Human & Rosseau, 2009, p. 151.
2. Hölldobler, B. e Wilson, E.O. *The Leafcutter Ants,* Nova York, Norton, 2010.
3. Hölldobler, B. e Wilson, E.O. *The Superorganism: The Beauty, Strangeness and Elegance of Insect Societies,* Nova York, W.W. Norton, 2009, p. 408.
4. Ibidem, p. 491.
5. Ibidem, p. 117.
6. Ibidem, p. 389.
7. Ibidem, p. 79.

10. O aglutinante dos superorganismos

1. Johnson, S.R. *Emergence: The Connected Lives of Ants, Brains, Cities and Software,* Scribner, Nova York, 2001.
2. Hamilton, W.D. 1964, "The Genetical Evolution of Social Behaviour", *Journal of Theoretical Biology,* 7 (I): 1-52, p. 16.
3. Gagneux, P. *et alii.* 1999, "Mitochondrial Sequences Show Diverse Evolution Histories of African Hominoids", *Science,* 96 (9): 5077-5082.
4. Smith, A. (1776), *An Inquiry into the Nature and Causes of the Wealth of Nations,* Livro I, Capítulo I, Oxford, Oxford University Press, 1993.
5. Diamond, J. *Guns, Germs, and Steel,* Londres, W.W. Norton, 1997.
6. Smith, K.V. *King Bungaree,* Sydney, Kangaroo Press, 1992, p. 148.
7. Groves, C.P. 1999, "The Advantages and Disadvantages of Being Domesticated", *Perspectives in Human Biology,* 491: 1-12.
8. Henneberg, M. 1988, "Decrease of Human Skull Size in the Holocene", *Human Biology,* 60: 395-405.
9. Smith, A. *An Inquiry into the Nature and Causes of the Wealth of Nations,* Livro 5, capítulo I.
10. Butler, S. (1903), *The Way of All Flesh,* Londres, Penguin Classics, 1986, p. 59.
11. Callaway, E. 4 de junho de 2009, "Ancient Warfare: Fighting for the Greater Good", *New Scientist.*
12. Tench, W. *A Complete Account of the Settlement at Port Jackson,* Londres, 1793, *in* Flannery, T. (org.), *Watkin Tench's 1788,* Melbourne, Text Publishing, 2009, pp. 246-247.

13. Ibidem p. 117.
14. Ibidem, pp. 135-136.
15. FBI 2008, "Crime Rate in the United States", www.fbi.gov/ucr/cius2008/data/table_01.html
16. Winter, J., Parker, B. e Habeck, M. (orgs.) *The Great War and the 20th Century*, New Haven, Yale University Press, 2000, p. 193.
17. Marschalck, P. *Bevölkerungsgeschichte Deutschlands im 19. und 20. Jahrhundert*, Suhrkamp, Frankfurt, 1984, *apud* "World War II Casualties", Wikipedia, http://en.wikipedia.org/wiki/World_War_II_casualties
18. Hawkes, N. 2009, "Conflict over War Deaths", Straight Statistics, www.straightstatistics.org/article/conflict-over-war-deaths
19. Platão, *The Republic*, traduzido por D. Lee, Londres, Penguin Classics (2ª ed.), 1980.
20. Churchill, W. *Hansard*, Londres, 11 de novembro de 1947.
21. Platão, *The Republic*.

11. Ascensão do superorganismo definitivo

1. Diamond, J. *Guns, Germs, and Steel*.
2. Denham, T.P. *et alii*. 2003, "Origins of Agriculture at Kuk Swamp in the Highlands of New Guinea", *Science* 301: 189-193.
3. Flannery, T. 1991, "Australia, Overpopulated or Last Frontier?" *Australian Natural History* 23: 769-775.
4. Smith, B.D. 2005, "The Origin of Agriculture in the Americas", *Evolutionary Anthropology* 3:174-184.
5. Flannery, T. *The Eternal Frontier: An Ecological History of North America and Its Peoples*, Melbourne, Text Publishing, 2001.
6. Bacon, F. *Novum Organum*, Livro 1, cxxix, traduzido por J. Spedding, 1858.
7. Levy, T.E. *et alii*. 2002, "Early Bronze Age metallurgy: A Newly Discovered Copper Manufactory in Southern Jordan", *Antiquity*, 76: 425-437.
8. Angela, A. *A Day in the Life of Ancient Rome*, Nova York, Europa Editions, 2009, pp. 80-86.
9. Ibidem, p. 337.
10. Moorhead, S. e Stuttard, D. *AD 410: The Year That Shook Rome*, Londres, British Museum Press, 2010.
11. Gribbin, J.R. *The Fellowshipp: The Story of a Revolution*, Londres, Allen Lane, 2005, p. 37.

12. Díaz del Castillo, B. *The Discovery and Conquest of Mexico, 1517-1521*, traduzido por Maudslay, A.P. Nova York, Grove Press, 1958.
13. Diamond, J. *Guns, Germs, and Steel*, p. 375.
14. Ruddiman, W. *Plows, Plagues and Petroleum: How Humans Took Control of Climate*, Princeton, Princeton University Press, 2005, pp. 84-88.

12. Guerra contra a natureza

1. Smyth, H.D. *Atomic Energy 1940-1945: A General Account of the Development of Methods of Using Atomic Energy for Military Purposes under the Auspices of the United States Government*, Londres, His Majesty's Stationery Office, 1945, p. 2.
2. Collins, P. 10 de maio de 2005, "Polar Eclipse. Hey, Remember When Climate Change Was a Swell Idea? Coconuts were in the offing", *Village Voice*.
3. 9 de fevereiro de 1959, "Canada: A-bombing for oil", *Time Magazine*.
4. Ibidem.
5. Fleming, J.R. "On the Possibilities of Climate Control in 1962: Harry Wexler on Geoengineering and Ozone Destruction", American Geophysical Union, Fall Meeting 2007, resumo#GC52A-01.
6. Borisov, P.M. *Can Man Change the Climate?*, Moscou, Progress Publishers, 1973, p. 88.
7. Ibidem, p. 160.
8. Bhardwaj, R. *et alii*. 2006, "Neocortical Neurogenesis in Humans is Restricted to Development", *PNAS* 103 (33): 12564-12568.
9. Koslow, T. *The Silent Deep: The Discovery, Ecology and Conservation of the Deep Sea*, Sydney, UNSW Press, 2007, p. 148-149.
10. Ibidem, p. 140.

13. Assassinos de Gaia

1. Carson, R. (1962), *Silent Spring*, Nova York, Houghton Mifflin, 2002, pp. 155-156.
2. Pope, J., Rosen, C. e Skurky-Thomas, M. 2010, "Toxicity, Organochlorine Pesticides", *Emedicine*; Ballweg, M. L. *The Endometriosis Sourcebook*, Columbus, Macgraw Hill, 1995, pp. 377-398.
3. Carson, R. *Silent Spring*, pp. 85-102.

4. Ibidem, p. 87.
5. Ibidem, p. 89.
6. Ibidem, p. 126.
7. Ibidem, pp. 7, 30.
8. Ibidem, pp. 118-119.
9. Pope, J. *et alii*. 2010, "Toxicity, Organochlorine Pesticides", *Emedicine*.
10. Carlsen, E., Giwercman, A., Keiding, N. e Skakkebaek, N. 1995, "Declining Semen Quality and Increasing Incidence of Testicular Cancer: Is There a Common Cause?", *Environmental Health Perspectives* 103, Suplemento 7, pp. 137-139.
11. Brown, R. M., 1947, "The Toxicity of the 'Arochlors'", *Chemist-Analyst* 36: 33.
12. Koslow, T. *The Silent Deep*, pp. 145-146.
13. Ibidem, p. 150.
14. National Environmental Trust, Physicians for Social Responsibility and Learning Disabilities Association of America, 2000, "Polluting Our Future: Chemical Pollution in the US That Affects Child Development and Learning", p. 2, American Association on Intellectual and Developmental Disabilities, www.aaidd.org/ehi/media/polluting_report.pdf
15. Shapiro, J. *Mao's War against Nature*, Cambridge, Cambridge University Press, 2001.
16. Ibidem, p. 198.
17. Ibidem, p. 33.

14. O último momento?

1. Stockholm Convention on Persistent Organic Pollutants (POPs), http://chm.pops.int
2. Houde, M. *et alii*, 2006, "Biological Monitoring of Polyfluoroalkyl Substances: A Review", *Environmental Science & Technology* 40 (11): 3463-3473.
3. Johns Hopkins University Bloomberg School of Public Health, 2007, "Polyfluoroalkyl Exposure Associated with Lower Birth Weight and Size", ScienceDaily, www.sciencedaily.com/releases/ 2007/08/070817115631.htm
4. Bagla, P. 25 de fevereiro de 2003, "'Mysterious Plague' Spurs India Vulture Die-off", *National Geographic*.
5. Roy, S. 15 de abril de 2008, "Vultures on Kolkata Skyline, Parsis Rejoice", Merinews, 2008, www.merinews.com/article/vultures-on-kolkataskyline-parsis-rejoice/132527.shtml

6. Birdlife International, 22 de maio de 2006, "Second Blow for Asian Vultures", www.birdlife.org/news/news/2009/12/vultures.html
7. Koslow, T. *The Silent Deep*, p. 156.

15. Desfazer o trabalho de eras

1. American University 1997, "TED Case Studies: Minamata Disaster", www1.american.edu/ted/minamata.htm.
2. Ibidem.
3. Pacyna, E.C., Pacyna, J.M., Steenhuisen, F. e Wilson, S. 2006, "Global Anthropogenic Emissions of Mercury to the Atmosphere", *Atmosphere Environment* 40 (22): 4048.
4. Cubby, B. 14 de agosto de 2008, "Toxic Levels of Pollution Threaten River", *Sydney Morning Herald*.
5. Koslow, T. *The Silent Deep*, pp. 153-155.
6. Ibidem, pp. 154-155.
7. Pacyna E.G. *et alii*. "Global Anthropogenic Emissions of Mercury to the Atmosphere".
8. Järup, L. *et alii*. 1998, "Health Effects of Cadmium Exposure — a Review of the Literature and a Risk Estimate", *Scandinavian Journal of Work, Environment and Health* 24: 11-51.
9. Nevin, R., 2007, "Understanding International Crime Trends: The Legacy of Preschool Lead Exposure", *Environmental Research*, 104 (3): 315-336.
10. Brown, A. e Susser, E. 2008, "Prenatal Nutritional Deficiency and Risk of Adult Schizophrenia", *Schizophrenia Bulletin* 34 (6): 1054-1063.
11. Taylor, M.P. e Schniering, C. 2010, "The Public Minimization of the Risks Associated with Environmental Lead Exposure and Elevated Blood Lead Levels in Children, Mount Isa, Queensland, Australia", *Archives of Environmental and Occupational Health*, 65 (1):45-47.
12. Queensland Health 2007, "Mount Isa Lead Report", www.health.qld.gov.au/news/media_releases/mtisa_leadreport.pdf
13. Marks, K. 12 de setembro de 2009, "Living under a Cloud", *Sydney Morning Herald*, Good Weekend, p. 20.
14. Dayton, L. 27 de fevereiro de 2008, "Mt Isa Heavy Metals 'Still Toxic'", *Australian*.

15. Taylor, M.P. e Schniering, C. "The Public Minimization of the Risks Associated with Environmental Lead Exposure and Elevated Blood Lead Levels in Children, Mount Isa, Queensland, Australia".
16. Xstrata, 22 de junho de 2008, "The Facts about Lead in Blood", *Sunday Mail*, p. 16 (anúncio).
17. Goldberg, E.D. 1986, "TBT: An Environmental Dilemma", *Environment* 28: 17-44.
18. Nagy, B. *et alii*. 1993, "Role of Organic Matter in the Proterozoic Oklo Natural Fission Reactors, Gabão, África", *Geology* 21 (7): 655-658.
19. Bernstein, J. *Plutonium: A History of the World's Most Dangerous Element*, Sydney, UNSW Press, 2007.
20. Intergovernmental Panel on Climate Change 2007, "Climate Change 2007: The Physical Science Basis", IPCC Fourth Assessment Report, www.ipcc.ch/ipccreports/ar4-wg1.htm
21. Richardson, K. *et alii*. 2009, "Synthesis Report from 'Climate Change: Global Risks, Challenges & Decisions'", Universidade de Copenhague, www.climatecongress.ku.dk/pdf/synthesisreport
22. Ibidem.
23. Hansen, J. *Storms of My Grandchildren*, pp. 83-84.

16. As estrelas do céu

1. Malthus, T.R. (1798), *An Essay on the Principle of Population*, Oxford, Oxford World's Classics, 2004, p. 61.
2. United Nations Department of Economic and Social Affairs, Population Division 2009, "World Population Prospects: The 2008 Revision", http://esa.un.org/unpd/wpp2008/index.htm.
3. Hull, T.H. 1990, "Recent Trends in Sex Ratios at Birth in China", *Population and Development Review*, 16: 63-83.
4. United Nations 2009, "World Population Prospects: The 2008 Revision Population Database", http://esa,un.org/UNPP.
5. WWF 2008, "Living Planet Report 2008", http://assets.panda.org/downloads/living_planet_report_2008.pdf

17. Descontando o futuro

1. Benhabib, J.H. *et alii*. 2010, "Present-bias, Quasi-hyperbolic Discounting and Fixed Costs", *Games and Economic Behavior*, 69: 205-223.

2. Milinski, M. *et alii*. 2008, "The Collective-risk Social Dilemma and the Prevention of Simulated Dangerous Climate Change", *Proceedings of the National Academy of Sciences of the United States of America,* 105 (7): 2291-2294.
3. Hobbes, T. *Leviathan, or the Matter, Forme and Power of a Commonwealth Ecclesiasticall and Civil,* Londres, Andrew Crooke, 1651.
4. Thaler, R.H. e Sunstein, C.R. *Nudge: Improving Decisions about Health, Wealth and Happiness,* New Haven, Yale University Press, 2008.
5. Kirby, K.N. *et alii*, 1999, "Heroin Addicts Have Higher Discount Rates for Delayed Rewards than Non-drug-using Controls", *Journal of Experimental Psychology: General,* 128 (1): 78-87.
6. Daly, M. e Wilson, M. 2005, "Carpe Diem: Adaptation and Devaluing the Future", *The Quarterly Review of Biology,* 80 (1): 55-60.
7. Latham. R.C. e Matthews, W. (orgs.) (1661), *The Diary of Samuel Pepys,* Londres, HarperCollins, 1971.
8. Gribbin, J. e Gribbin, M. *James Lovelock,* p. 71.

18. A cobiça e o mercado

1. Bernstein, P.L. *Against the Gods: The Remarkable Story of Risk,* Nova York, John Wiley & Sons, 1996.
2. Frank, R.H. *Passions within Reason: The Strategic Role of the Emotions,* Nova York, W.W. Norton & Company, 1988.
3. Frank, R.H., Gilovich, T. e Regan, D.T. 1993, "Does Studying Economics Inhibit Cooperation ?" *Journal of Economic Perspectives* 7 (2): 159-171, p. 170.
4. Ridley, M. *The Origins of Virtue,* Londres, Viking, 1996, p. 146.
5. Smith, A. *An Inquiry into the Nature and Causes of the Wealth of Nations.*
6. Lee, D. 2010, "Beyond Simple Numbers: The Value of Environmental, Social and Governance Factors", *Alumni Association UQ Business School,* 2: 2-3.
7. Stern, N. *The Economics of Climate Change,* Cambridge, Cambridge University Press, 2007.
8. Generation Investment Management LLP, 2004, "Generation Announces Plans for New Investment Management Firm", www.generationim.com/media/pdf-generation-final-launch-release-08-11-04.pdf
9. Balsam, S. *An Introduction to Executive Compensation,* San Diego, Academic Press, 2002, p. 135.

10. Levitt, S.D. e Dubner, S.J. *SuperFreakonomics: Global Cooling, Patriotic Prostitutes, and Why Suicide Bombers Should Buy Life Insurance*, Nova York, William Morrow, 2009, p. 171.
11. Cameron, J. e Blood, D. "Catalysing Capital towards the Low-carbon Economy", *Thought Leadership Series No 3*, Copenhagen Climate Council, 2008.
12. Ibidem.
13. Monks, R. 2009, "The Past, Present, and Future of Shareholder Activism: Bob Monks' Perspective", Speech, Harvard Law School, Cambridge, Massachusetts.
14. Principles for Responsible Investment 2009, "PRI/UNEP FI Universal Owner Project: Addressing Externalities through Collaborative Shareholder Engagement: Request for Proposals", www.unpri.org/files/PRI_UNEP_FI_UO_Project_RFP.pdf
15. Monks, R. 2003, "To Harvard with Love", Robert A.G. Monks, http://ragmonks.blogspot.com/2003/10/to-harvard-with-love.html
16. PRI Academic Network, http://academic.unpri.org

19. Sobre a guerra e a desigualdade

1. Friedman, T. *The World is Flat: A Brief History of the Twenty-First Century*, Nova York, Farrar, Straus & Giroux, 2005.
2. Green, S. *Good Value*, Nova York, Grove, 2010.
3. http://worldbank.org
4. Windsor, J. 2006, "Freedom in Africa Today", Freedom House, www.freedomhouse.org/uploads/special_report/36.pdf
5. International Bank for Reconstruction and Development/The World Bank 2008, "2005 International Comparison Program: Tables of Final Results", The World Bank, http://siteresources.worldbank.org/ICPINT/Resources/ICP_final-results.pdf
6. Green, S. *Good Value*.

20. Um novo kit de ferramentas

1. Cameron, J. e Blood, D. "Catalysing Capital towards the Low-carbon Economy".
2. World Congress on Computers in Agriculture, 22 a 24 de junho de 2009, Program, Reno, Nevada.

3. Ion, A. 13 de janeiro de 2009, "Malaysia to Use Satellite Monitoring to Stop Illegal Logging", GreenPacks, www.greenpacks.org/2009/01/13/malaysia-to-use-satellite-monitoring-to-stop-illegal-logging
4. Carrington, D. 30 de julho de 2010, "Satellite Sensors Help Cut Tree Felling in Amazon Rainforest", *Guardian Weekly* p. 3.

21. Governança

1. Fukuyama, F. *The End of History and the Last Man,* Nova York, Free Press, 1992.
2. Flannery, T. *The Weather Makers,* Melbourne, Text Publishing, 2005.
3. Milinski M. *et alii*. "The Collective-risk Social Dilemma and the Prevention of Simulated Dangerous Climate Change".
4. Inman, M. 29 de outubro de 2009, "The Climate Change Game", Nature Reports Climate Change, www.nature.com/climate/2009/0911/full/climate.2009.112.html
5. Safina. C. 2008, "Regulators Are Pushing Bluefin Tuna to the Brink", Yale Environment 360 (Yale School of Forestry and Environmental Studies), http://e360.yale.edu/content/feature.msp?id=2096
6. Hardin, G. 1968, "The Tragedy of the Commons", *Science* 162: 1243-1248.
7. Ostrom, E. *Governing the Commons.*

22. Restaurar a força da vida

1. Lovejoy, T., Flannery, T. e Steiner, A. 27 de outubro de 2008, "We Did It, We Can Undo It", *International Herald Tribune.*
2. Bacon, F. *Sylva Sylvarum,* p. 43.
3. Lewis, S. *et alii*. 2009, "Increasing Carbon Storage in Intact African Tropical Forest", *Nature* 457: 1003-1006.
4. Wallace, A.R. *The Malay Archipelago: The Land of the Orang-utan and the Bird of Paradise,* Londres, MacMillan & Co., 1869, p. 35.
5. Lehmann, J. *et alii*. "Stability of Biochar in Soil", *in* Lehman, J. e Joseph, S. *Biochar for Enviromental Management,* Londres, Earthscan, 2009.
6. Van Zwieten, L. *et alii.*, "Biochar and Emissions of Non-CO_2 Greenhouse Gases from Soil", *in* Lehman, J. e Joseph, S. *Biochar for Enviromental Management.*
7. Lehman, J. e Joseph, S. "Stability of Biochar in Soil", *in* Lehman, J. e Joseph, S. *Biochar for Enviromental Management.*

8. Baker, J.M., Ochsner, T., Venterea, R. e Griffis, T. 2006, "Tillage and Soil Carbon Sequestration — What Do We Really Know?", *Agriculture, Ecosystems and Environment* 118 (1-4): 1-5.
9. Kumar, R., Pandey, S. e Pandey, A. 2006, "Plant Roots and Carbon Sequestration", *Current Science* 91(7): 885-890.
10. Lal, R. 2007, "Carbon Management in Agricultural Soils", *Mitigation and Adoption Strategies for Global Change,* 12 (2): 303-322.
11. Ibidem.
12. Kumar, R. *et alii*. "Plant Roots and Carbon Sequestration".
13. Ibidem.
14. Dong, X. "Rangeland Soil Carbon Sequestration: The Contribution of Plant Roots", *in* North Dakota Agricultural Experiment Station 2007, "2007 CGREC Grass and Beef Research Review", North Dakota State University, www.ag.ndsu.edu/archive/streeter/2007report/carbon_seq/Carbon_Sequestration.htm
15. Ibidem.
16. Patton, B.D., Dong, X., Nyren, P. e Nyren, A. 2007, "Effects of Grazing Intensity, Precipitation, and Temperature on Forage Production", *Rangeland Ecology and Management,* 60 (6): 656-665.
17. Lal, R. "Carbon Management in Agricultural Soils".
18. Faragher, D. 2008, "Kimberley Fire Management Team Takes Out Top Prize at WA Environment Awards", Government of Western Australia, www.mediastatements.wa.gov.au/Pages/Results.aspx ? ItemID = 130736
19. Burrows, N.D., Burbidge, A.A. e Fuller, P.J. "Integrating Indigenous Knowledge of Wildland Fire and Western Technology to Conserve Biodiversity in an Australian Desert", *in* Foran, B. e Walker, B. (orgs.) *Science and Tecnology for Aboriginal Development,* CSIRO, Melbourne, e Centre for Appropriate Technology, Alice Springs, 1986.
20. Heckbert, S. *et alii*. 2008, "Land Management for Emissions Offsets on Indigenous Lands", CSIRO, www.csiro.au/resources/Indigenous-lands-emissions-offsets.html
21. Ibidem, p. 9.
22. Savory, A. *Holistic Resource Management,* Washington, Island Press, 1988.
23. Derner, J.D. e Schuman, G.E. 2007, "Carbon Sequestration and Rangelands: A Synthesis of Land Management and Precipitation Effects", *Journal of Soil and Water Conservation,* 62 (2): 77-85.

24. Bourke, T. 5 de fevereiro de 2010, discurso no Fórum sobre Agricultura Sustentável, Raheen, Melbourne.

23. O que nos espera?

1. Jowit, J. 9 de abril de 2010. "British Campaigner Urges UN to Accept 'Ecocide' as International Crime", *Guardian*.
2. Leopold, A. *Round River*, Oxford, Oxford University Press, 1972, p. 165.
3. Griffiths, J. *Wild: An Elemental Journey*, Londres, Hamish Hamilton, 2007.
4. Kizilova, A. 21 de janeiro de 2007, "Good Fence for Future Mammoth Steppes", Russia IC, www.russia-ic.com/education_science/science/breakthrough/357
5. Green, R.E. *et alii*. 2008, "A Complete Neandertal Mitochondrial Genome Sequence Determined by High-throughput Sequencing", *Cell*, 134 (3): 416-426.
Miller *et alii*. 2009, "The mitochondrial genome sequence for the Tasmanian tiger (*Thylacinus cynocephalus*)", *Genome Research*, 19:213-220.
6. Davies, P. *The Eerie Silence: Are We Alone in the Universe?* Londres, Penguin, 2010, pp. 117-126.

ÍNDICE

11 de setembro de 2001, ataques terroristas, 261
a caçada dos Clóvis, 112
a Hipótese de Gaia, 52, 53, 55
    cooperação de todas as formas de vida no planeta vivo, 55
    críticas da, 53, 54, 57, 58
    e a corrente principal da ciência, 58
    e a regulação da temperatura da superfície da Terra, 79, 80
    e a vida contribuindo para a convecção atmosférica, 80, 82
    fundamentos da, 78, 79
A Terra como um organismo vivo, 56
    antagonismo cristão ao conceito de, 56, 57
    ver também Gaia; a Hipótese de Gaia
abelhas, 206
Aborígines Australianos
    Gerenciamento da terra utilizando o fogo, 122, 123, 297-299
    proteção de certas espécies animais, 126
    violência física entre os, 155, 157
acidificação do oceano, 225, 226
acidificação dos oceanos, 225, 226
Acordo de Copenhague, 280, 281
afluência, e consumo excessivo, 284, 264
África subsaariana, problemas na, 262
África
    civilizações colonizadas, 173
    dispersão dos hominídeos a partir da, 96, 99, 104-106, 115
    origens humanas, 94, 96

aglutinante social, mantendo juntos os superorganismos, 146, 148, 149
agricultura
    armazenamento de carbono, 291
    e civilização humana, 162
    fator de desconto, 250, 251
    influência na composição atmosférica, 174, 175
    origens em cinco regiões162, 167
    uso da água e tecnologia, 271
    uso do computador na, 271, 272
água, sobre a Terra, 66
águia-de-cabeça-branca 192, 193
alce, 113
Aldrin, 190, 191, 202
Alemanha, taxa de mortalidade da Segunda Guerra Mundial, 157
Algas
    absorção de partículas radioativas, 185, 221
    absorção de PCBs, 197
    em pólipos de coral, 76, 77, 87
altruísmo, e a teoria dos jogos, 241, 242
ambientalismo, e Cristianismo, 56
América do Norte, 172
    coevolução do bisão, do alce e do urso-pardo, 113
    declínio dos grandes rebanhos, 112, 113
    desenvolvimento das cidades, 165
    fauna da era glacial, 111
    formigas-de-fogo, 143, 144
    método de caça dos Clóvis, 112
    vivendo com a terra, 130

América do Sul, 172
  desenvolvimento agrícola, 164, 165
  desenvolvimento das cidades, 165, 171
Américas
  conquista das, 172
  superorganismos humanos, 164, 165, 171, 172
  ver também América do Norte; América do Sul
amor materno, ponto de vista de Dawkins, 36, 37
ancestrais humanos, impacto da domesticação sobre, 150
animais domésticos, os seres humanos como força evolucionária controlando os, 149, 150
Antártida, gerenciamento, 285
anti-incrustantes, 220
área de Popondetta, Nova Guiné, proteção das tartarugas-marinhas, 125, 126
areias betuminosas, 181
armas nucleares, 180, 181, 211, 212, 222, 223
  aplicações da mineração, 181
  dose de radiação para a vida na Terra, 184, 185
  explodiu na atmosfera, 183
  para derreter a calota de gelo do Ártico, 182, 183
  Tratado para a proibição completa dos testes nucleares, 201, 202
armas químicas, 187, 188
Arquipélago das Galápagos, 23
arroz, 166, 172, 174
arsênico, 219, 220
árvore *angophora*, 49, 76
assassinos de Gaia, 188, 189, 195, 197, 202
Assembleia Geral das Nações Unidas, 276, 277
astrobiologia, 48
atmosfera da Terra, 61, 84, 64, 67
atmosfera, função da, 65
atum de barbatana azul do Atlântico, 286, 287
Austrália
  Chegada dos ancestrais na, 104, 105
  Extinção da megafauna depois da chegada humana, 105, 106
  megafauna antes da chegada dos ancestrais, 105
  mudança da vegetação depois da chegada humana, 106
Australian Wildlife Conservancy, (AWC)
  e a conservação da biodiversidade, 308
  queima estratégica das pastagens, 45, 297
Australianos, mortes durante a Primeira Guerra Mundial, 157
automóveis
  elétricos, 269
  informatização dos, 268
Autoridade Internacional do Leito Marinho, 285
aves-do-paraíso, 124
axolotles, 38

Bacon, Sir Francis, 56, 166, 290, 311
bactérias do intestino, 77
bactérias, 49, 76, 77, 81, 214
baía de Minamata, poluição por mercúrio, 212, 213
Banco de energia limpa, 252, 253
batata-doce, 172
batatas, 172
Bateson, William, 39
Beagle, viagem de Darwin no, 23, 24
Bell, Thomas, 28
Bennelong (Aborígine Australiano), 156, 157
Better Place, 269
bifenilos policlorados (PCBs), 195, 197
  como cancerígenos virulentos, 196
  como causa de malformações de nascença, 196, 197
  impacto sobre os oceanos, 196
bioacumulação, 214, 215
biodiversidade
  crenças culturais na proteção da, 131
  destruição, e externalidades, 253, 254
  e a extinção das espécies, 226, 227
  e a habitabilidade da Terra, 289
  e as reservas de caça reais, 127, 129

ÍNDICE

e coevolução, 87, 88
e o cultivo com queima tradicional, 123
florestas tropicais, 291
gerenciamento, 123, 124
preservação através da proteção dos animais, 28, 31, 308
proteção através das estratégias de queima das pastagens, 297, 298
proteção através dos parques e reservas, 128
biofilia, 131
bio-óleo, 294
bisão, 113
bisão, 128, 261
bisão-europeu, 128, 261
blocos de poder, 154, 259
Blood, David, 251, 253
bomba atômica, 180, 181, 211, 212
Borisov, Petr Mikhailovich, 184, 185
Bourke, Tony, 300
Bowles, Samuel, 155
Brasil, vigilância via satélite das florestas, 272
Broley, Charles, 192, 193
Bungaree, John, 151
buraco de ozônio, 209
Burbidge, Andrew, 298
Butler, Samuel, 152, 153

caça, 95, 99-101, 110
  Clóvis 112
caçadores-coletores
  como seus próprios provedores, produtores e protetores, 151
  e a coevolução, 121, 122
  e a doença, 150
  gerenciamento dos bens comuns, 122, 123
  preferência por sua própria cultura e não pelo mundo moderno, 151
  tão habilidosos e academicamente dotados, 151
  violência entre os, 155
cadeias alimentares, 184, 185
cadeias meso-oceânicas, 72, 73
Cádmio, 216, 217

calota de gelo da Antártida, 273
calota de gelo da Groenlândia, decadência da, 225, 274
calota de gelo do Ártico
  apropriação da, 284
  decadência da, 225
  propostas para derreter a, 182, 183
camada de gelo da Groenlândia, 226
Cameron, James, 253
campanha Vote Earth, 283, 284
cana-de-açúcar, 164
câncer testicular, na Dinamarca, 195
cânceres, e pulverização química, 195
captura e utilização da energia, pelas plantas, 61, 84
carbono atmosférico, 61, 84, 175
  e Gaia, 290
  quantidades liberadas, 289
carbono mineralizado, 293, 294
carbono no solo
  armazenamento em pastagens, 293, 296, 297, 300
  componentes, 295
  e as raízes das plantas, 296, 297
  restauração em solos de cultivo, 295, 296
carbono, 84
  atmosférico, 650, 84, 175, 289
  fontes de, 223, 224
  mineralizado, 187, 293
carbono-14
  incorporação nos tecidos pelos organismos, 183, 184
  na atmosfera da Terra, 183
  níveis atmosféricos depois de explosões nucleares, 183
Carnegie, Andrew, 264
Carraro, Carlo, 282
Carson, Rachel, 190, 192
  Silent Spring, 188, 189, 194
carvão vegetal criado pela pirólise, 294
  benefícios para o solo, 294
  enterrado no solo, 294
carvão, conteúdo de mercúrio, 213, 214, 216
catalisadores, 68, 69, 216
cavalos, 172
células, 76
  origens mitocondriais, 76, 77

cérebro dos mamíferos, 277
"cérebro reptiliano", 277, 278
Cérebros
    como órgãos egoístas, 245
    estrutura a função, 277, 278
cervo-do-Père-David, 127, 128
China
    controle demográfico, 236
    crescimento da população, 198, 236
    desenvolvimento da cidade, 166
    "guerra contra a natureza" sob Mao, 198
    invenções, 166, 167
    renda média, 262
    reservas de caça reais, 128, 129
    superorganismo humano, 166
    transição demográfica, 236
Chineses, aceitação das teorias de Darwin, 31, 32
Chlordane, 202
chumbo, 217, 218
Churchill, Winston, 159
chuva, 291
ciclo do carbono, 67
ciclos de Milankovitch, 79, 80, 118
Cidades
    desenvolvimento, 165, 168, 171
    destruição, 171, 172
    futuras tecnologias nas, 270
    vulnerabilidade à guerra, 260, 261
ciência dos sistemas da Terra, 26, 48, 58
ciência reducionista
    limites da, 36
    poder da, 180
civilização global
    futuro sustentável para, 306, 311
    o caminho do meio, 306
    políticas climáticas globais, 283
    predições de colapso da, 305, 306
civilização humana, e crescimento da agricultura, 162, 167
civilizações colonizadas, 173
civilizações do Novo Mundo, 113, 143, 165, 172, 173
clima da Terra
    ciclos de Milankovitch, 121
    impacto dos ancestrais humanos sobre, 117-119
Climate Change Capital, 253
clorofluorcarbonetos (CFCs), 207, 208
    e o declínio do ozônio, 208
    proibidos pelo Protocolo de Montreal, 209
cloroplastos, 49, 76
cobiça, 245, 246
    dos presidentes de empresas, 251
    emissões de gases causadores do efeito estufa da destruição de florestas tropicais, 292
    Green, Stephen, 260
    necessidade de redução das, 305
    "títulos verdes", 252
cobre, 218, 220
coelhos, superpopulação, 231, 232
coevolução, 86, 87, 89
    e a construção de ecossistemas através dos tempos, 86, 304
    e biodiversidade, 87, 88
    e caçadores-coletores, 121, 122
    e interações predador-presa, 88
    o alce, o urso-pardo e o bisão com os seres humanos, 113
    pássaro indicador africano, 88, 89
    sapos-cururus, 98, 99
colonialismo, europeu 173
colônias de formigas, coordenação nas, 72, 78, 138, 139
combustíveis fósseis, 213, 221
    impacto da queima de, 223-226, 256
comércio, 170, 171
    e a paz, 259, 260
    ruptura pela guerra, 261
Comissão Internacional para a Conservação do Atum do Atlântico (ICCAT), 286
companhias
    e externalidades, 252, 257
    investimento responsável, 255, 256
    pagamento de presidentes de empresas baseado no desempenho, 251, 252
composição atmosférica, influência da agricultura sobre a, 174, 175

compreensão humana, comunidade da, 147, 148
"comunidade da virtude", 83, 309
como um ecossistema, 83
comunidades interdependentes, 49, 50
concorrência, como força motiva da evolução, 50
conflitos, 259, 261
   através de ideologias tribais, 265
   e pobreza, 261, 262, 284
   ligados ao crime organizado, 261, 262
   ver também guerra
Conselho do clima de Copenhague, 279, 280
   Cúpula de Copenhague (simulação sobre a resolução da mudança climática), 281, 282
   reflexão sobre a resolução de futuros problemas globais, 283
conservação da natureza, 127
construção funcional, 180
construindo, fator de desconto, 250, 251
consumo excessivo
   como instinto social, 264
   redução do, 263, 265
   reduzir para alcançar equidade global, 265
continentes, origens, 64
contracepção, 236, 237
controle da fertilidade, 169, 235-237
controle reprodutivo
   formigas, 232
   seres humanos, 232, 233, 234, 236, 237
convecção atmosférica, a vida contribuindo para a, 80, 81
convecção da Terra, assistida pelo plâncton e pelas bactérias, 81
Convenção das Nações Unidas sobre o Direito do Mar (UNCLOS em inglês), 284
Convenção de Estocolmo sobre poluentes orgânicos persistentes (POPs), 202
   "os doze condenados", 202
cooperação
   de todas as formas de vida na Terra viva, 55
   e sobrevivência, 50, 51

Copenhague, campanha Vote Earth, 283, 284
cordilheiras, formação, 70
corpus callosum, 277
corrida espacial, 180
Corte Criminal Internacional das Nações Unidas, reconhecimento do ecocídio, 307
Covey, John, 181
cozinhando bananas, 163-164
Crescente Fértil
   comércio com a Ásia Oriental, 170, 171
   expansão colonial, 172
   mudanças nas civilizações do, 173
   superorganismo humano, 166, 171
crescimento da população
   através da imigração, 233, 234, 236
   China, 198, 236
   controle do governo, 232, 233
   formigas, 146, 232
   Itália, 236
   ponto de vista malthusiano, 231, 233-236
   resultado do, 231, 232
crise do clima
   consciência da, 305
Cristianismo, e ambientalismo, 56, 57
cromossomo Y
   estudos dos ancestrais, 95, 96
   os estudos da migração humana, 96, 103
crosta continental, 84, 64, 66
crosta da Terra, 61, 84, 64, 65, 67
crosta oceânica, 63, 64, 71, 72
Cúpula Empresarial de Mudanças Climáticas, 279

Daisyworld (modelo de computação), 55, 56
Daly, Martin, 240, 242, 243
Darwin, Charles (filho), 29
Darwin, Charles Robert, 27, 33, 46
   aceito no meio científico vitoriano, 24, 47
   "caminho de areia", 21, 22, 303
   ciência dos sistemas da Terra, 26
   como naturalista no *Beagle,* 23, 24

doença, estresses e tragédias pessoais, 24, 29
Down House, Kent, 21, 24, 25, 29, 303
  e o artigo de Wallace, 27
  estudos de coevolução, 87, 88
  evolução pela seleção natural, 22-25
  experimentos com minhocas, 25, 27
  morte, 24
  pais e filhos, 22, 23, 24, 29
  publica Origem das espécies, 28, 29, 31
  rejeita a religião, 23, 24
  seleção sexual, 85
  treinamento médico e teológico, 23
Darwin, Emma, 24
Darwin, Francis, 22
darwinismo social, 30, 33, 37, 58
Dawkins, Richard, 35, 37
  ceticismo da hipótese de biofilia, 130
  crítica da hipótese de Gaia, 52, 53
  cruzada contra a religião, 41
  memes, 40
  teoria do gene egoísta, 36, 37, 40, 246
DDT, 190, 193, 202
de Boer, Yvo, 279
de Candolle, Augustin Pyrame, 32, 37
declínio da população de abutres, Índia, 203, 205
  Diclofenac (anti-inflamatório) efeito, 205, 206
declínio da população
  e transição demográfica, 235, 237
  Federação Russa, 236
  Japão, 237
  predição das Nações Unidas, 234, 235
declínio do ozônio, e os CFCs, 208, 209
declínio dos anfíbios, 206, 207
democracia globalmente participativa, 284
democracias
  força motiva, 276
  mundo antigo, 159
  século XX, 159, 160, 275, 276
deriva continental, 69, 70
derretimento do reator de Chernobyl, destino das partículas radioativas 184, 185

descoloração do coral, 77
descontando o futuro, 239, 244
  e nível de segurança, 242
  mulheres jovens, 243, 244
  taxa de homicídio entre homens jovens, 242, 243
  tempos de guerra e aumento da atividade sexual, 243, 244
desembarque na Lua, 311
"desempenho dos céus", 32, 46, 59, 304, 305
desenvolvimento agrícola, 172
  Américas, 164, 165
  China, 166
  Crescente Fértil, 167
  Nova Guiné, 162, 164
desenvolvimento do cosmo, e forças coevolucionárias, 86
desmatamento ilegal, monitoramento via satélite do, 272
diamantes, origem, 59, 60
Diamond, Jared, 162, 164, 171, 305
Diaz, Rernal, 171
Diclofenaco, proibido para uso veterinário, 205, 206
Dieldrin, 202
diferenças genéticas regionais, perda das, 307
Dinamarca
  implantação em grande escala de automóveis elétricos, 269
  taxas de câncer testicular, 195
dióxido de carbono atmosférico, 84, 64, 223, 224, 290
  dados sobre o núcleo de gelo, 174
  e o Acordo de Copenhague, 281
  influência humana sobre, 174, 226
  rápido aumento do, 224, 225
dióxido de carbono, 60, 84, 78, 290
  atmosférico, 84, 64, 174, 223-226, 281, 290
  durante os ciclos de Milankovitch, 118
Dioxin, 202
Ditaduras, 275
divisão do trabalho, 148-150, 152, 154
doença de Reichenstein, 219

doenças, impacto das, 172
domesticação, impacto sobre os ancestrais humanos, 150
DONG Energy, 269
Down House, Kent (casa de Darwin), 21, 24, 25, 29, 303
dragão-de-komodo, 115, 116
Dubner, Stephen, 252

e a ancestralidade masculina e feminina, 95, 96
e a hipótese de Gaia, 53, 55
e proteção florestal, 293
e regulação da salinidade do oceano, 71, 72
"Earth Hour", 283
ecocídio, 202
economia das florestas, 253, 254
economia neoclássica, 245
    e a teoria do gene egoísta, 246
economias, fluxos de energia nas, 62, 84
economistas neoclássicos
    e a teoria dos jogos, 247
    e o egoísmo, 247, 248
    uso dos fatores de desconto, 248, 249
economistas *ver* economistas neoclássicos
ecossistemas da Terra, 62, 84
ecossistemas, 77
    formação e coerência, 83, 84
    impacto disruptor humano nos, 94, 95
    reconstrução dos, 309, 310
educação, fatores de desconto, 250
"egoísmo brutal", 36, 41
egoísmo, 245-248
Einstein, Albert, 180
Ekman, Gunnar, 38, 39
Eldrup, Anders, 269
elefante-pigmeu, 116, 117
elefantes de presas retas, 107, 108, 116
elefantes-anões, 108, 111
elementos radioativos, 221, 222
elementos, 61, 64, 67, 73
Eliasch Review, 291
eliminação do lixo, 73
emissores de carbono, acordo dos, 281
Endrin, 202
energia eólica, 270

energia solar, 270
engarrafamentos genéticos, 147
engenharia genética, 41
envenenamento por cádmio, 217
envenenamento por chumbo, 217, 218
envenenamento por inseticidas, mortes humanas e doenças causadas pelo, 191, 194
equidna-de-bico-longo, 123-126
era glacial
    e a mudança climática, 117, 118
    fauna, América do Norte, 110, 111
    impacto humano nas populações animais, 110
    níveis de dióxido de carbono, 118
    populações animais na estepe do mamute durante a, 107-109
    regime do clima, 162
espécies animais
    controle humano dos animais domésticos
    nas reservas de caça reais, 127, 129
    proteção dos, 124, 126
    reprodução, 149, 150
espécies introduzidas, impacto das, 98
esperança, e alívio da pobreza, 263
esperando pelas recompensas, incentivos requeridos, 240, 241
estabilidade climática, papel das florestas tropicais na, 291, 292
Estados Unidos, cultura popular, 173, 174
estanho, 220
Estepe do Mamute, 108
    carbono preso nos pântanos de turfa, 118, 119
    destruição, impacto sobre o equilíbrio de carbono na Terra, 117, 118
    fatores de produtividade, 109, 110
    impacto humano sobre as populações animais, 110, 111
    sustentando rebanhos de megamamíferos, 108
estrelas, 61
eucalipto rabiscado, 49, 87
Eurásia
    caça dos mamíferos através da, 99-101

civilizações colonizadas, 173
coevolução dos animais grandes e dos humanos, 113
megafauna, 114
movimento dos animais para a América do Norte, 113
superorganismos humanos, 165, 167
Europa
   destino dos grandes animais na, 107, 108
   espécies animais durante a era glacial, 108
   primeiros seres humanos na, 106, 107
   reservas de caça reais, 127, 128
evolução cultural, 39
evolução das espécies, taxas da, 85
evolução humana, 30, 97
   aceitação chinesa das teorias de Darwin, 31, 32
   desenvolvimento das habilidades para caçar, 95
   dificuldades para entender as teorias de Darwin, 31
   e a seleção sexual, 85, 86
   em resposta ao meio ambiente, 93-95
   estudos genéticos das origens e das migrações, 95, 97
evolução lamarckiana, 39
evolução pela seleção natural (Wallace), 47, 51
   e a seleção sexual, 85, 86
   fatores que afetam, 84
   natureza dos, 84
   processos evolutivos
evolução pela seleção natural
   amplo atrativo das ideias de Darwin, 32
   aplicada aos fenômenos sociais, 31, 33
   (Darwin), 22-25, 99
   dificuldades na compreensão, 30, 31
   e o conceito de sobrevivência do mais apto, 31
   pouca atenção imediata ao artigo, 28
   publicação simultânea com Wallace, 27
   teoria publicada em 1858, 25
   ver também Origem das espécies por meio da seleção natural

evolução
   como "desempenho dos céus", 32, 46
   cooperação essencial para a sobrevivência, 50, 51
   cultural, 39
   e as taxas em que as espécies evoluem, 86
   e competição, 50
   e sociedades de fronteira, 99
   lamarckiano, 39
   visão reducionista, 41, 42
experiência herdada, 37, 39
experimentos com minhocas (Darwin), 25, 27
explosão do reator nuclear, Chernobyl, destino das partículas radioativas, 184, 185
externalidades
   e destruição da biodiversidade, 253, 254
   e investimento responsável, 257
   empresas que se beneficiam das, 252
   meios de tratá-las baseados no mercado, 252, 253
"extinção em massa pelo efeito estufa", 42, 43
extinções de animais, 105, 107, 108, 112, 113, 116, 126
extinções de elefantes, 107, 108
extinções
   envolvimento humano nas, 97
   espécies de grandes animais, 105, 107, 108, 112, 113, 116, 126
   Hipótese de Medeia, 41-43
   sobre a Terra, 84

fatores de desconto
   aplicados à mudança climática, 249, 250
   e a educação das crianças, 250
   e tratamento médico, 249, 250
   econômicos, 250, 251
   na construção e na agricultura, 250, 251
Federação Russa, declínio da população, 236
Fermi, Enrico, paradoxo da vida inteligente, 311, 312
feromônios, 78, 138, 139
ferramentas, usadas pelo *Homo erectus*, 100

Finkler, Walter, 38
Fitzroy, Almirante Robert, 23, 30
florestamento sustentável, 293
  através da aplicação de regras comuns, 306
  e retornando ao estado selvagem da natureza, 309, 310
  futuro sustentável para a civilização global, 306, 308
  importância da proteção da natureza, 308
  linguagem, tanque de genes e questões do sistema político, 307
  papel humano na cura das feridas ecológicas, 308, 309
  sabendo que dobramos a esquina, 307
florestas antigas, término do desmatamento, 254
florestas tropicais
  coevolução nas, 87
  como produtoras de chuva, 291
  contribuição para a estabilidade do clima, 291, 292
  destruição, e emissões de gases causadores do efeito estufa, 292
  e sequestro de carbono, 291, 292, 295
  proteção global, 293
  quem se beneficia com a destruição das, 292, 293
florestas *ver* florestas tropicais
florestas
  como depósitos de carbono, 291
  monitoramento via satélite das, 272
  ver também florestas tropicais
Fogo
  aborígines australianos, utilização do, 122, 123, 297, 298, 299
  na paisagem australiana, 106
  no gerenciamento de pastagens, 289, 297, 298
  utilização pelo *Homo erectus*
folha de gelo da Antártida, 226
formigas agentes funerárias, 141
formigas agricultoras, 137, 138, 142
formigas attini, 138, 139, 146
  colônias, 140, 142, 154
formigas cortadoras de folhas, 138, 140

formigas *ponerinae,* 137
formigas
  agrícolas, 137, 138, 142
  como caçadoras-coletoras, 137, 154
  como pastoras, 137
  como superorganismos, 138, 142
  paralelos com os humanos, 141
  reprodução, 146, 232
  restrições da evolução ao crescimento, 232
  sociedades complexas, 277
  tomada de decisões coletiva, 139, 140
  trilhas de feromônios 139, 140
  ver também formigas attini; formigas- -de-fogo
formigas-de-fogo, 138, 139, 143
  espalhadas pela América do Norte, 143, 144
fotossíntese, 61, 290
Frank, Robert, 246, 247
Friedman, Thomas, 259-261
Fromm, Erich, 131
Fukuyama, Francis, 275, 307
fumigação aérea de pragas de insetos, 189, 191
fungo *chytrid*, efeitos nos anfíbios, 206, 207
fungos associados, 49, 87
Furans, 202

gado, 172
  diclofenaco (anti-inflamatório), utilização no, 205, 206
  Meloxicam, utilização, 205, 206
Gaia, 55, 56, 57, 78, 211, 237, 257, 271, 304
  e o carbono atmosférico, 290
  e o futuro, 310, 311
  e os organismos, 77
  e uma única célula, 76
  o que é aparentado com Gaia?, 83, 84
  sistema climático, 291
  três órgãos de, 211, 215, 220
Galileu, 171
gases causadores do efeito estufa, 65
gases neurotóxicos, 187, 189, 190
gatos, envenenamento por mercúrio, 211, 213

Generation Investment Management (GIM), 251, 253
Genes
  como a unidade básica da seleção natural, 35, 36
  e a teoria do gene egoísta, 36, 41
  reprodução, 37
  ver também mnemes
genética
  e a dispersão dos hominídeos a partir da África, 96
  experimentos de herança, 37, 39
  nos estudos das origens humanas, 95, 97
geoferomônios, 78, 81, 83
gerenciamento das pragas, natural, 194
gerenciamento do leito marinho, 285, 286
gerenciamento dos bens comuns globais
  Antártida, 285
  apropriação da calota de gelo do Ártico, 284
  envolvimento dos cidadãos no, 288
  leito marinho, 285, 286
  mudança climática, 278, 284
  oceanos, 285
  pesca, 286, 287
gerentes de fundos, investimento responsável, 254, 257
Golding, William, 55
Google Earth, 268, 283
Gooreedeeana (aborígine australiana), 155, 157
Gore, Al, 251
governança, 275, 288
  mundial, 276, 277
governo mundial, e um futuro sustentável, 277, 278
governos monopolistas, 275
Grã-Bretanha
  mortalidade infantil, 157
  taxa de mortalidade da Segunda Guerra Mundial, 157
Grande Terra do Sul, 103
Greenpeace, 288
Griffiths, Jay, 309
Grotius, Hugo, 288
"guerra contra a natureza", 199

das toxinas químicas, 188, 197
  e a Convenção de Estocolmo sobre poluentes orgânicos persistentes, 198
  na China de Mao, 198
guerra fria, 180
guerra tribal, 262
Guerra
  como uma ferramenta política, 260
  e a disrupção do comércio, 261
  e a vulnerabilidade da cidade, 260, 261
  impacto ambiental sobre os países em guerra, 261
  tribal, 262
  ver também conflito; paz

Hamilton, Bill, 58, 80
  a vida que contribui para a convecção atmosférica, 80, 82
  estudos da coevolução, 86, 304
  morte de, 82, 83
  sobre as origens do HIV, 82
  teoria adaptativa complexa, 145, 147
Hansen, James, 119, 226
Hardin, Garret, 287
Hare, Stella, 218, 219
Harvard University, tomando responsabilidade mundial pelos investimentos, 254, 255
hemisférios cerebrais, 277, 278
Heptachlor, 202
hipótese da biofilia (Wilson), 130, 131
Hipótese de Medeia, 232, 304
  baseada no egoísmo brutal, 41
  e a noção de Spencer da sobrevivência do mais apto, 42
  e o neodarwinismo, 42
  exemplos, 41
  para explicar grandes extinções na história da Terra, 40-42
história da Terra
  a Hipótese de Medeia de Ward, 41, 42
  impacto disruptor dos seres humanos, 94
  metais na, 67, 69
  rupturas no, 94
Hobbes, Thomas, 241

hobbits na ilha de Flores, 115, 116, 117, 118
Hobbits, 115, 116
  ancestrais, 116
  caçados pelos, 116, 117
  coexistência com animais, 117
  sobrevivência na ilha de Flores, 117, 118
Hodgson Downs (propriedade), no Território do Norte, sequestro de carbono, 299
Holldobler, Bert, 138
homem de Pequim, 115
homeostase, 79
Homo erectus
  caça de mamíferos na Eurásia, 99-101
  coexistência com os grandes mamíferos, 101, 113, 114
  destino dos, 115
  impacto dos neandertais sobre, 107
  utilização das ferramentas de pedra, 110
  utilização do fogo, 100
Homo floresiensis, 116, 117
Homo sapiens, 100, 115
  atravessando da Ásia para a Austrália, 104, 105
  impacto destrutivo sobre as criaturas que encontraram, 104
  movimento para o leste a partir da África, 103, 104
Hooker, Joseph, 27
humanidade
  crescimento da, 144
  e divisão do trabalho, 147, 148
  ponto de vista de Platão, 158
húmus, 295, 296
Huxley, Julian, 181
Huxley, Thomas, 29
  debate com Wilberforce, 29, 30
  Evolution and Ethics traduzido para o chinês, 31, 32
Hymenoptera, 136

Ibn Battuta, 171
ideologias tribais, e conflito, 265
imbecilidade civilizada, tendências na direção de, 151, 152
imigração, e crescimento da população, 233, 234, 236
impactos do clima, sobre as espécies, 227
Império britânico, 32
Império Romano167
  crescimento da população através da imigração, 168
  desenvolvimento das cidades, 168
  lanchonetes, 168, 169
  maravilhas da engenharia, 167, 168
  sociedade escravocrata, 169
  tamanho do, 170
inadequações no processo das Nações Unidas, 281, 283
Índia
  declínio da pobreza, 262
  declínio da população de abutres, 203, 206
Índias Ocidentais, extinção dos grandes animais, 113
indivíduos livres, interação entre os, 241
inhame, 163
inseticidas, 189, 193
insetos sociais, 135, 136, 137
interações predador-presa, 88
investimento responsável, 254, 257
investimento, responsável, pelos gerentes de fundos, 254, 257
itai itai, 217
Itália, crescimento da população, 236

Jantsch, Erich, 85
Japão, declínio da população, 237

Kammerer, Paul, 38, 39
Kennedy, John F., 265
krill, 185, 197, 213

lavouras de queimadas, 122, 123
lbn Fadlan, 113, 114
Lee, Darren, 249
leito marinho de alto-mar, 285, 286
Lenton, Tim, 80, 81
Leopold, Aldo, 309
Levitt, Steven, 252
Linha Wallace, 51

Linnean Society of London, 27, 28
Lítio, 219
lixo nuclear, lançado nos oceanos, 185, 186
lixo radioativo, lançado ao mar, 185, 186
Lovelock, James, 51
　cenário, 52
　Daisyworld (modelo de computação), 54, 55
　hipótese de Gaia, 52, 54, 55, 78, 79
　impactos climáticos sobre as espécies, 227
　pesquisa atmosférica, 52, 208
　prognostica o fim da civilização global, 305, 306
　regulação da temperatura da superfície da Terra, 79, 80
　temperatura para a vida na terra, 80
　temperatura para a vida no mar, 80
Lua, 60
Lyell, Charles, 27

macacos, Índias Ocidentais, 113
Malásia, vigilância via satélite das florestas, 272
malformações de nascença, 196, 197
Malthus, Thomas, 231, 232, 234-236
mamutes *ver* mamutes-lanosos
mamutes-lanosos, 107-110
　caça dos, 110, 111
　evidência do declínio, 112
　regresso dos, 310
　últimos sobreviventes, 111
mantos de gelo, 226, 305
Mao Tsé-tung
　encorajamento do crescimento da população, 198, 236
　"guerra contra a natureza", 198
mapas, 267, 268
máquina a vapor, 173
Marais, Eugene Nielen, 136, 138
Marco Polo, 171
massa das raízes, e carbono no solo, 296, 297
materiais nucleares, segurança dos, 223
McCarthy, Cormac, 305, 306
megafauna, Austrália, 105

Mercados, 246
　civilização pelos investidores, 254, 256
　e a remuneração dos presidentes de empresas, 251, 252
　e externalidades, 252
　enfrentando a mudança climática, 252, 254
mercúrio
　como catalisadores, 68, 69
　envenenamento por mercúrio, baía de Minamata, 212, 216
　metais
　níveis nos peixes, 212, 215, 216
　no meio ambiente, 212, 213
　nos oceanos, 68, 69
　poluição por mercúrio, 212, 216
　sobre a Terra, 67, 68, 73
　tóxicos, 68, 69, 212, 220
　tratado global sobre, 216
　usos do, 213
metais tóxicos, 68, 69, 212, 220
　ver também cádmio; chumbo; mercúrio
metal pesado *ver* cádmio; chumbo; mercúrio
metano atmosférico, 174
metano, 78
metilmercúrio, 214, 215
México, destruição de cidades, 172, 173
milhete, 166
Milinski, Manfred, 281, 282
mineração, 211, 226
　e a poluição com metais pesados, 216, 217, 218, 219
　energia nuclear usada para a, 181
　responsabilidade pela regulação de elementos perigosos, 223
Mirex, 202
missionários, 125
Mitchell, Sir Thomas, 122, 123
mitocôndria, 76, 77
mnemes (memes), 37, 237, 244, 247, 306
　e a redução do consumo excessivo, 264
　egoísmo 40, 41
　fatores que determinam a disseminação dos, 41
　transferenciabilidade, 40
monarquias, 173, 275

monitoramento atmosférico, 273
monitoramento via satélite
  do desmatamento ilegal, 273, 274
  para detectar o derretimento do gelo, 274
Monks, Robert, 254, 257
monte Isa, 218, 219
monte Isa, níveis de chumbo, 218, 219
mortes na guerra
  pós-1945, 157, 158
  Primeira Guerra Mundial, 157
  Segunda Guerra Mundial, 157
mudança climática, 57, 278, 284
  Acordo de Copenhague, 280, 281
  cooperação do governo internacional, 279, 281
  Cúpula de Copenhague (simulação), 281-283
  e a campanha Vote Earth, 283, 284
  e o colapso dos mantos de gelo gargantuescos, 305, 306
  e o fator de desconto próximo a zero, 249, 250
  importância da proteção da natureza, 308
  o mercado de capitais enfrentando a, 252, 253
  registros do núcleo de gelo, 118, 119
  riscos futuros de, 255
  taxa de, 225
mudança do ecossistema, impacto humano, Austrália, 105, 106
mudanças lentas para enfrentar a, 306, 307
mulheres jovens, "descontando o futuro", 243, 244
mulheres, controle de sua reprodução, 85, 86

Nações Unidas, 276
  Acordo de Copenhague, 280, 281, 283
  e políticas climáticas globais, 283
Neandertais
  coexistência com os grandes animais, 107
  destino dos, 107
  impacto sobre o *Homo erectus*, 107
neodarwinismo, 36, 37, 41, 42

Newton, Alfred, 29
Nova Guiné, 172
  cozinhando bananas, 163, 164
  desenvolvimento agrícola, 162, 164
  emissões de gases causadores do efeito estufa, 292
  inhame, 163
  povos da Idade da Pedra, 164
  tradições dos Telefol que protegem espécies particulares, 125-127, 130, 131
nuvens, 78

o nível do mar se eleva, 225, 226, 305, 306
o teorema da agulha de Buffon, 139, 140
Obama, Barack, 215, 223, 276, 280
Oceano Antártico
  como *res communis*, 285
  pesca de baleias, 285
oceanos, 65-67
  e a reciclagem dos sais, 71, 72
  e a regulação continental dos níveis de sal, 72, 73
  gerenciados sob a regra dos *res communis*, 285, 286
  impacto dos PCBs nos, 196, 197
  lançamento de lixo radioativo nos, 187, 186
  metais nos, 68, 69
  metilmercúrio nos, 213, 214
  monitoramento global, 274
orçamento de energia (planeta vivo), 62, 84
orçamento de energia da Terra, 62, 84, 290
organismos, desenvolvimento e cooperação nos, 77
organoclorados, 189, 190
  efeito sobre a águia calva norte-americana, 193
  efeitos adversos, 191
  proibição dos, 194
organofosfatos, 189-191
Origem das espécies por meio da seleção natural (Darwin), 28
  debate no Zoology Museum, Oxford, 29, 30
  dificuldades na compreensão, 30, 31
  e um mundo sem Deus 30

impacto na sociedade 29, 30
  o ponto de vista de Darwin, 28, 29
orquídeas, e a coevolução, 87, 88
Ostrom, Elinor, 122, 123, 287
óxido nitroso, 78, 294
oxigênio atmosférico, 64
oxigênio, 61, 63
ozônio, 65, 78
  e a proibição dos CFCs, 209
  e a radiação ultravioleta, 208, 209

Painel Intergovernamental sobre Mudanças Climáticas (IPCC em inglês), 224, 225
países desenvolvidos, consumo excessivo nos, 284, 264
Papua Nova Guiné *ver* Nova Guiné
paradoxo da vida inteligente (Fermi), 311, 312
  dos superorganismos, 135, 136, 170, 171
  interconectividade da vida, 75, 76
Parathion, 191, 192
Pardo, Arvid, 285
parques nacionais, como depósitos de carbono, 293, 297
Parsis, Torres do Silêncio, 204-206
partículas radioativas
  absorvidas pela cadeia alimentar, 185
  seu destino depois do acidente de Chernobyl, 33, 38
pássaro indicador africano, 88, 89
pássaros
  declínio do abutre indiano, 203, 206
  impacto do DDT na reprodução, 190, 192, 193
  mortos por inseticidas, 191, 192
pastagens
  como armazenamento de carbono, 293, 296, 297, 299
  gerenciamento holístico, 299
  pastoreio e o armazenamento de carbono, 299
  queima estratégica das, 289, 297, 298
paz, como uma consequência do comércio, 259, 260
Peace Research Institute, Oslo, 157, 158
pedras
  colapso das, 67, 66
  idade das, 66, 67
peixes, níveis de mercúrio nos, 212, 215, 216
Pell, Cardeal George, 57
pepinos-do-mar, 187, 220
Pepys, Samuel, 244
perda de idiomas, 307
período interglacial, 121
pesca de baleias, oceano Antártico, 288
pesca sustentável, 287
pesca
  atum-de-barbatana-azul do Atlântico, 286, 287
  gerenciamento dos bens comuns globais, 287
  res communis, 285, 286
pesca, Oceano do sul, 285
pesquisa atmosférica (Lovelock), 52, 208
pesticidas, 189, 193
piolhos, 118
piratas somalianos, 261, 262
pirólise (produção de carvão vegetal), 293
  matéria-prima para, 293, 294
placas continentais, 70
placas oceânicas, 70
plâncton, e a convecção da Terra, 81
planejamento familiar, 169, 235, 236
planeta vivo, utilização de sua provisão de energia, 63
planetas, provisão de energia, 63
Platão
  sobre a democracia, 158
  sobre o progresso das sociedades humanas, 157, 158
plutônio-270, 222
  armazenamento do, 222, 223
pobreza, 262, 263
  alívio da, 262, 263
  e conflito, 261-263
poeira atmosférica, 26, 48, 78
pólipo do coral, 76, 77, 87
Polo Norte, buraco de ozônio, 209
Polo Sul, buraco de ozônio, 209
poluição do ar, 47, 48
população mundial

ÍNDICE

As Nações Unidas preveem um declínio na, 234, 235
sustentável, 237, 238
população sustentável, Terra, 237, 238, 300
população, sustentável, 237, 238
povo Pintupi, 298, 299
povo Telefol, da Nova Guiné, 130
   a história de Afek (ancestral), 125, 131
   importância das tradições, 125
   respeito pelos mais velhos do clã, 126
   tabus que protegem as espécies animais, 124-126
povos da Idade da Pedra
   Nova Guiné, 164
   políticas de clã, 158
pragas de insetos
   fumigação aérea de, 188, 193
   imunidade à fumigação, 193
   predadores mortos pela fumigação, 193
prata, 218
práticas de queima *ver* fogo
preguiças do solo, 113
presidentes de empresas, remuneração dos, 251, 252
Primeira Guerra Mundial, taxa de mortalidade, 157
princípio mnêmico, 37-40
Princípios para um Investimento Responsável, 256, 257
problemas de desenvolvimento nas crianças, fatores ambientais, 197
problemas globais, solucionando com um pequeno número de jogadores, 283
produtos das florestas, certificação dos, 293
programas de fumigação agrícolas, 187-189
   fracasso em atingir suas metas, 193
   impactos humanos191, 194, 195
   matança de predadores, 193
   substâncias usadas, 189, 192
prosperidade, casa, 179, 180
Protocolo de Kyoto, 281
Protocolo de Montreal, 209
provisão de energia primária, 62

Proxy Democracy, 257

Queensland, cumes das montanhas como lugares proibidos, 125
queima de combustíveis fósseis, impacto da, 223, 224, 225, 226, 255

radiação ultravioleta, e ozônio, 208, 209
radioisótopos, 184
raízes das plantas, e o carbono do solo, 296, 297
   captura e utilização da energia das plantas, 61, 62
   fotossíntese, 61, 290
   provisão de carbono acumulada em uma vida inteira, 290
rãs que incubam as ninhadas no estômago, 206
Rãs, 38, 39, 206
ratos gigantes, ilha de Flores, 117
reatores nucleares naturais, 220, 221
reatores nucleares naturais, 220, 221
rede elétrica, "inteligente", 269, 271
redes elétricas "inteligentes", 269, 271
regimes de pastoreio
   e a massa das raízes das plantas, 298
   gerenciamento holístico, 299
   pastagens e armazenamento do carbono, 299
relacionamento genético, superorganismos, 146-148
religião, conflito com a teoria evolucionista, 29-31, 40, 41
renas, 108
repúblicas, 173
res communis
   Oceano Antártico, 285
   pesca, 285, 286
reservas de caça reais
   China, 127, 128
   Europa, 126, 127
resistência do ecossistema, 62
respiradouros hidrotérmicos, 73
retornar ao estado selvagem da natureza, 309, 310

Ridley, Matt, 247
Rio Eco, 92, 293
rios, toxinas nos, 192
roedores gigantes, Índias Ocidentais, 113
Roma
   civilização humana, 169, 170
   colapso de, 170
   Forma Urbis Romae (mapa), 267
Rosing, Minik, 66, 67
Rouse, Greg, 71
Ruddiman, William, 174, 175

Safina, Carl, 286
Sagan, Carl, 51
sapos 38, 97, 99
   declínio, 206, 207
sapos africanos com garras, 206, 207
sapos-cururus, 98, 99
saques pelos bárbaros, 170
Sarin, 190
Schrader, Gerhard, 187
Segunda Guerra Mundial
   e darwinismo social, 33
   taxa de mortalidade, 157
seleção natural, 22
   baseada no "egoísmo brutal", 36
   e a coevolução, 86
   o gene como a unidade básica da, 35
seleção sexual, 85
   nos seres humanos, 85, 86
"semear sem arar", métodos agrícolas, 296, 300
Semon, Richard, princípio mnêmico, 37-40
sequestro de carbono, 290, 291
   em depósitos ambientais, 293
   em pastagens, 293, 296, 297, 299
   método de pirólise para criar carvão vegetal, 293, 295
   nas florestas tropicais, 292, 295
   no solo, 293, 295
seres humanos
   como causa de extinções, 97
   controle reprodutivo pelo governo, 232, 233
   declínio da população depois da erupção do vulcão Toba, 147
   dispersão a partir da África, 96, 99, 103, 105, 107
   e a mudança ambiental, 97, 99
   impacto das substâncias químicas tóxicas sobre os, 191, 194, 195, 197, 203, 212, 213, 215, 218
   impacto sobre a ecologia australiana, 105, 106
   impacto sobre a Terra, 94, 97
   impacto sobre o clima da Terra, 117-119
   impacto sobre os animais da estepe do mamute, 110, 111
   origens africanas, 94, 95, 96
   perda de massa cerebral, 151, 152
   responsabilidade por gerenciar a Terra, 308
seres vivos, como os ecossistemas, 77
Sibéria, ambiente da era glacial, 108-110
simulação do Daisyworld, 54, 55
sistemas da Terra, substâncias que regulam, 78
sistemas políticos 158, 159, 173, 275, 276
Skandinaviska Enskilda Banken, 252
Smith, Adam, 148, 149, 152, 248
sobrevivência do mais apto, 31, 33, 43
sociedades baseadas em clãs, guerra e conflito nas, 154, 155
sociedades de fronteira, e a evolução, 99
sociedades humanas
   Américas, 164, 165, 171, 172
   China, 166
   como o primeiro superorganismo global que jamais existiu, 312
   conflito com entidades externas, 154
   Crescente Fértil, 166, 167, 170
   crescimento do, 161, 162
   disputas internas, 154
   Eurásia, 165, 166
   impacto acumulativo sobre o planeta, 174, 175
   Império Romano, 167, 170
   Nova Guiné, 162, 164
   sociedades baseadas em clãs, 154, 155
   superorganismos humanos, 161, 175, 311
sociobiologia, 58, 80
   sequestro de carbono no, 295

solo adição de carvão vegetal ao, 294, 295
solos agrícolas, restauração do carbono, 295, 296
solos cultiváveis, restauração do carbono, 295, 296
Spencer, Herbert, 31, 33, 42
Sporormiella, 112, 113
Staley, Mark, 54
Stern, Lorde Nicholas, 249, 250
substâncias com polifluoretos de alquila (PFSs), 197, 202, 203
   absorção pelo corpo, 203
substâncias químicas tóxicas nas, 189, 190, 193, 197, 214, 215
substâncias químicas tóxicas *ver* toxinas químicas
sulfureto de dimetilo, 78
superorganismos de insetos, 135, 142, 146, 161
   ver também formigas; térmitas
superorganismos, 135, 138
   aglutinante social que os mantém juntos, 146, 148, 149, 159, 160
   conceito dos, 136, 137
   e a teoria adaptativa complexa, 145, 147
   e interconectividade, 30, 31, 170, 171
   estudo dos, 136
   regulação do mercado, 257
   relatividade genética, 145-147
   restrições evolucionárias, 232
   ver também superorganismos humanos; superorganismos de insetos
superpopulação, perigos da, 231, 232, 234
Susser, Ezra, 218

tamanho da família, e afluência, 233
tartaruga-gigante, 116, 117
tartarugas-marinhas, 124, 125
"taxa de desconto" futura, 240, 241
taxa de mortalidade, 235
taxa de natalidade, 235, 236
taxas de fertilidade, declínio nas, 234-236
taxas de homicídio entre homens jovens, e taxa de desconto, 242, 243
tecnologia de computação
   aplicada à agricultura, 271, 272

automóveis elétricos e rede inteligente em automóveis, 268, 269
   tecnologia, 269, 271
tecnologias de rede inteligente, 269, 271
temperatura da superfície do oceano, aumento na, 225
Tench, Watkin 155, 156
Tenochtitlán (cidade azteca), 171
Teocracias, 275
teoria adaptativa complexa, 145, 147
teoria do gene egoísta, 36, 37, 39, 40, 243, 244
   e a economia neoclássica, 246
teoria do investidor universal, 254, 257
   perspectiva biológica, 257
teoria dos jogos, 241
   e altruísmo, 241, 242
   e o comportamento humano, 242
   e os economistas neoclássicos, 247
   o enfoque das cenouras e dos bastões, 282
   utilização de pequeno número de jogadores para obter sucesso, 283
teoria evolucionista
   conflito com a religião, 29-31, 40, 41
   neodarwinismo, 35, 37
   pontos de vista de Darwin, 22-25, 28, 29, 33
   pontos de vista de Wallace, 27, 28, 43, 37, 51
Térmitas, 135, 136
Terra viva *ver* a Terra como um organismo vivo
Terra
   como organismo esférico, 76
   e vida, 59, 60, 67, 68
   feridas ecológicas, cura das, 309
   formação, 60
   idade da, 67
   oceanos e outras águas, 65, 66
   "órgãos" principais, 59, 84, 66, 211
   origem da vida sobre a, 64
   população sustentável, 237, 238, 300
   regulação da temperatura da superfície, 79, 80

temperatura média da superfície, 225, 226
vínculos entre a crosta, os oceanos e a atmosfera, 69
terras agrícolas, como depósitos de carbono, 293, 296, 297, 299, 300
Thatcher, Margaret, 33
Thomas, Lewis, 76
Toba, erupção do vulcão, 147
Toxaphene, 202
toxinas químicas, 197
  dificuldades para regular algumas toxinas, 203, 204
  disseminação nos meios hídricos, 192
  e a "guerra contra a natureza", 188, 193
  e a Convenção de Estocolmo sobre poluentes orgânicos persistentes, 202, 203
  e o declínio da população de abutres indianos, 203, 205
  impacto sobre os oceanos, 196, 197
  impacto sobre os seres humanos, 191, 194, 195, 197, 212, 213, 215, 217
  nas cadeias alimentares, 189, 190, 193, 197, 214, 215
  ver também clorofluorcarbonetos; inseticidas; polifluoretos de alquila; bifenilos policlorados; metais tóxicos
transição demográfica, 235, 237, 247
transporte público, investimento no, 270
transporte, futura direção, 269, 270
Tratado da Antártida, 285
Tratado para a proibição completa dos testes nucleares, 201, 202
tratamento médico, e fatores de desconto, 249, 250
tributyltin, 220
tritões de ventre de fogo, 38
Tyndall, John, 224

União Africana, 284
unicórnio gigante, 114, 115
unicórnio, 114, 115
Universo, vida inteligente no, 311, 312
urânio-265, 221, 222
urânio-269, 221
urso-pardo, 113
utilização da água para a agricultura, desenvolvimentos tecnológicos, 271

varíola, 172
veado, estratégias de sobrevivência, 93, 94
veículos elétricos, 269, 270
ver também organoclorados; organofosfatos; bifenilos policlorados
vias aquáticas, toxinas nas, 192
vida
  blocos de construção da, 60, 61
  contribuindo para a convecção atmosférica, 80, 82
  e a Terra, 59, 61, 67, 68
  interconectividade da, 75, 76
  o que é isso?, 59
  provisão primária de energia, 62
violência
  entre os aborígines australianos, 155, 157
  entre os caçadores-coletores, 155
von Chauvin, Marie, 38

Wallace, Alfred Russel, 51, 237, 292, 303, 304, 312
  a corrente principal da ciência resiste às ideias de Wallace, 51
  coletando nas Índias Orientais, 47
  começo da vida, 46
  compreensão do processo evolucionário, 48, 49
  desastres depois da viagem de coleta ao Brasil, 46, 47
  evolução pela seleção natural, 47, 51
  ideias evolucionárias similares às de Darwin, 27
  interesses astrobiológicos, 48
  papel da poeira atmosférica na evolução, 48
  pouca atenção imediata ao artigo, 28
  preocupações com a poluição do ar, 47, 48
  publicação simultânea à de Darwin, 27
  rejeitado pela elite vitoriana, 47

rejeitado pelo meio médico, 47
sobre a natureza do processo evolucionário, 83, 84
teoria evolucionista, 43
zoogeografia, 51
Ward, Peter, Hipótese de Medeia, 42, 43
Watt, James, 41
Waxman-Markey, legislação de (Estados Unidos), 282
Wells, Spencer, 96, 307
Wexler, Harry, 182
Wilberforce, Samuel (Bispo de Oxford), 29

debate com Huxley, 29, 30
Wilson, E.O., 58, 138
hipótese da biofilia, 130, 131
Wilson, Margot, 240, 242, 243

Yan Fu, 31, 32, 46

Zimov, Sergey, 310
Zinco, 216, 217

Este livro foi composto na tipologia Aldine 401
BT, em corpo 11/16, e impresso em papel
off-white no Sistema Cameron da
Divisão Gráfica da Distribuidora Record.